JN328505

ボタニカルイラストで見る
ハーブの歴史百科
【栽培法から料理まで】

HERBS
for the
GOURMET GARDENER

◆著者略歴
キャロライン・ホームズ（Caroline Holmes）
庭園史に詳しい作家で、テレビやラジオにも出演、各地で講演を行なう。英国ハーブソサエティ元会長。最近の著書に、『庭園の印象派たち（Impressionists in their Gardens）』、『スイレン（Water Lilies）』、『ジヴェルニーのモネ（Monet at Giverny）』がある。イギリス、サフォーク州のベリー・セント・エドマンズ近郊に在住。

◆訳者略歴
高尾菜つこ（たかお・なつこ）
1973年生まれ。翻訳家。南山大学外国語学部英米科卒業。訳書に、『新しい自分をつくる本』『バカをつくる学校』（以上、成甲書房）、『アメリカのイスラエル・パワー』『「帝国アメリカ」の真の支配者は誰か』（以上、三交社）、『図説イギリス王室史』『図説ローマ教皇史』『図説アメリカ大統領』『図説砂漠と人間の歴史』『レモンの歴史』（以上、原書房）がある。

HERBS FOR THE GOURMET GARDENER
by Caroline Holmes
© 2014 Quid Publishing
Japanese translation rights arranged with Quid Publishing Ltd., London
through Tuttle-Mori Agency, Inc., Tokyo

ボタニカルイラストで見る
ハーブの歴史百科
栽培法から料理まで

●

2015年9月25日 第1刷

著者………キャロライン・ホームズ
訳者………高尾菜つこ
装幀………川島進（スタジオ・ギブ）
本文組版………株式会社ディグ

発行者………成瀬雅人
発行所………株式会社原書房
〒160-0022 東京都新宿区新宿1-25-13
電話・代表03(3354)0685
http://www.harashobo.co.jp
振替・00150-6-151594
ISBN978-4-562-05158-8

©Harashobo 2015, Printed in China

ボタニカルイラストで見る
ハーブの歴史百科
【栽培法から料理まで】

HERBS
for the
GOURMET GARDENER

キャロライン・ホームズ　　高尾菜つこ 訳
Caroline Holmes　　Natsuko Takao

原書房

目次

本書の使い方	6
はじめに	7
ハーブの栽培法	8
ハーブの保存法	11
ハーブの小史	12

ローマ時代のハーブ 18
グラウンド・エルダー　20
　Aegopodium podagraria
ガーリック　*Allium sativum*　23
チャイヴ　*Allium schoenoprasum*　26
レモン・ヴァーベナ　*Aloysia citrodora*　29
夜のハーブ 31
ディル　*Anethum graveolens*　33
アンジェリカ　*Angelica archangelica*　35
フィーヌ・ゼルブ 38
チャーヴィル　*Anthriscus cerefolium*　40
バードック　*Arctium lappa*　42
薬用ハーブ 44

ホースラディッシュ　46
　Armoracia rusticana
タラゴン　*Artemisia dracunculus*　48
オラーチェ　*Atriplex hortensis*　50
ハーブの食用花 52
ボリジ　*Borago officinalis*　60
ポット・マリーゴールド　63
　Calendula officinalis
キャラウェイ　*Carum carvi*　66
ローマン・カモミール　68
　Chamaemelum nobile または *Anthemis nobilis*
グッド・キング・ヘンリー　71
　Chenopodium bonus-henricus
ハーブのサラダ 73
コリアンダー　*Coriandrum sativum*　76
サフラン　*Crocus sativus*　78
クミン　*Cuminum cyminum*　80
ターメリック　*Curcuma longa*　82
レモングラス　*Cymbopogon citratus*　85
サラダ・ロケット　88
　Eruca vesicaria subsp. *sativa*
エリンギウム　90
　Eryngium maritimun および *E. foetidum*
フェンネル　*Foeniculum vulgare*　92
スウィート・ウッドラフ　95
　Galium odoratum
ヒソップ　*Hyssopus officinalis*　97
ブーケ・ガルニ 99
ジュニパー　*Juniperus communis*　102
コンテナ 104

左：クミン（*Cuminum cyminum*）は、その種子が珍重されるハーブのひとつで、料理にも薬にも用いられる。

ローレル　*Laurus nobilis*		106
トピアリー		108
ラヴェンダー　*Lavandula angustifolia*		110
ラヴィッジ　*Levisticum officinale*		114
レモンバーム　*Melissa officinalis*		116
ミント　*Mentha*		118
ベルガモット　*Monarda didyma*		121
スウィート・シスリー　*Myrrhis odorata*		124
季節のハーブ		126
マートル　*Myrtus communis*		129
バジル　*Ocimum basilicum*		131
マジョラム　*Origanum majorana*		134
オレガノ　*Origanum vulgare*		136
エルブ・ド・プロヴァンス		138
レモンセンテッド・ゼラニウム　　*Pelargonium crispum*		140
シソ　*Perilla frutescens*		142
ベトナミーズ・コリアンダー　　*Persicaria odorata* または *Polygonum odorata*		144
パセリ　*Petroselinum crispum*		145
ヴィクトリア朝のハーブ		147
アニス　*Pimpinella asnisum*		150
パースレーン　*Purtulaca oleracea*		152
ローズ　*Rosa*		155
ローズマリー　*Rosmarinus officinalis*		160
ビタミンとミネラル		164
ソレル　　*Rumex acetosa* および *R. scutatus*		168
セージ　*Salvia officinalis*		170
エルダー　*Sambucus nigra*		174
サラダ・バーネット　*Sanguisorba minor*　　または *Poterium sanguisorba*		178
セヴォリー　　*Satureja montana* および *S. hortensis*		180

上：ナスタティウム（*Tropaeolum majus*）の花にはクレソンに似た辛みがあり、ケーパーのかわりとして用いられる。

ハーブの飲み物		182
ダンデライオン　　*Taraxacum officinale* agg.		188
タイム　*Thymus*		191
リンデン　*Tilia cordata*		195
フェヌグリーク　　*Trigonella foenum-graecum*		198
ナスタティウム　*Tropaeolum majus*		200
繁殖		202
ネトル　*Urtica dioica*		206
ヴァーヴェイン　*Verbena officinalis*		208
スウィート・ヴァイオレット　　*Viola odorata*		210
ジンジャー　*Zingiber officinale*		213
ハーブのさまざまな風味		216
参考文献		220
索引		221
図版出典		234

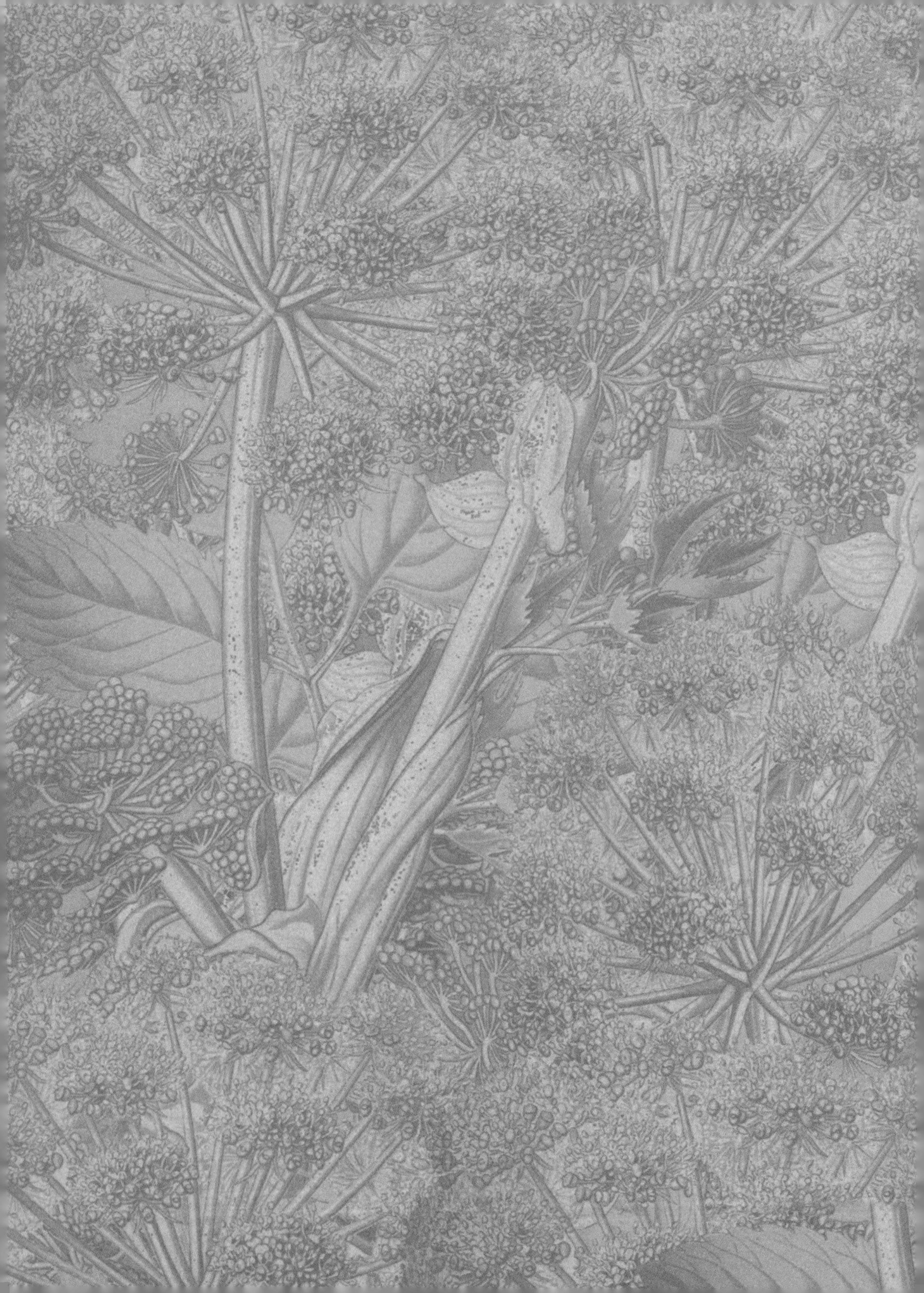

本書の使い方

ハーブの名称
ページのトップにハーブ名（あれば和名）を大きな文字でのせ、イタリック体の小さな文字でラテン語の学名（属名＋種小名）を記した。以下、太字の小見出しをもうけ、各ハーブの種類、生育環境、草丈、原産地、栽培法などを掲載。

ハーブのイラスト
美しいイラストにはハーブの青葉はもちろん、花や根、種子も描かれている。

栄養素
ハーブのもつ効能を詳しく記載。

料理ノート
ナイフとフォークのマークがついた囲み記事では、手軽でおいしいレシピのほか、ハーブのさまざまな風味を生かすためのヒントを紹介。

実用ガイド
ハーブの栽培法や調理法などにかんする実用的な解説。

特集ページ
伝統的なガーデン・デザインからカクテルの作り方まで、庭やキッチンでハーブを楽しむための幅広いテーマを扱う。

7

はじめに

　本書でまず目を引くのは、60種類のハーブを描いた美しいイラストではないだろうか。これらはいずれも画家の手によって、細部までていねいに描かれている。そもそもハーブは、どんなガーデナーにとっても理想的な植物だ。比較的簡単に栽培できるため、初心者でも気軽に手作りハーブの魅力を知ることができる。もちろん、グルメな美食ガーデナーにとっても、ハーブはなくてはならない食材であり、新しいレシピのヒントになることもある。そして熟練したガーデナーにとって、ハーブのもつさまざまな色や香りは、ハーブ・ガーデンのみならず、ボーダー花壇や芝生、鉢植えなど、ガーデン・デザインのあらゆる可能性を広げてくれる。また、ハーブは短期間で育つため、ほかの低木や多年生植物が大きくなるまでのあいだ、空間を豊かに満たしてもくれる。

　一方、ハーブが料理にもたらす最大のメリットは、なんといってもそのみずみずしい風味と香りである——庭先から新鮮なハーブを摘んでくるだけで、グルマンはともかく、グルメの食卓が楽しめる。ここでちょっとグルメとグルマンの違いについてふれておこう。いずれも食通であることに変わりはないが、グルマンには「大食家」のニュアンスがあり、彼らが好むのはクリームやバターをたっぷり使った高カロリーのハーブのソースだ。

　最後に、本書ではハーブをその利用法や風味、系統などによって分類するのではなく、ラテン語の学名によってアルファベット順に掲載している。また、ハーブの小史をはじめ、ハーブの料理やハーブのサラダ、ハーブの食用花など、ハーブにまつわる楽しい特集ページも随所にちりばめられている。

左：料理に広く用いられる3種類の地中海原産ハーブ——ローズマリー（*Rosmarinus officinalis*）、セージ（*Salvia officinalis*）、コモン・タイム（*Thymus vulgaris*）

ハーブの栽培法 ── 植えつけの方法、時期、場所についてのガイド

　個々のハーブの栽培法については、それぞれのページに簡単なアドバイスが記されている。ここでは、ハーブ栽培を成功させるための基本をより詳しく説明する。

種子から育てる
　多くのハーブは、土が適度に固く、表面が落ち葉などで軽く覆われていると、自然に種子を落として育つ。この環境を再現するには、まず土をていねいに耕し、表面をならして平らにする。そして土が湿るくらいに水をやる。次に種子をすじまきかばらまきにし、軽く覆土する。最後に土壌の水分を閉じこめ、不要な水やりを避けるため、乾いた土か培養土で表面を覆う。
　育苗トレーを使う場合は、播種用もしくは繊維質の培養土を全量の4分の3までトレーに入れる。次にその土をほぐしながら軽く押し固め、さらに培養土をくわえ、水をやり、種をまき、最後に残りの培養土で表面を軽く覆う。こうしたていねいな下準備をすることで、小さな種子の根が土中に伸びやすくなり、さらに子葉が開きやすくなる。一方、苗床の準備が不十分だと、種子の根が安定した足場を確保しようと貴重な養分を浪費し、結果として、地上部の生育がそこなわれる。
　種子を覆う土は、種子自体の厚みくらいあれば十分なので、ごく細かい種子の場合はほとんど覆土の必要がない。種子は均等にまくことが重要だが、これは種子が過密だと真菌感染症（立ち枯れ病）になりやすく、移植もしづらいからである。なお、ほかの育苗トレーとまちがえないように、トレーにはまいたハーブの名を記したラベルを貼っておこう。
　発芽のスピードはさまざまで、種子によってはすぐに発芽して安定するものもある。一方、発芽のために日あたりのよい窓辺や育苗保温器を必要

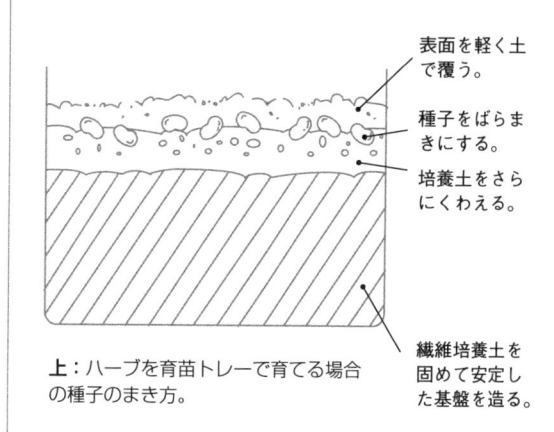

上：ハーブを育苗トレーで育てる場合の種子のまき方。

（右側ラベル：表面を軽く土で覆う。／種子をばらまきにする。／培養土をさらにくわえる。／繊維培養土を固めて安定した基盤を造る。）

とするものもあれば、寒くない程度の温室の棚や冷床が最適というものもある。古い種子など、発芽率の低いものもある。いったん発芽すると、子葉に続いてすぐ第一、第二の本葉期に入る。この段階で実生を間引き、弱い苗や不要な苗はすべてとりのぞき、過密を防ぐ。苗を別の鉢へ移植する場合はこの時期が最適で、鉢でしばらく育ててから、最終的に目的の場所へ植えつける。間引いた苗はむだにせず、サラダやつけあわせに使う。
　種子を砂利地や壁ぎわにまく場合は、できるだけ水分が保たれやすい場所を選ぶこと。石垣を造る場合は、雨がその石垣をつたって自然にハーブの根のほうへ流れるように、傾斜をつけて石を置く。育苗トレーを使うなら、ベビーリーフを作ることもできる。種子をあえて密にまき、第一、第二本葉期で摘みとる。通常よりはるかに多くの種子が必要だが、収穫される「マスタード・クレス」は、まさにスーパーフード（良質な栄養成分を豊富にふくんだ食品）である。
　一年生ハーブの多くはセル苗（セルトレイで育成された成型苗）としても手に入る。時間とスペ

ースに余裕がない場合は、手軽なセル苗がお薦めだ。そもそもハーブの園芸品種には、種子では入手できないものも多い。こうした場合は挿し木苗や分蘖（ぶんげつ）、株分けで育てるしかないが、親株の性質は確実に受け継がれる（p.202の「繁殖」を参照）。

苗の植えつけ

　本書で紹介するハーブのほとんどはある程度の耐寒性をもち、植えつけは春が最適である。栽培のアドバイスを得るには専門家を見つけるのがいちばんだが、インターネットで調べる以外に、有名な園芸ショーやフラワーショーに足を運んでみるのもいい。

　苗を買うときは、病気のない健康そうなものを選び、根づまりしていないかどうかをチェックする。万一このような苗を買った場合は、ポットから苗を取り出し、根鉢をていねいにほぐして、根切りをする。こうすると苗が新しい根系を形成しやすくなる。植えつけの前には、どの苗もかならずバケツの水（できれば雨水をためたもの）に1時間ほど浸す。

　養分や水分は根毛をとおして土壌から吸収される。繊維質の用土や培養土は根毛の成長をうながすため、苗が根づくまでの時間が短縮される。したがって、苗をどのような土地に植えるにせよ、植え穴には良質の繊維培養土をたっぷりと入れ、生育に有利な環境を整えてやる。ハーブの多くは水はけのよい土壌を好むため、園芸用グリット（小砂利）を混ぜてもいい。こうした入念な土作りを行なうことで、健康な根の生長がうながされ、日照りや大雨といった極端な状況にも負けない丈夫な苗が育つ。

日なたと日陰

　原則として、ハーブは適度に日あたりのよい場所を好み、それが香りのよさにもつながる。料理によく使うハーブは、地植えであれ鉢植えであれ、勝手口の近くで育てるといい――わざわざ懐中電灯を持ってハーブをとりに行くのでは面倒だ。逆にあまりひんぱんに使わないハーブは、庭のすみずみに植え、観賞用のハーブ・ガーデンに利用することもできる。

　日なたの定義は、天候が許せば、日光が1日7時間以上あたる場所とされる。ガーリックやチャイヴといったハーブの場合、地上部は日光を好むが、地下茎は保湿力のある土壌を好む。一方、ナスタティウムのほか、バジルやヒソップ、マジョラム、オレガノ、セヴォリー、タイムといった「地中海原産」のハーブは、気温の高い乾燥した夏にもっともよく育つ。もしマートルやローズマリーを生垣として育てたいなら、こうした環境が不可欠である。

　一方、日陰の定義とは、真昼の日光にさらされない場所とされる。日光があたるのは1日4時間未満で、これはローレルやマートルのような半耐寒性の低木に向いているが、マートルの花には日なたがいちばんだ。日陰を好むハーブには、ほかにミント、ソレル、スウィート・シスリー、スウィート・ウッドラフなどがある。建物の陰よりも木の陰のほうが望ましいのは、地面に水が浸透しやすいからである。

　アンジェリカやラヴィッジ、スウィート・シスリーのような大きくて丈夫な一年生ハーブは、適度に湿気のある水はけのよい土壌を好む。これを再現するには、「ジャングル・ハーブ」のコーナーを造るしかない。ベルガモットとミントも、土壌に十分な湿気があるとよく育つ。

ハーブの生垣とトピアリー

　食用のハーブをフォーマルな形の生垣やトピアリーとして育てる場合、次のようなハーブがお薦めだ――低い生垣にはヒソップ、ラヴェンダー、マートル、矮性ローズマリーが向いており、より高い生垣にはローレルやマートル、ローズマリーなどが常緑の美しい背景を作ってくれる。一方、ローレルやエルダー、バラはミックス・ヘッジ

（複数の種類の木を混ぜた生垣）にすることもできる。トピアリーについては、多くのハーブがシンプルな球型やエキゾティックな型への刈りこみに耐える（p.108を参照）。ただし、生垣やトピアリーを美しい形に保つためには、定期的な剪定が不可欠である。

　もし最初の2、3年は生垣がすかすかでも我慢できるというなら、苗木は1年目か2年目の若い苗のほうが根づきやすい。生育を待っているあいだ、そのスペースに一年生植物や二年生植物を植えることもできる。花で分類するならば、本書でもっとも大きな「ハーブ」はリンデン（*Tilia cordata*）である。大通り沿いの本格的な生垣を造るほか、1本あるいは1列の苗をプリーチングによって小さな生垣に仕立てることもできる（p.197を参照）。

ハーブの縁どり

　軟らかいクッションを作るタイプのハーブは、小道の縁どりやアクセントに最適である。多くは春にみずみずしい若葉を見せ、冬には乾いた頭花をさらす。長期的に考えるなら多年草、季節ごとに楽しむなら一年草がお薦めだ。多年生ハーブとしては、チャイヴ、矮性ヒソップ（*Hyssopus aristatus*）、オレガノ、セージ、ウィンター・セヴォリー、タイムなどがある。もっとも姿の整った一年草はブッシュ・バジルだが、屋外で育てるには温暖な気候が必要だ。

寒さに弱いハーブ

　これらはおもに亜熱帯や熱帯地域原産のハーブで、一般により温暖な気候と十分な霜除けを必要とする。たとえば、クミン、フェヌグリーク、ジンジャー、レモングラス、レモン・ヴァーベナ、センテッド・ゼラニウム、ターメリック、ベトナミーズ・コリアンダーなどがそうだ。冷涼な地域では温室で育てることになるだろう。栽培に必要な条件については、それぞれのハーブのページを参照のこと。

上：これはイチジクの木だが、幹がまっすぐ伸びるようにうながし、支柱をつけるという原則は、ローレルやマートル、ローズマリー、センテッド・ゼラニウムにも応用できる。

ハーブの栽培法　11

ハーブの保存法——乾燥と冷凍

　グルメというと、上質な味と食材を追求するイメージがあるが、新鮮なハーブはまさにその上質な食材にほかならない。どのハーブにもそれぞれに合った保存法や調理法があるが、庭で摘みとったものと、収穫して保存しておいたものとを工夫して使えば、ほとんどのハーブは年中いつでも利用できる。ハーブのオイルやヴィネガー、ジャムやゼリーの作り方については後述するとして、ここではハーブのもっとも手軽な保存法——乾燥と冷凍——について説明する。

ハーブの乾燥保存

　原則として、ハーブは開花時がもっとも香りがよいため、この時期に摘みとって乾燥させる。ハーブを小さな束にして結び、暖かくて風通しのよい部屋につるしておく——夏の暑い日ならどの部屋でもいいだろう。束はくずさないようにする。茎がよく乾いているほど、香りが長く保たれるので、冷暗所に保存するか、あるいは完全に乾いている場合は大きめの密閉容器に入れて保存する。使うときは必要な分をその都度取り出し、ほぐして料理に入れる。

ハーブの冷凍保存

　新鮮なハーブの葉を短期間冷凍する場合、湯通しはしないこと。乾燥保存の場合と同じく、よく凍っているほど、風味が長く保たれる。茎はプラスティック容器——ビニール袋ではつぶれるおそれがある——に入れて冷凍する。必要量をその都度取り出し、好みの料理やソースにくわえる。きざんだハーブをバターやミルクに入れて凍らせれば、そのまますぐに使える。

上：これらはもっとも一般的な乾燥ハーブで、左からセージ（*Salvia officinalis*）、ローズマリー（*Rosmarinus officinalis*）、スペアミント（*Mentha spicata*）、パセリ（*Petroselenium crispum*）、コモン・タイム（*Thymus vulgaris*）。

ハーブの小史――美食ガーデナーを生んだ土壌

　有史以前のヨーロッパでは、油分の豊富なミチヤナギ（*Polygonum*）の種子が濃厚なポタージュに欠かせない材料だった。なぜこんなことがわかるのかというと、デンマークで発見されたトルンド人の胃のなかにその証拠があったからで、その遺骸は2000年以上も湿地のなかに横たわっていた。そもそも先住民族が生き残るには、どの穀物や葉、果実なら食べても安全かという知識が不可欠で、これはオーストラリアで「ブッシュ・タッカー（同国の先住民アボリジニが古来から食材としていた動植物）」として知られている。賢明な開拓者や入植者のなかには、こうした地元の食材の知識を自分たちの食用ハーブのレパートリーにとりいれたり、母国へもち帰ったりした者もいた。

　ハーブという言葉には、薬草といった医学的な意味あいがあるが、大地を覆う植物にかんする古代の知識はもっとずっと包括的なものだった。そうした知識は伝承として粘土版にきざまれたり、羊皮紙に記されたり、あるいは各植物の利用法を比較したものが編集されたりした――もちろん、風味のよいハーブほど好まれた。古代ローマの偉大な年代記編者で観察者であった大プリニウスは、紀元79年にヴェスヴィオ火山の噴火で命を落としたが、彼が残した『博物誌（Historia Naturalis）』は、それから何世紀にもわたって多くの写本が作られた――ときには神話的要素をふくんだ扇情的なゴシップで味つけされることもあったが、基本的には古代ローマの暮らしを直接的に見聞した健全な観察記録だった。たとえば、フェンネルの茎や花、パセリの茎を塩や塩水、酢に漬けたり、アンフォラ（古代の両手つきの大きな壺）に入れて冬用に保存したりといったことが、彼の記述から明らかになっている。ローマ人はさまざまなハーブの葉や根、果実を帝国各地にもたらした一方、新しい植物やその利用法を詳しく記録した。ローマ軍付きのギリシア人軍医で、プリニウスと同時代に生きたペダニウス・ディオスコリデスは、35種類の動物由来成分と90種類の鉱物にくわえ、600を超える植物についての記録を作り、これを『薬物誌（De Materia Medica）』として発表した。全5巻からなるこの

上：ミチヤナギ（*Polygonum*）は濃厚なポタージュを作るのに使われた。そのアジア種であるベトナミーズ・コリアンダーは、麺入りカレーに欠かせない材料である。

書物は、17世紀に入るまでヨーロッパとアラブの薬学および植物学の基礎とされた。ハーブという言葉が植物と同じ意味をもっていた時代から、同書はハーブの識別や名称、利用法についての重要な参考書であり、いまもそうである。

紀元816年頃のザンクト・ガレン修道院（現在のスイスにある）を描いた見取り図には、ふたつのハーブ園——ひとつは薬草園、もうひとつは菜園——を配した現存最古の図面がふくまれている。医師が居住する区域の隣りには16もの長方形の花壇がならび、それぞれにハーブが1種類ずつ植えられていた。そのうちの8つは本書にも登場する——バラ、セージ、カールド・ミント、フェヌグリーク、セヴォリー、フェンネル、ラヴィッジ、クミン。農作物のほかに、この修道院の住人や召使い、客人たちは18種類のハーブが植えられた特別な菜園のハーブを口にしていたようで、そのうちコリアンダーやセヴォリー、ガーリック、パセリ、チャーヴィルは本書でもとりあげている。

紀元872年、教皇レオ3世によって当時のフランク王カール大帝がローマ帝国皇帝として宣言されたとき、彼は「御料地令（Capitulare de Villis Imperialibus）」を発表した。その一部には、広大なヨーロッパ王国全土で栽培するべき植物が9つの部門に分けてリストされていた。本書で紹介する60種類のハーブのうち、21種類が次の5つの項目の下にふくまれている。「花類（Flowers）」——バラ、「薬草類（Physical Herbs）」——アニス、バードック、キャラウェイ、コリアンダー、クミン、ディル、フェンネル、フェヌグリーク、ラヴィッジ、ローズマリー、セージ、「青菜類（Salads）」——チャーヴィル、チャイヴ、パセリ、サラダ・ロケット、「香草類（Pot-herbs）」——アカザ（Chenopodium、おそらくグッド・キング・ヘンリー）、ミント、オラーチェ、セヴォリー、そして最後が「球根類（Roots）」——ガーリック。14世紀のレシピ集『ザ・フォームズ・オヴ・カリー（The Forms of Cury）』は、中英語で書かれた現存最古の手書きレシピ集のひとつで、「料理の方法」を意味する。これは1390年頃、イングランド王リチャード2世の要請で当時の「料理長」によって書かれたもので、同国王は「キリスト教徒の王のなかでいちばんの食通」といわれた。このレシピ集によれば、アーボレート（erbolate）とは軽い夜食として作られたハーブ入りの卵料理のことで、17世紀までにエーボラース（herbolace）に発展した。作家のフィリッパ・プラーは、著書『食への情熱（Consuming Passions）』のなかでこれを次のように説明した——「マジョラム、ディタニー（ハナハッカの一種）、野生セロリ、タンジー（ヨモギギク）、ミント、セージ、パセリ、フェンネルそれぞれの葉3枚を、スミレ、ホウレンソウ、レタス、サルビアの葉ふたつかみといっしょにきざむ。これに少量のショウガと十分に泡立てた卵をくわえてオムレ

上：『薬物誌』からの1ページ。現在のスペインにあるトレドは、ハーブの薬効にかんする中世ヨーロッパとイスラムの知識のるつぼとなった。

ツをふたつ作り、大きなパンケーキのように両面とも焼き、すり下ろしたチーズをちらして出す」。パセリ、ミント、セヴォリー、グリーン・セージ、フェンネルはいまでもよく使われるし、ヴァーヴェインを入れてもいい。その他のハーブ——タンジー、サルビア、ヘンルーダ、ディタニー、サザンウッド——は風味が強く、本書ではとりあげていないが、ラヴィッジやパープル・セージ、バックラーリーフ・ソレル、オレガノ、フレンチ・タラゴンで代用できるだろう。

　中世の城や荘園、農場の周囲に造られた庭園やハーブ園（herbers）のようすは、当時の時祷書にかいま見ることができる。そこにはハーブの芳香が開け放たれた窓へとただようさまが、美しい詩歌とともにロマンティックな絵に描かれている。やがて、こうした中世の庭の伸びやかな自然性と精神性は、ルネサンスの壮麗な建築様式の影響を受けて秩序立ったものへと変化した——4つの区画からなる花壇がひな壇式庭園に囲まれ、その観賞用の幾何学的な花壇は一面にハーブのクッションが広がり、刈りこまれたヒソップやラヴェンダー、マートルで縁どられていた。簡単にいえば、17世紀なかばまで、庭はすべて「趣味と実益をかねた」事実上のハーブ・ガーデンだった。矮性ツゲ（Buxus sempervirens）が登場すると、さらに複雑なパルテール式庭園（さまざまな色や大きさの花壇を配した装飾的な庭）が造られた一方、観賞用の菜園も独立して進化した。今日、フランスのヴィランドリー城にある「ポタジェ（potager）」（野菜やハーブなどをとりまぜた整形式庭園）は、パルテール式の観賞用菜園の最たる例で、とくに踏み石が置かれたチャイヴの花壇や長方形に植えられたバジルの群生は見事である。番兵のようにならぶスタンダード仕立てのバラは詩的な雰囲気をかもしだし、バラが植物を「見守ってくれる」といった信念を表しているかのようだ。一方、イギリス初の庭園評論家トマス・ヒルは、16世紀の国内一般市場に向けて、スペースが許せばヒソップやタイム、ウィンター・セヴォリーをノット（結び目花壇）にとりいれるように提案した。

　ローマ帝国の崩壊後、資金提供を受けた植物収集家が登場する時代まで、ハーブは船乗りや商人、修道士や巡礼者らによって世界中で取り引きされた。植民地でいえば、1623年、メイフラワー号に乗って北米へ渡ったピルグリム・ファーザーズが有名だ。彼らがもちこんだハーブはささやかな家庭の味を伝えた一方、貴重な医薬品にもなった。

　その100年後、クエーカー教徒の農夫だったジョン・バートラムは、北米を旅しながら多くの植物や種子を採取し、それをフィラデルフィア近郊

上：『ベリー公のいとも豪華なる時祷書（Les Très Riches Heures du Duc de Berry）』の挿し絵。これらの色鮮やかな絵からは、中世の庭園のようすがかいま見え、ハーブ栽培の参考になる。

の広大な植物園で栽培・観察した。彼はとくにスウェーデンの植物学者カール・フォン・リンネやチェルシー薬草園のフィリップ・ミラーとともに植物取引の世界的ネットワークにかかわった。いまも残るバートラムの庭園は、北米原産のモナルダ（*Monarda didyma*、ベルガモットもしくはオスウェゴ・ティー）が最初に発見され、栽培された場所である。彼はアポセカリー・ローズ、ボリジ、カモミール、チャイヴ、ディル、フェンネル、フレンチ・タラゴン、ヒソップ、レモンバーム、ラヴィッジ、ミント、マートル、ポット・マリーゴールド、ローズマリー、サフラン、セージ、スウィート・バジル、ローレル、スウィート・ウッドラフ、タイムといった輸入ハーブを観察し、栽培した。また19世紀には、東ヨーロッパやアイルランドからの貧しい移民たちが、貴重な種子を盗まれないように女性のドレスの裾に縫いこんでもちこんだ。

ハーブ・ガーデンのデザイン

　ガーデナーが独立したハーブ園を造ろうとする場合、いまでもかならず中世やルネサンスの様式が踏襲される。中世の長方形の花壇は、ひとつの模様を描くように配置することでぐっと印象的なものになる。花壇ごとに1種類のハーブを植えれば、花壇をより魅力的に見せられるばかりか、手入れや収穫も楽になる。もしこうした配置をモダニスト的に解釈するなら、そこにはモンドリアンの幾何学的構図やフェルナン・レジェの絵のような不定形のブロックがイメージされ、ハーブや石、砂利、水のコーナーのあいだに芸術的な関係性が見出されるだろう。また、そんな造形を鑑賞するためのカモミールを植えたレイズド・シート（立ち上げ花壇）は、どんなデザインにもよく合う。

　刺繍模様のほかにも、ノット（結び目花壇）に

上：ジョン・ミラーはベルガモット（*Monarda didyma*）の最古の植物画のひとつを描き、それは1779年に刊行された『リンネ雌雄蕊分類体系図解（Illustration of the Sexual System of Linnaeus）』のなかで、「*fistulous monarda* もしくはオスウィーゴ・ティー」として紹介された。

は数多くのデザインがある――木彫や漆喰の装飾をイメージしてみよう。ノット・ガーデンでは、ノットが四角い囲みのなかに配され、生垣が無限にからみあうように植えられる。つまり、始まりも終わりもないようにするわけだ。真実の愛と同じく、ラヴァーズ・ノット（恋結び）は永遠のものでなければならない。トマス・ヒルがあげたハーブを使うなら、まず同じくらいの草丈に育つものを選ぼう――ヒソップ（*Hysopus aristatus*）やタイム（コモン・タイム（*Thymus vulgaris*）かオレンジバルサム・タイム（*T. fragrantissimus*)、あるいはシルバーポジー・タイム（*T. × citriodorus* 'Silver Posie'）、ウィンター・セヴォリー（*Satureja montana*）など。これらはノット

の形を保つために春に剪定が必要だが、開花を許せば色彩豊かな模様が楽しめる。枯れた頭花は摘みとり、生育中はこまめに剪定して形を整える。より大きなノットを描くには、剪定したローズマリーやラヴェンダーを丈のあるヒソップ（*Hyssopus officinalis*）とともに植えれば、青と緑、灰色のコントラストが生まれる。気候が許せば、矮性のドワーフ・マートル（*Myrtus communis* subsp. *tarentina*）をくわえてもいい。ノットの大きさに応じて、生垣の内側の空間に多年生ハーブを植えたり、一年生ハーブの種をまいたりしてもいい。予行演習の時間があるなら、ディル（*Anethum graveolens*）、コリアンダー（*Coriandrum sativum*）、サマー・セヴォリー（*Satureja hortensis*）といった3種類の一年生ハーブや、3品種のバジル（*Ocimum basilicum*）の種子をノット模様にまいてみよう。こうすると用地がかたづき、食用のハーブが収穫できるうえ、模様がどんな感じになるかもよくわかる。

オープン・ノットのデザインは、歴史あるラヴァーズ・ノットやパルテール式の装飾模様ほど複雑ではない。伝統的に花壇が左右対称に配置され、ハーブの生垣や仕切りで縁どられる。こうしたレイアウトは区画の形に合わせて簡単に変えられる。勝手口などへ続く小道にハーブを植えれば、シンプルながら効果的、しかも実用的である。多くのハーブは料理用になると同時に観賞用にもなり、ボーダー花壇やテラス、低木のあいだにあれば手軽に摘みとれるので、庭のあちこちに植えるといいだろう。

一方、鉢植えには好きな場所へ動かせるというメリットがある。もしスペースがあれば、目につかない場所で鉢植えを育て、実りの時期になったら勝手口のそばへ移すといい。ローレルやローズマリーのような常緑植物は鉢植えに最適で、ローズマリーとセージはいっしょに植えてもよく育つ。また、剪定されたローレルは玄関を上品なグリーンで演出し、球型や円錐型、ピラミッド型に刈りこめば、幹が葉に守られるので、むき出しにされているよりも冬の寒さに耐えやすい。株立ちのタイムもほぼ常緑なので、古い流しや桶に入れて日なたで育てるといい。できれば、霜に強いテラコッタの鉢を選ぶと、大雨といった極端な天候による影響を受けにくい。

一方、高い建物が多いニューヨークでは、屋上スペースが庭として利用されている。ほとんどのハーブが乾いた吹きさらしの環境に適し、しかも草丈が低いため、高層ビルの住人でも手軽に摘みたてのハーブを楽しむことができ、その人気は急速に広まった。木やアルミをはじめ、近代的な素材と灌漑設備を用いれば、花壇やコンテナでもそうした高所の過酷な環境に適応できる。また21世紀の初めから、オーストラリアの都市部では雨水を利用し、極端な気温の変化を緩和するために「グリーン・ルーフ」政策が導入された。

上：ローズマリーやヒソップ、ラヴェンダー、タイムといった生垣向きのハーブは、それぞれ1種類のハーブで作られた撚りを編んだノットに最適である。左下の形はもっともシンプルで再現しやすく、3種類のハーブだけで作れる。

ハーブの小史

ローマ時代のハーブ——古代のルーツととんでもない宴

下：ローレンス・アルマ＝タデマの「ヘリオガバルスの薔薇」。バラはエジプトからローマへ伝わり、クレオパトラは自分の船の帆にバラの香りを染みこませた一方、ローマでは宴で客人の頭上からバラの花びらが降りそそがれた。

　ローマ時代の酒宴がいかに度を越したものであったかは、当時の書物に記されているだけでなく、ローレンス・アルマ＝タデマによる「ヘリオガバルスの薔薇（The Roses of Heliogabalus）」のような絵画にも色鮮やかに描かれている。紀元54年から68年までローマを統治したネロ皇帝は、宴会場の床一面にバラの花びらを敷きつめるという流行を生み出した。さらにその晩餐の最中、天井からバラの花びらを雨のように降りそそがせた。当時、バラの香りは享楽を高め、客人の髪のぶどう酒臭さを消すと考えられていた。3世紀初めに4年間ローマを支配したヘリオガバルス（エラガバルス）皇帝は、さらにこれをエスカレートさせた。そしてある運命の夜、彼は客人たちとともにすっかり酩酊し、花びらの雨を止めるようにとの命令を出さなかった。その結果、酔いつぶれて眠りこんでいた人々の多くが、花びらの山の下で窒息死した。もちろん、これは常軌を逸した事件だったが、1887年か88年の冬、この騒ぎをリアルに描こうとしたアルマ＝タデマが、フレンチ・リヴィエラから定期的にバラの花びらを送らせたというのも、やはり常軌を逸していた。

　ローマ帝国の市民たちは、北アフリカやアジアはもちろん、地中海や北海沿岸原産のハーブも栽培し、食していた——種子は葉や根、花と同様に珍重された。一方、長方形の花壇を配した典型的なローマ風の中庭は、ヨーロッパやア

メリカでしばしば再現され、ときには蔓に覆われた屋外トリクリニウム（*triclinium*）も設けられた。これは傾斜のついた石の長椅子が四角い台の三方を囲むように配置されたもので、うつ伏せに寝たまま晩餐を楽しむことができた。長椅子にはクッションや織物が置かれ、内側にワイングラスを置くための小さな棚がとりつけられることもあった。料理は晩餐のたびに中央へ動かせるようになっているダイニングボードに置かれた。より大規模な庭園になると、こうした中庭部分に水路が造られ、晩餐の際には食べ物の入ったバスケットが浮かべられたりした──なかでも豪華なのが、ティヴォリのハドリアヌス帝の別荘にあるカノプスだ。

食通として知られたローマのアピキウスは、全10巻からなる『料理帖（De Re Conquinaria）』という本を書き、そのなかで多くのハーブをとりあげた。彼の教えによれば、「畑のハーブ」は生のままでも、ブイヨンやオイル、ヴィネガーと一緒でも、あるいはクミンの種子をくわえて料理としても出すことができた。彼は芳香性のハーブの種子だけでなく、スパイスで味つけした塩も不老不死の霊薬と考えた。また、パセリの種子をラヴィッジの種子のかわりとして使うことを勧めたほか、レシピにはマジョラムやサラダ・ロケット、タイムの種子もふくまれていた。ローレルとマートルの果実はどちらもソースやフォースミート（詰めもの用の味つき挽肉）に使われた。モルタリア（*mortaria*）とは、コリアンダーやフェンネル、ラヴィッジ、ミントといったハーブの生葉を、しばしば蜂蜜や酢、ブイヨンとともにすり鉢（*mortar*）でつぶしたものである。ハーブをすりつぶすには少々手間がかかるが、そうすることでいっそう風味が増す。

料理ノート
大プリニウスがあげた料理用ハーブ

本書でとりあげるハーブの半分は、プリニウスの『博物誌』（図版下）に登場する。多くが料理以外にも利用され、彼があげた次のハーブリストにはなぜかふくまれていないものもある。

料理用：アニス、バジル、チャーヴィル、チャイヴ、コリアンダー、ディル、フェンネル、ガーリック、ラヴィッジ、マジョラム、ミント、マートル、パセリ、パースレーン、サラダ・ロケット、サフラン、ソレル、タイム。さらにローレル、ヒソップ、ローズ（ワインと薬にのみ利用）

医薬用：クミン、オラーチェ、ローズマリー、ヴァイオレット。次のものも薬として用いられた──アニス、バジル、チャーヴィル、コリアンダー、ディル、フェンネル、ガーリック、ラヴィッジ、マートル、パセリ、パースレーン、サラダ・ロケット、サフラン、ソレル

ワイン用：ジュニパー、ラヴェンダー、セージ

グラウンド・エルダー（イワミツバ）
Aegopodium podagraria

別名：ガウトウィード、ビショップスウィード、ビショップスウォート、ハーブ・ジェラード、アッシュウィード、グラウンド・アッシュ

種類：多年草

生育環境：耐寒性（非常に寒い冬に耐える）

草丈：30〜90センチ

原産地：欧州、西アジア

歴史：ローマ人が医薬品のひとつとして帝国全土にグラウンド・エルダーを伝えた。いったん文書記録から消えたが、紀元1000年より前に旅の修道士によってふたたびブリテン島へ伝えられた。

栽培：グラウンド・エルダーは、前の住人によって庭に植えられたものがそのまま育っている場合が多い。というのも、いったん根づくと排除はほとんど不可能だからだ。ほんの小さな根の一部だけでも、あっという間に広がるので注意が必要。

このハーブは強力な下剤にもなるので開花後は収穫しないこと。根も薬に使われる。

保存：季節ごとに生を摘みとるのが最適。

上：グラウンド・エルダーの葉は花がつく前に食べること。いったん開花すると、風味がきつくなり、強力な下剤にもなる。

調理：若葉だけを使い、摘みとったらよく洗う。葉野菜としてホウレンソウのかわりに使ってもいい——葉の水分で軽くゆがく。

魚料理に使うホワイトソースには、細かくきざんだ葉をくわえるとセリやパセリのような風味が出る。ラザニアの肉や魚、野菜の層とホワイトソースのあいだに青菜の層としてくわえてもいい。

料理ノート
グラウンド・エルダーのキッシュ

若葉を摘みとって食べることは、グラウンド・エルダーの強すぎる性質を抑える最適な方法のひとつだ。ホウレンソウと同じように葉を炒め、好みでオムレツに入れてもいいが、バターと牛乳、卵とともに炒めたほうがより風味が増す。というわけで、キッシュがお薦めだ。

下ごしらえ：10分
調理：50分
できあがり：10人分

- グラウンド・エルダー　ひとつかみ
- 卵　4個（卵黄と卵白に分けて）
- シングルクリーム　250ミリリットル
- チーズ　125グラム

オーブンを200度に予熱する。

パイ生地を伸ばし、直径25センチのパイ皿に敷き、フォークで穴を開ける。

生地の底と側面に耐油紙を敷き、重石をつめて、10分空焼きする。

細かくきざんだグラウンド・エルダーの葉を生地全体にちらす。

卵黄をチーズ、クリームと混ぜる。

卵白を固くなるまで泡立て、いっしょに混ぜこむ。

ソテーした詰めものを葉の上からくわえる。

40分焼く。

ラテン語名の *Aegopodium* は、「ヤギ」を意味するギリシア語の *aix*、「小さな足」を意味する *podion*、そして「足の痛風」を意味する *podagra* に由来する。グラウンド・エルダーは、ローマで *gout*（痛風）をやわらげる湿布剤として用いられたことからガウトウィードともよばれ、のちにキリスト教の聖人ジェラルドがこれを使って痛風を癒したことからハーブ・ジェラードともよばれた。ビショップが「司教」を表すビショップスウィードやビショップスウォートという別名は、修道士によってその存在がふたたび伝えられ、しばしば教会の遺構で見かけられるという事実に関係している。アッシュウィードやグラウンド・アッシュといったよび名については、葉が *ash*（トネリコ）の葉と似ていることに由来する。

グラウンド・エルダーは香りのよい伝統的な香草だが、すぐにほかへ侵入しようとするやっかいな面をもつ。植物学者のジョン・ジェラードもその強すぎる性質を嘆いた。16世紀の植物学者ウィリアム・コールズは、グラウンド・エルダーの種子が乾燥すると自然に落ちて広がるようすを観察し、これを「暴れん坊」とよんだが、まさにそのとおりである。青葉のハーブや野菜の種類が増えるにつれ、これは有害な雑草のひとつとなった。

栄養素

ビタミンCが豊富なグラウンド・エルダーは、利尿作用と抗炎症作用をもつ穏やかな鎮静剤である。

強すぎるハーブ

　歴史的に見て、城や修道院、コテージの近くの庭に植えられるハーブは、栽培に特別な配慮を必要とし、おそらく新しい種類のものや薬草としての価値が高いものだったと思われる。料理用のハーブは農作物として栽培されるか、いわゆる森の住人によって原野から採集された。

　強すぎるハーブに対しては、その性質をコントロールすることで、菜園を守ろう。グラウンド・エルダーやバードック、レモンバーム、ソレル、ヴァーヴェインのように自然播種で育つ旺盛なハーブは、種子を落とす前に花柄をすっぱり切りとってしまうこと。この方法は、アメリカの一部の州で有害な雑草となったシソにも使える。

　無秩序に広がる根をもつハーブは、金属や木、テラコッタで囲っても簡単には封じこめられない。あっというまに区画からはみ出し、新しい草地へどんどん広がる。グラウンド・エルダーやミント、ホースラディッシュのような発根力の強いハーブは、形の整った株立ちのハーブや一年生ハーブからは離して植えるのが賢明である。

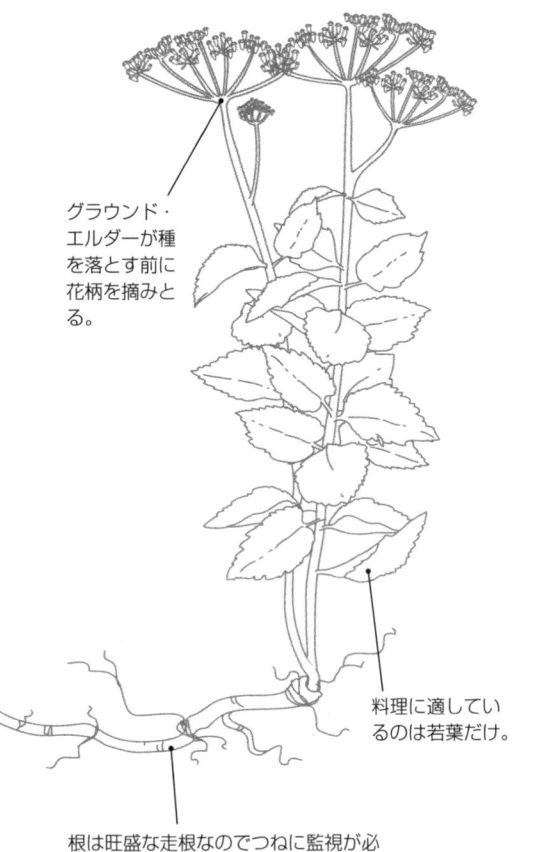

グラウンド・エルダーが種を落とす前に花柄を摘みとる。

料理に適しているのは若葉だけ。

根は旺盛な走根なのでつねに監視が必要。ほんの小さな節くれひとつからでも根を出し、急速にはびこるので、多年生植物のあいだには植えないこと。

　グラウンド・エルダーは保湿力のある土壌で育てるともっとも風味がよく、半日陰を好むため、果樹の根もとで春球根のあいだに植えるのがいい。ただ、若葉を摘みとった後でもすぐに草刈りが必要になるほど旺盛なため、これを抑えるには春に徹底して食べつくす必要がある。花壇のやっかい者にならないようにこまめに抜きとらなければ、あっというまに根がほかの植物のあいだに入りこんでしまう。そして種子が落ちるのを阻止しなければ、その勢力はさらに広がる。そんなグラウンド・エルダーの旺盛な生育にも我慢できるというなら、せめて白い斑入りの「ヴァリエガータ」種を植えてはどうだろう。ジヴェルニーにあるモネの庭のガーデナーたちは、この魅力的な品種を上方の庭の裾に植えこみ、北面を明るく演出している。

ガーリック（ニンニク）
Allium sativum

別名：プアマンズ・トリークル

種類：球根

生育環境：耐寒性（平均的な冬に耐える）

草丈：25～100センチ

原産地：地中海

歴史：ローマ軍は士気を高めるためにガーリックを食べた。軍神マルスとも結びつきがあり、医薬品には欠かせない植物だった。

栽培：ガーリックは球根をばらし、鱗片をひとつずつ植えて育てる。鱗片は10月から12月、あるいは2月から4月のあいだに10センチずつ離して浅く植えこみ、7月以降に掘り起こす。通常、15センチ間隔で条植えされるガーリックは、日あたりと水はけのよい肥沃な土壌を好む。養分を球根の生育に集中させるため、茎から花芽が伸びてきたら摘みとる（食べられる）。

保存：掘り起こした後、球根は外皮が乾くような場所に置き、必要なときまで冷暗所につるしておく。ガーリック・ヴィネガーやガーリック・オイルにしてもいいが（p.74-5を参照）、その際は2日後にはつぶした鱗片を取り出す。球根を丸ごと燻製にしたり、スライスして乾燥させ、砕いて粉末にしたりすることもできる。

右：原則として、ガーリックは鱗片の白い紙のような皮を除いて、どの部分も食べられる。ただ、養分を球根の生育に集中させるため、花芽の形成を止める必要がある。

調理：ガーリックはつぶしたり、みじん切りにしたりして生で食べられる――サラダやマヨネーズ、サルサにそのままくわえる。
　古くから肉を柔らかくするためにも利用されてきたが、マリネやビーフシチューのような時間をかけた料理にはとくに向いている。獣肉や鶏肉を皮つきのガーリック片の上に置いて焼き、調理後、肉をもちあげ、木べらでガーリックを押しつけて焼き汁と混ぜる。肉や野菜のブイヨンをくわえると、肉汁のうまみが増す。ピクルスやチャツネの脇役あるいは主役にもなり、ガーリックとトウガラシのジャムもお薦めだ。

ガーリックは、約7000年前に中国人によって園芸品種化された。英語名のgarlicは、「槍」を意味するサクソン語のgarと、「ポロネギ」を意味するleacに由来する。ガーリックの味がする野生植物や栽培植物は数多く、たとえば、ラムソン（*A. ursinum*）や、ジャンボ・ガーリック（*A. ampeloprasum*）として知られる野生のニラネギがそうだ。言い伝えによれば、ガーリックは人間を吸血鬼から守るともされている。一方、数々の健康効果があるにもかかわらず、ガーリックで息が臭くなる困った面があるため、イギリスではあまり料理に用いられてこなかった。しかし、20世紀後半に外国旅行が増加したことから、より冒険的な味への関心が高まった。ヨーロッパや南北アメリカへの旅や移住は、地中海やアジアの食材、そしてガーリックの消費増大につながった。今日、ガーリックはアラスカを除くアメリカ全州で栽培されているが、なかでもカリフォルニア州のギルロイ市は「世界のガーリックの都」とよばれている。ただ、生産高において世界をリードしているのは中国だ。また、イギリスの南岸沖にあるワイト島は、ガーリックの品種改良や栽培の重要な拠点になっている。ここでは欧米各地のガーリックの交配が行なわれ、さまざまな風味や栽培に適した品種が生み出されている。ワイト島では毎年8月に「ガーリック祭り」も行なわれる。

ガーリックには大きく分けてふたつの品種がある。ひとつはハードネック種（*A. s.* var. *ophioscorodon*）で、数は少ないがより大きな鱗片が作られる。皮が薄く保存にあまり向かないが、より寒冷な地域での栽培には適している。ハードネック種には、赤い小さな球根ができる「ロカンボール」をはじめ、「チェスノック・レッド」や「ワイト」などがある。もうひとつはソフトネック種（*A. s.* var. *sativum*）で、アーティチョークやシルバースキン、クレオールといった暖地系の品種で知られ、「トスカーナ・ワイト」や「ヴァレラド」などがふくまれる。ヨーロッパでは伝統的に、ガーリックは一年でもっとも日が短い時期に植え、もっとも日が長い時期に収穫するものとさ

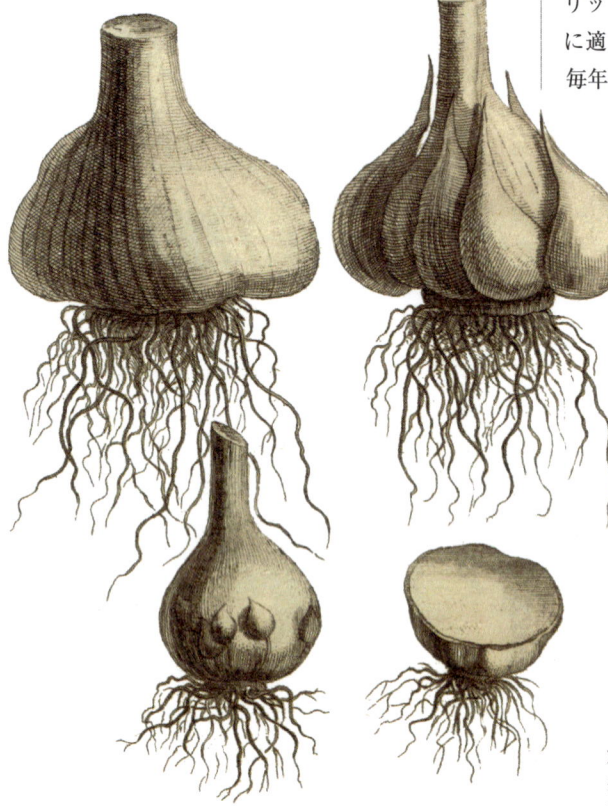

左：ハードネック種のガーリックは寒地系の品種で、鱗片が大きくて数が少ない。赤みがかった皮をもつものもある。

「平和と幸福は、料理にガーリックが使われている場所からはじまると言っても過言ではない」

『わたしとわたしのふたつの国（Myself, My Two Countries）』（1936年）、X・マルセル・ブールスタン

れ、これはとくに紫色の品種「ジェルミドゥール」にとって最適な条件だ。ガーリックをふくむネギ属（*Alliums*）は、アブラムシのようなバラの虫除けにもなるとされているので、バラ園にはぜひネギ属を植えよう。また、ガーリックはラズベリーや核果、キャベツにとって有益であるうえ、リンゴ黒星病も防ぐといわれている。

下：ガーリックは収穫後にその葉茎を編んでつるしておくと、保存がきくうえに見た目もおしゃれだ。風通しがよく、直射日光のあたらない場所で保存する。

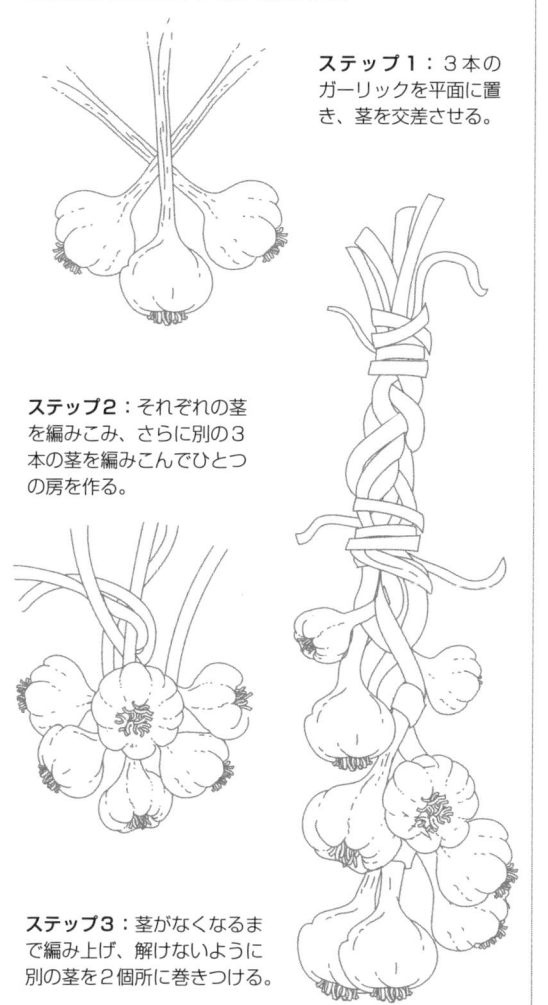

ステップ１：３本のガーリックを平面に置き、茎を交差させる。

ステップ２：それぞれの茎を編みこみ、さらに別の３本の茎を編みこんでひとつの房を作る。

ステップ３：茎がなくなるまで編み上げ、解けないように別の茎を２個所に巻きつける。

料理ノート
ガーリックのさまざまな品種

自分の好みのガーリック、特定の料理の味を引き立てるようなガーリックを選ぼう。

- ロカンボール——寒地系の品種で、ハードネック種の代名詞。素朴なムスクのような風味をもつが、スルフェン酸を多くふくむため、生で食べると舌がひりひりする。乾燥に最適。おもな品種として「レッド・ジャーマン」や「スパニッシュ・ロハ」がある。
- その他のハードネック——「チェスノック・ワイト」、「ロートレック・ワイト」、「カルカソンヌ・ワイト」
- パープル・ストライプ——紫色の縞の入ったハードネック種の総称。風味はまろやかなものから焼けるようなものまで、多岐にわたる。「チェスノック・レッド」は外皮が深い紫色で、グルジア原産の品種。乳白色に赤紫の縞が入った大きな鱗片をもつ。「チェスノック」はローストに最適。
- ソフトネック——暖地系の品種で、伝統的な風味をもつ。「ソレント・ワイト」、「プロヴァンス・ワイト」、「アーリー・パープル・ワイト」、「ヴァレラド・ワイト」などがお薦め。
- ポーセリン——「磁器」という名が示すとおり、茎が固く、ぴんと張った外皮が真珠色の鱗片をぴったりと包んでいる。風味が強い。
- 一片種——球根が一片だけで生育する。中国の雲南省原産。

チャイヴ（エゾネギ）
Allium schoenoprasum

別名：チャイヴズ、シヴェット、シュニットラオホ

種類：多年草

生育環境：耐寒性（寒い冬に耐える）

草丈：10～60センチ

原産地：北半球

歴史：19世紀初めの植物学者オーギュスタン・ピラミュ・ド・カンドルは、アルプス山脈に自生する種がもっとも園芸品種に近いと結論づけた。チャイヴはローマ人によって利用され、イギリスのノーサンバーランドにある「ハドリアヌスの長城」に沿って群生する帰化種は、ローマ軍の砦の庭で野生化した逸出種の子孫とされている。

栽培：一般的な品種は種子から簡単に育てられる。春以降に種まきし、いったん根づけば自然播種によってすぐに広がる。保湿力のある肥沃な土壌を好む。

保存：新鮮な葉茎を丸ごと冷凍し、必要量をその都度使う。牛乳やバターに入れて凍らせ、冬のマッシュポテトにくわえてもいい。

調理：フィーヌ・ゼルブ（*fines herbes*）（p.38を参照）の代表格であるチャイヴは、タマネギのような風味をもち、手作りであれ市販品であれ、サラダやジャガイモ、スクランブルエッグなど、どんな料理にもよく合う。風味をより楽しみたいなら、摘みたての花を手で優しくほぐし、サラダにちらしたり、クスクスやコールドライスとあえたりしてもいい。ふつうのチャイブやチャイニーズ・チャイヴ（ニラ）を、細かくきざんでソフトチーズに混ぜてもいい。

　チャイヴは、ローマの農学者パラディウス（紀元380年頃）をはじめ、カール大帝の「御料地令（Capitulare de Villis Imperialibus）」（872年）、中世ドイツのベネディクト会修道女で薬草学の祖とされるヒルデガルド・フォン・ビンゲン（1150年頃）、同じく中世のドミニコ会修道士で園芸家のヘンリー・ダニエル（1375年頃）、そして庭に必要なハーブが紹介された「フロモンド・リスト」（1500年頃）など、はるか昔の人物たちの文献にその名があげられている。また、1440年頃に編纂された初の羅英辞典 *Promptorium Parvulorum* にも登場している。イギリスの園芸家ジョン・イーヴリンは、チャイヴを「ラッシュリーク」や「シヴェット」、「スウェス」などとよんだ。ニューヨークのリッツ・カールトンで41

「ハーブの冠——町にいても…わたしたちはまだウィンドーボックスや桶、あるいは大きな植木鉢のなかに自分だけのミニチュア・ハーブ園をもつことができる。わたしはロンドンの小さな一角でこれらを育てているが、…チャイヴは美しい料理用ハーブのなかでもとくに繊細だ。あの無骨なタマネギではなにかぴんと来ないとき、それはチャイヴの出番かもしれない。必要なときに収穫し、ときどき水をやるだけで、最高のグリーンサラダができる」
　『ヴォーグの現代料理法（*Vogue's Contemporary Cookery*）』（1945～1947年）、ドリス・リットン・トイ

年間シェフをつとめたルイ・ディアは、母親のポロネギとジャガイモのスープのレシピにチャイヴとクリームをくわえ、これをクレーム・ヴィシソワーズ（ヴィシー風冷製クリームスープ）と命名した。

　食用のネギ属のなかでもっとも装飾的なチャイヴは、魅力的な花壇の縁どりとして植えることもでき、とくにバラのあいだに群生させると美しい。保湿力のある肥沃な土壌なら、定期的な収穫によってよく育つ。また、春か秋に株分けで増やせるが、秋に株分けした後は、冬に収穫できるように鉢に上げて屋内に置くか、温室で保管する。一般的な藤色の花のほか、白い花をつける品種もある。「フォレスケート」はピンク色の花をつけ、「シェパード・クルック」は葉茎がねじれているが、いずれも料理に使える。「グロロー」という品種には、年間を通じて分厚い深緑色の葉に強い風味があるが、これは別名「ウィンドーシル（窓台）」ともよばれ、温室はもちろん、窓辺でも育てられる。

　チャイニーズ・チャイヴ（*Allium tuberosum*、ニラ）は、発芽するとタマネギの風味がしてチャイヴの親戚のように見えるが、生長するとより平らで幅広な葉をつける。さらに白い散形花をつけ、野ニラのような姿になる。もちろん、このニラも食べることができ、ガーリックに似た風味をもつ。意外なことに、ニラはガーリックというよりバラを思わせるような香りがする。

　チャイヴを開花させ、その小花を楽しむこともお勧めだ。花には小さな春タマネギのような風味がある。いずれにせよ、花芯が黒く乾きはじめる前に食べること。そして株を掘り起こし、個々の球茎に分け、必要に応じて移植する――これは年に２、３回行なえる。順番に切り戻すようにすれば、いつでも新鮮な葉茎が得られる。増やす場合は、一番花をいくつか成熟させる。花がぱりぱりに乾き、小さな黒い種子がみえるようになったら種子を採取する。逆に間引く場合は、球茎をひと

下：チャイヴの花びらは簡単にばらせるので、サラダにちらせば香りが引き立つ。

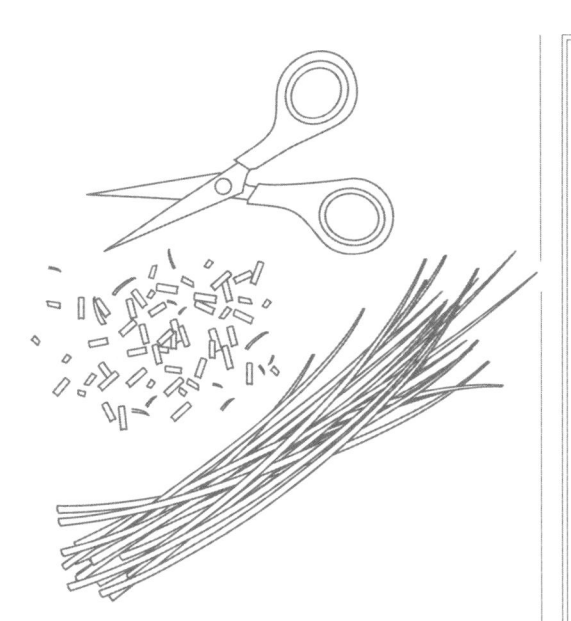

上：チャイヴの株が花をつけたら、根もとまで切り戻し、新しい葉茎の生育をうながす。収穫した葉茎は洗って水気をきり、ハサミを使って手早く処理し、そのまま料理に使う。

つずつていねいに引き抜き、繊細な春タマネギと同じように収穫する。

イギリスで開かれた2013年のチェルシー・フラワーショーでは、「チャチャ」という品種が紹介されたが、これには花のかわりにミニチュアのハリネズミのような頭がついている。

どのチャイヴにも硫黄分が多くふくまれている。チャイヴはニンジンやバラ、リンゴにとってはコンパニオン・プランツ（互いの生長によい影響をあたえあう植物）だが、エンドウなどの豆類との混植は避けること。

小さなガーデナーのためのチャイヴ

条件が整えば、チャイヴはまるで魔法がかかったように無限に育ち、子どもたちの園芸体験にぴったりの植物となる。種まきは一般的なルール（p.8を参照）に従い、まずは鉢にまいてみる——光沢のある小さな種を表面にまき、土で軽く覆う。

鉢は数か月ほど窓辺に置いておき、それから別

料理ノート
ハーブ・ブレッド

　ハーブ・ブレッドはガーリック・ブレッドと同じ方法で作ることができる。スープやチーズ、サラダといっしょにめしあがれ。

下ごしらえ：10分
調理：5〜10分
できあがり：1〜2人分

- バゲットかフランスパン　1本
- つぶしたガーリック　2片（好みで）
- 塩　小さじ1/2
- ソフトバター　100グラム
- チャイヴ　ひとつかみ（粗くきざんで）
- ほかのハーブ（次のいずれか、あるいはすべて）　チャーヴィル、フェンネル、ラヴィッジ、マジョラム、オレガノ、パセリ、タイム

　オーブンを200度に予熱する。
　ハーブをきざみ、ニンニクとともにバターと混ぜる。
　フランスパンに厚めの切れこみを斜めに入れ、混ぜたバターを均等に塗りこむ。
　残ったバターはパンの表面に塗る。
　アルミホイルで包み、5分以上焼く。
　バターがパンに染みこみ、ハーブが青みを残しながらも熱くなり、パンから流れ出しそうになったらできあがり。

の鉢や庭のコンテナに植え替えるか、地植えにする。実りの時期になったら、子どもたちはこれを収穫し、自分で作った料理をはじめ、さまざまな料理に最後の仕上げとして使うことができる。チャイヴの花は可憐で、花びらは春タマネギのような力強い風味を感じさせる。

レモン・ヴァーベナ
（コウスイボク）

Aloysia citrodora

別名：エルバ・ルイーサ

種類：落葉低木

生育環境：半耐寒性（温暖な冬に耐える、無加温ハウス）

樹高：3メートル

原産地：アルゼンチン、チリ

歴史：17世紀にスペインの探検家によって南米からスペインへ伝えられ、ルイーサ・デ・パルマ王妃にちなんでエルバ・ルイーサとよばれた。実際、*Aloysia*という語は*Louisa*（ルイーサ）の転訛である。

栽培：寒さに弱い落葉樹で、乾燥した暖地でよく育つ。地中海性気候の地域では豊富に花をつける。より寒冷な地域でも屋外で栽培できるが、花はあまり期待できない。

保存：もっとも香りが強くなる開花時に葉を収穫し、乾燥させる。

栽培のヒント

地植えでも鉢植えでも、レモン・ヴァーベナは気軽に手をふれられる場所に植える——爽やかなレモンの香りが楽しめる。

調理：葉と花は生食には向かないが、レモン・ソルベのような風味を引き出して楽しむには最適だ——ローレルと同じく、葉は食卓へ出す前にとりのぞく。ハーブティーにする場合は、生葉か乾燥葉に熱湯をそそぐ。そのまま煮つめてシロップにし、果物にかけたり、プディングに入れたりしてもいい。葉をケーキ生地の底に敷いて焼くと、香りがつく——焼き上がったら葉ははがす。

魚介類を食べるときのフィンガーボウルに入れてもいい。

上：レモン・ヴァーベナの花はヴァーヴェインの花とよく似ているが、非常に温暖で、風などを避けられる環境でしか咲かない。葉や花から作られたハーブティーは、しばしばレモン・ヴァーヴェインとよばれる。

「イギリスで知られているこの属の唯一の種は*A. citriodora*である。…半耐寒性の低木で、小さなピンクがかった白い円錐花序の花をつけ、非常にかぐわしい葉をもち、冬には落葉する」

『女性のためのフラワーガーデンの手引き（The Ladies' Companion to the Flower Garden）』（1846年）、
ジェーン・ラウドン夫人

1784年に*Verbena triphylla*との学名でイギリスに伝えられたこのハーブは、*Aloysia*、さらに*Lippia citriodora*と改名され、ふたたび*Aloysia*となった。英語名は、その皮針形で光沢のある葉を軽くなでるだけで広がる爽やかなレモンの香りと、ヴァーヴェインに似た花に由来する。実際、それはヴァーベナ油のもとである。メキシカン・オレガノ（*Lippia graveolens*）やジャマイカン・オレガノ（*L. micromera*）とまちがえやすいが、寒さに弱いこれらのハーブには独特のオレガノ風味がある。

　*Aloysia*は、肥沃だが軽くて水はけのよい土壌を好み、風などを避けられる暖かい場所でよく育つ——南向きか西向きの壁ぎわが理想的だ。より寒冷な地域では鉢植えでよく育つが、秋に落葉した後はほとんど水やりの必要はない。ワイト島やイースト・アングリアのようなイギリスの沿岸地域では、屋外でもよく育つ。冬になると幹や枝が

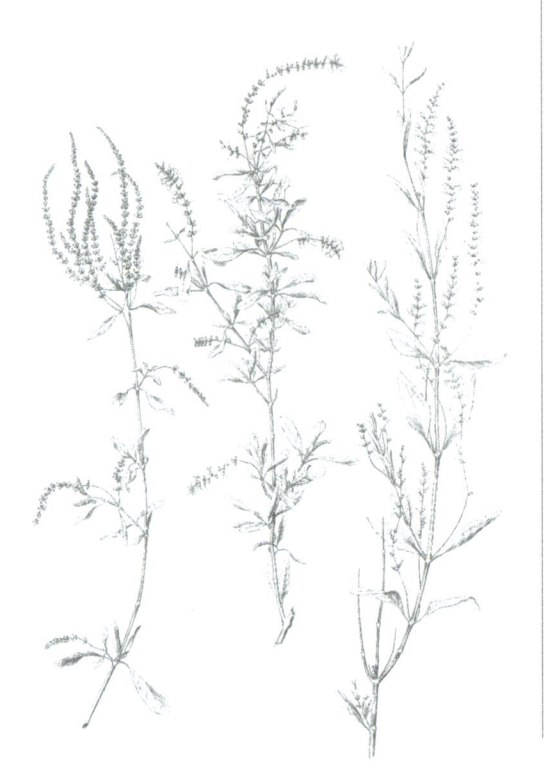

上：レモン・ヴァーベナはすばらしいレモンの香りをもつ。軽くなでるだけで、爽やかなハーブティーにぴったりの芳香を放つ。

灰黄色になるため、枯れたように見えるが心配はいらない——やがて花壇で緑色の若葉を見せてくれる。晩春に最初の蕾がふくらみはじめたら、定期的な水やりをはじめ、必要に応じて別の鉢へ植え替える。増やす場合は、初夏にとった若枝の挿し木ですぐ根づく。ただし、秋までに根を最大限に生育させるため、挿し穂はできるだけ早くとるようにする。根づいたばかりの苗は、十分に定着するまで保護してやる。初夏に剪定して形を整え、剪定した枝葉は乾燥させておく——すばらしいレモンの香りが家の方までただよい、バーベキューのときも楽しめる。

夜のハーブ──月夜にただよう香りと風味

　夏の夜の庭をより美しく演出するにはいくつかの方法がある。まず日除けや木、蔓性植物、あるいは中庭で空間を囲むことにより、暖かい空気と植物の芳香を閉じこめる。夕闇や月明かりのなかでは、視覚と嗅覚とが密接に結びつく──銀色や白、灰色や紫、そして淡いピンク色の葉や花々が魅力的な輝きを放つ。また、人の目を引き、それに香りでこたえるハーブもたくさんある。少し離れたところにアンジェリカとバードックを植えれば、夜の景色に情緒がくわわる。蚊除けにもなるレモングラスも忘れずに。

下：ナスタティウムは晩夏から初霜の時期にかけて、色鮮やかな食用花をたくさんつけて広がる。

目を引くものを植える

　パープル・セージは、敷石や植栽のあいだにまとめて植えたり、鉢植えにしたりするのがいい。

　「ブルーアイス」・ラヴェンダーを使えば、葉や花の灰緑色や銀色が魅力的な丘を作り、建築物的な趣が生まれる。軽くなでれば香りが放たれ、ベンチの近くで葉をつぶせば虫除けにもなる。香りのよさについては、ミントやその白い斑入りの品種もお薦めだ。葉で木のテーブルなどの表面をぬぐえば、ハエをよせつけない。

　「アラスカ」のような白い斑入りの葉をもつナスタティウムや、淡黄色の花をつける匍匐性の「ムーンライト」も夜の庭によく映える。同じく夜の庭で美しいのは、チャイヴが白い花を咲かせた姿だ。チャイヴの葉や花を摘みとり、前菜や夕食の皿にちらしてもいいだろう。

　白い花が夜のそよ風にゆれるようすははっとするほど美しい。ボリジ（飲み物にも入れられる）やチャーヴィル（白い小花は星のように輝き、葉は料理のつけあわせにもなる）、ヒソップ、ベルガモット、バラのように、白花をつける品種があるものを探してみよう。コリアンダーのピンクがかった白い散形花や、アニス、サ

右：15世紀の『薬草製剤の本（Livre des simples medecines)』の挿し絵。中世式のレイズド・ベッドは維持しやすく、観賞にもふさわしい。エデンの園を思わせる囲いのなかで、美しく有用なハーブをみなが熱心に世話している。

マー・セヴォリーなどの花も忘れずに。

香りでこたえる

　ほとんどのハーブの香りは、ふわりとただようような香りか、気づかれないほどかすかな香りのどちらかだが、レモン・ヴァーベナはその両方を合わせもっている。かすかな香りのハーブは、気軽に手でふれられるような場所に植えるといい。

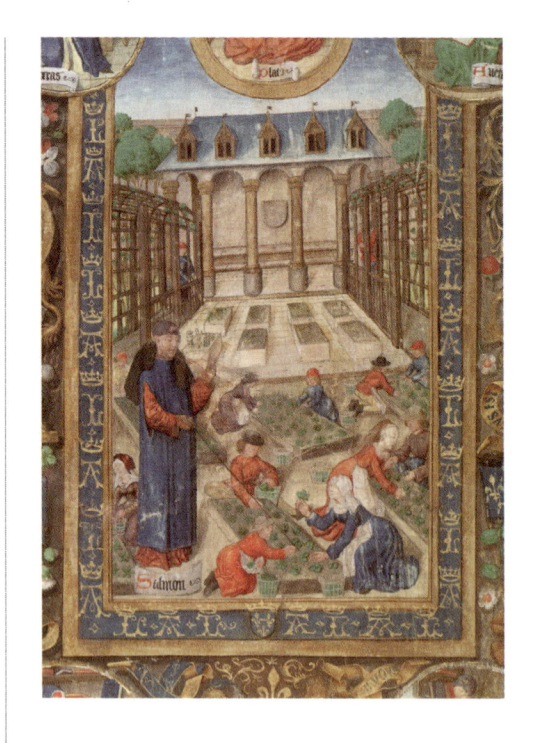

　ただようような香りをもつハーブには、先のレモン・ヴァーベナの葉やサラダ・ロケットの花などがふくまれる。かすかな香りをもつハーブとしては、レモン・ヴァーベナのほか、ラヴェンダーやカモミール（ベンチや塀の上部、あるいはごく細かい敷石の一部として）、斑入りのセンテッド・ゼラニウムなどがあり、壁に這わせるならローズマリーもお薦めだ。

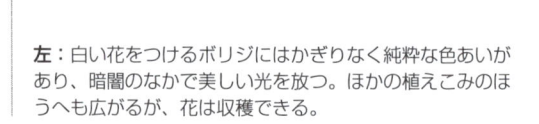

左：白い花をつけるボリジにはかぎりなく純粋な色あいがあり、暗闇のなかで美しい光を放つ。ほかの植えこみのほうへも広がるが、花は収穫できる。

ディル（イノンド）
Anethum graveolens

別名：ディルウィード

種類：一年草

生育環境：耐寒性（平均的な冬に耐える）

草丈：30～90センチ

原産地：南ヨーロッパ

歴史：ディルはローマ人によってヨーロッパ全土へ伝えられたとされ、北は遠くスコットランドの「アントニヌスの長城」でみられる。

栽培：すぐれた園芸品種が幅広く手に入る。種子は春以降にまく。よく耕された保湿力の高い土壌を好み、ある程度の日陰にも耐える。

　注意すべき点として、ディルの種は絶対にフェンネルの近くにまかないこと。両者は交雑しやすく、互いに不利益をあたえるため、種子を採取したい場合はとくに気をつける。

保存：種子を乾燥させ、殺菌消毒した密閉容器に入れて保存する。イギリスのキルナー社のガラス瓶が最適。生葉は丸ごと硬質容器に入れて冷凍保存し、必要量をその都度使う。ディル・ヴィネガーやディル・オイルについてはp.74-5を参照。

上：ディルはフェンネルから離して種まきすること。種子が目的の場合は、ほかの草本植物のあいだで成熟させる。

調理：細かくきざんだディルとジャガイモは相性がいい。たとえば、焼きたての新ジャガイモにバターとディルをそえたり、ディルのマヨネーズでポテトサラダを作り（p.39を参照）、魚の冷製料理や鶏肉、固ゆで卵のつけあわせにしたりする。ジャガイモとディルのスープも定番だ。ディルの種子はしばしばガーキン（小キュウリ）や、薄切りキュウリのピクルスにもくわえられる。

「ディルというハーブの種子は、大地にまかれ、月が満ちると、その4日後までには（ほとんどの場合）芽を出す。…たとえブドウの木などの枝があちこちで焼かれても、［それらは］なおよく生育し、人々はその種子を利用しようと考えなおす」

『庭師の迷宮』（1577年）、トマス・ヒル

> ## 料理ノート
> ### グラヴラックス
>
> グラヴラックスは、生の塩漬けサーモンを使った北ヨーロッパの伝統料理である。このレシピは冷凍保存がきくため、分量を倍にして作り置きしてもいい。
>
> 下ごしらえ：20分＋マリネに2～5日
> できあがり：8人分
>
> - 生のサーモン　900グラム（丸ごと1匹を骨抜きし、2枚に下ろす）
> - 塩　大さじ1と1/2
> - グラニュー糖　大さじ1
> - 黒粒コショウ　小さじ1（砕いて）
> - ブランデーかアクアヴィット　大さじ1と1/2
> - 生のディル　ひとつかみ（きざんで）
>
> サーモン以外の材料をすべて混ぜ、漬け汁を作る。
>
> 陶器の皿に漬け汁の1/4を入れ、1枚目の切り身を皮目を下にして置き、漬け汁の半分をかける。
>
> 2枚目の切り身をかぶせ、残りの1/4の漬け汁を皮目にかける。
>
> アルミホイルで覆い、重石（缶詰など手近なもの）で押さえる。
>
> 冷蔵庫に入れてマリネにする。2～5日間、魚を裏返して、スプーンで漬け汁をかける。
>
> 薄切りか厚切りにして、ディルのソースといっしょにパンにのせたり、サラダにしたり、スクランブルエッグに入れたりする。

プリニウスは、「シャクトリムシ」を除去するためにディルの入った水を土にかけることを勧めた。散形花をつけるハーブの多くがそうであるように、ディルはもともとその種子を目的に栽培されたが、長い年月をかけて葉の質も改良された。トマス・ヒルは1577年の著書『庭師の迷宮（The Gardener's Labyrinth）』のなかで、ディルの苗床に木灰でカリウム分をあたえることを勧めた――これは開花をうながし、結果として種子の形成をうながす。

ディルという名は、「なだめる」を意味するアングロ・サクソン語のdillanに由来するとされ、消化器の不調をやわらげ、腹部膨満感を軽減するという意味のほか、睡眠薬としての意味もある。赤ん坊の腹痛に効くシロップの主要成分で、いまもジンの製造に用いられている。風味は明確には表現しづらく、アニスを思わせると言う人もいるが、実際にはアニスよりスモーキーで香りもおとる。脂肪分の多い魚やジャガイモの料理と相性がよく（料理ノートを参照）、種子はガーキンや自家製キュウリのピクルスに欠かせない。

ディルの種子がほしい場合は、「マンモス」のような品種を選び、ボーダー花壇の奥の花のあいだにまく。頭花は非常に美しく、灰緑色の長い茎から黄緑色の散形花がかすみのように広がる。スペースに余裕がない場合は、よりコンパクトに茂る「ブーケ」という品種を試してみよう。ディルの葉がほしい場合は、春から晩夏にかけて連続して種をまく――個人的なお薦めは、精油分が多くて香りのいい「デュカ」だ。商業的に薦められるのは強健な「テトラ」で、「ダイアナ」はよりコンパクトで薹立ちしにくい。

ディルはキャベツのコンパニオン・プランツだが、フェンネルやニンジン、トマトとの混植は避けること。

アンジェリカ（セイヨウトウキ）
Angelica archangelica

別名：ガーデン・アンジェリカ、アーキエンジェル、ワイルド・パースニップ

種類：二年草

生育環境：耐寒性（非常に寒い冬に耐える）

草丈：90〜120センチ

原産地：北ヨーロッパおよび東ヨーロッパ、中央アジア

歴史：アンジェリカという名前は、災いや魔力から守ってくれるというエンジェルにかかわる性質のことを示している。それは媚薬であると同時に解毒剤でもあり、この利用法がアーキエンジェル（大天使）によって啓示されたとされることから archangelica という種小名がついたが、その天使がミカエルなのかラファエルなのかについては解釈が異なる。

栽培：種子が発芽するのは、自然に落ちて育った場合か、種子が新鮮なうちに採取されている場合のどちらかで、これは夏になると種子が植物体のなかで乾いてしまうためである。この彫像を思わせるハーブは、なかが空洞になった茎に緑色の葉をこんもりと茂らせる。草丈1.5メートル以上に生長し、横にも同じように広がる。

保存：種子は保存せず、熟したばかりの新鮮なものをまくのがいい。若い茎は砂糖漬けにして密閉容器で1年間保存できる。

調理：砂糖漬けにしたアンジェリカの風味と鮮やかな緑色は、自宅で試すだけの価値がある。仕上がりが軟らかい茎の砂糖漬けというより、飴のように固くなることもあるが、それはそれでおいしいので問題ない。若い茎にこだわるのは、古い茎だとすじっぽくて食べにくいからだ。スウィート・シスリーと同じく、アンジェリカは天然の甘味料なので、少量をルバーブといっしょに煮こめば、シュウ酸による酸味を中和することができる。若葉は細かくちぎって、グリーンサラダに入れてもいい。

左：アンジェリカは彫像を思わせるハーブで、根は湿った土壌を好み、多少の日陰にも耐える。夏に大きな球状の花をつける。

アンジェリカ 35

上：できれば親株から新鮮な種子を採取する。いったん根づけば、毎年たくさんの種子が得られる。

層積貯蔵

層積貯蔵とは、冬が寒い温帯地域の種子にみられる休眠を打破するための処理である。この手法はもともと種子が誤った時期に発芽するのを防ぐために生まれた。アンジェリカやスウィート・シスリー、スウィート・ウッドラフ、スミレなどの乾燥種子がある場合に勧められる――これらはいずれも自然播種によって親株から簡単に育つ。

休眠打破には冬の低温状態を再現する必要がある。

- 繊維培養土4に対して水1の割合で土を湿らせ、同じく1の割合で種子をくわえる。
- 土をよく混ぜあわせ、ポリエチレンの袋に入れて、2～3日暖かい場所に置く。
- 袋を冷蔵庫に入れて4週間保存し、週に1度、逆さまにしてゆする。
- これで種子の準備が整ったはずなので、できれば早春に種まきし、発芽させる。

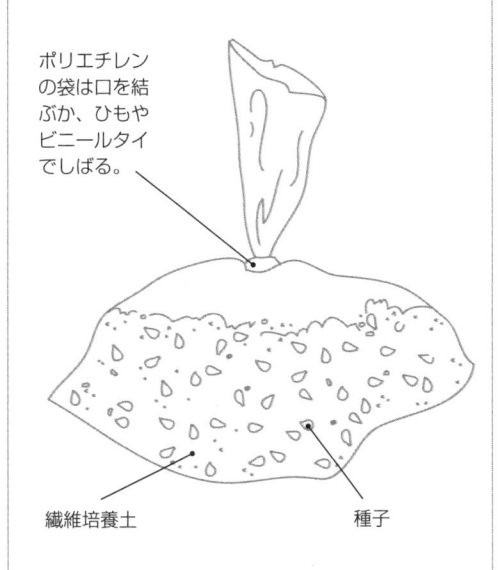

ポリエチレンの袋は口を結ぶか、ひもやビニールタイでしばる。

繊維培養土　種子

「サケット・キャンディー」とは、16世紀に南ヨーロッパではじまったオレンジやレモンの皮の砂糖漬けを表す古い言葉である。アンジェリカの若い茎やボリジ、エリンギウムの根も砂糖漬けにされた。それらはシロップに漬けて保存したり、砂糖をまぶして乾燥させたりして、客人にふるまわれた。また、アンジェリカはシャトルーズやベルモットに使われる伝統的な芳香植物のひとつであり、ケーキや冷たいクリームプディングのデコレーションとしても長い歴史をもつ。

保湿力のある土壌を好んで根を張り、ゆったりとした空間に植わった姿がもっとも美しい。2年目になると、中心の茎が伸び、球状のグリーンの散形花をつける。新鮮な種子が収穫できない場合は、苗を買うか、あるいは種子を袋に入れて層積貯蔵する――すなわち冬の低温にさらす期間をもたせる（囲み記事を参照）。

たとえ小さな空間でも、アンジェリカの大きな建築物的な葉や頭花は、1本だけでジャングルのような野趣をあたえてくれる。スペースが許せば、同じく存在感のあるボリジやスウィート・シスリー、オーデコロン・ミント、ベルガモットと混植してもいい。コントラストを望むなら、周囲にとがった感じの花をつける植物を植えよう。アンジェリカは生育とともに、その風味が豊かに進化していく過程も楽しめる。若葉はサラダに入れると爽やかさが増す。ただ、成熟するにつれて生食には向かなくなり、アルコール飲料の風味づけとしての役割がおもになる。成熟葉をピムズなどの夏の飲料に入れてもいいし、かならずしもアルコールでなくてもいい。新鮮な種子はアルコール性のコーディアルにも利用できる（p.184を参照）。最後にとっておきのことを教えると、アンジェリカの大きな葉はピクニックで素敵な皿がわりになる。

フィーヌ・ゼルブ———風味を洗練させるハーブ

　歴史的に、フィーヌ・ゼルブ (*fines herbes*) という言葉はマッシュルームを使った料理と密接な関係があり、もとはマッシュルームとエシャロット、そしてハーブを炒めて作ったソースを表した——現在、これはデュクセル (*duxelles*) として知られている。フィーヌ・ゼルブの代表格は、チャーヴィル、チャイヴ、フレンチ・タラゴン、パセリで、その組みあわせから、アニスや甘タマネギ、パセリのほのかでみずみずしい風味が生まれる。

　名前からもわかるように、フィーヌ・ゼルブは繊細なハーブばかりで、その葉は口のなかで溶けるほど軟らかくなければならない。これらは春夏の香味野菜であり、時間のかかる料理には向かない。あくまでも最後の仕上げに用い、グリルした魚や鶏肉に軽くちらしたり、つけあわせとしてそえたりする。あっさりしたクリームスープやシタビラメの繊細な風味を引き立てるには最適なハーブである。オムレット・オ・フィーヌ・ゼルブ (*omelette aux fines herbes*、ハーブ入りオムレツ) に堅焼きパンとグリーンサラダ、そしてグラスワインがあれば、シンプルにしておしゃれなディナーのできあがりだ。コツはオムレツの中心がまだ柔らかいうちにハーブをくわえ、折りこむことだ。

　フィーヌ・ゼルブの風味を生かす方法のひとつが、パイなどの生地に混ぜこむことで、こうするとハーブの新鮮さが閉じこめられる。たとえばキッシュに使えば、どんな詰めものともよく合う。フィーヌ・ゼルブを上質なオリーブ油に漬けこみ、ジャガイモやピザ、パスタにふりかけてもいい——ただし、新鮮な風味を楽しむため、数日分しか作らないこと。そしてなにより大切なのは、軟らかい若葉を摘みとることだ。

　とはいえ、料理のルールは破られるためにある。そこで少し趣向を変え、風味の幅を広げてみよう。バジル、チャイヴ、パセリの若葉を、すり下ろしたガーリックかきざんだニラ少々とともにトマトベースの料理にくわえる。香りを効果的に引き出すため、スウィート・マジョラムやレモン・タイム、パセリ、チャイヴをズッキーニや鶏の胸肉と組みあわせてもいい。魚やシーフードのサラダには、フェンネルとパセリの葉をレモンの皮の千切りと混ぜる。細かくきざんだ同量のパセリ、ディル、コリアンダー、バジルをバスマティ米とあえてもいい。

　手軽でおいしい料理が求められる夏場も、フィーヌ・ゼルブは大活躍するはずだ。

上：フィーヌ・ゼルブは、パセリ、チャイヴ、フレンチ・タラゴン、チャーヴィルの若葉からなり、繊細な風味でどんな料理も引き立てる。

専用の花壇

チャーヴィル、チャイヴ、フレンチ・タラゴン、パセリは、いっしょに育てると非常に便利だ。いずれも良質で肥沃な土壌を好み、風などを避けられる環境でよく育つ。花壇の中央にフレンチ・タラゴンを1本から5本植え、縁にチャイヴを植える。パセリはチャイヴの縁どりのすぐ後ろに植え、チャーヴィルはフレンチ・タラゴンを囲むようにして植える。ベースとなるフレンチ・タラゴンが1、2本しか植えられないような花壇でも、最低1平方メートルの広さは必要だ。十分な収量を得るために、これを大きな3つの植木鉢に移すこともできる——それぞれ中央にフレンチ・タラゴンを植え、その周囲にチャーヴィルかチャイヴ、パセリを植える。

まずフレンチ・タラゴンとチャイヴの苗を植え、次にパセリとチャーヴィルの種をばらまきし、さらにスペースに応じて間引き、収穫する。プランターに寄せ植えする場合は、たまに海藻肥料をあたえるといい。

下：フレンチ・タラゴンとチャイヴには、パセリと同様、成熟とともにこんもりと茂るだけの十分なスペースをあたえる。チャーヴィルは短命なので、ほかのハーブのあいだに間作物として種をまく。

料理ノート
フィーヌ・ゼルブのマヨネーズ

電動ミキサーやフードプロセッサーを使えば、自家製マヨネーズが簡単に作れる。

下ごしらえ：10分
できあがり：10人分

- 卵　1個
- 白ワイン・ヴィネガーかリンゴ酢　大さじ1
- ディジョン・マスタード　小さじ1
- オリーヴ油かヒマワリ油　約250cc
- フィーヌ・ゼルブ
  ひとつかみ（粗くきざんで）

卵と酢、マスタードを耐熱ガラスのボウルに入れていっしょに泡立てる。

片方の手でボウルを持ち、もう片方の手で少しずつ油を入れながら、フィーヌ・ゼルブを混ぜる。

殺菌消毒した密閉容器に入れ、冷蔵庫で最大1週間まで保存できる。

チャーヴィルはフレンチ・タラゴンの後ろに10センチ離して植える。

チャイヴの後ろのパセリにはあまりスペースがないが、できれば7.5〜10センチ離す。

フレンチ・タラゴンは中央に約15センチ離して植える。

手前の縁のチャイヴはすきまに押しこむ。

チャーヴィル（ウイキョウゼリ）
Anthriscus cerefolium

別名：カールド・チャーヴィル、ガーデン・チャーヴィル、フレンチ・パセリ

種類：一年草

生育環境：耐寒性（平均的な冬に耐える）

草丈：30〜60センチ

原産地：欧州、北アフリカ、西アジア

歴史：チャーヴィルはこれを香味野菜や薬味として用いたローマ人によって伝えられた。ディオスコリデスはこれを腹部や胃、腎臓、肝臓の働きを改善させるものとして薦めた。

栽培：チャーヴィルは生長が速く、寒さにも強いため、冬場の貴重な野菜となった。

春以降、半日陰で、よく耕された保湿力のある土壌に種をまく。チャーヴィルは移植を嫌う。すぐに結実するので、連続的にまけば長期にわたって収穫が可能。

チャーヴィルの若葉はドクゼリのそれと似ているが、後者はもちろん有毒である。見分け方にはふたつのポイントがある。ひとつは、チャーヴィルのほうが光沢があって緑が濃い。もうひとつは、葉をつぶしたとき、チャーヴィルの方はあきらかにアニスの香りがする。

保存：冷凍して必要量をその都度使う。生の茎はビニール袋かプラスティック容器に入れ、冷蔵庫で最大2週間まで保存できる。

調理：フィーヌ・ゼルブ（p.38-9を参照）のひとつであるチャーヴィルは、マッシュルームとの相性がよく、オムレツやマヨネーズに混ぜてもおいしい。繊細でまろやかなアニスの香りと、抗酸化作用の働きを生かすには、生で使うのが最適である。ディルと同様、その風味は新ジャガイモとよく合う。グリーンサラダにチャーヴィルの葉をちらせば、新鮮な食感と爽やかな風味がくわわる。小さな葉はオードブルや前菜にもぴったりだ。生葉で作ったハーブティーは、頭痛や副鼻腔炎、消化性潰瘍、感染症による炎症に効果がある。

左：ディオスコリデスはローマ軍付きのギリシア人軍医で、600を超える植物とその利用法を『薬物誌』にまとめた。彼の著作はいまでも十分に通用する。この絵で彼は学生と議論している。

上：チャーヴィルは自然播種で広がる。新しい実生は自然に生育させ、不適切な場所にあるものは引き抜くか移植する。

料理ノート
ハーブ・バター

イギリスの作家ロアルド・ダールは著書『食べ物の思い出（Memories with Food）』に、このハーブ・バターをアイルランドのゴールウェー湾でロブスターといっしょに食べたときのことを書いている。

下ごしらえ：10分
できあがり：6〜8人分

- 生のハーブ（チャーヴィル、チャイヴ、バジルを各同量）　ふたつかみ（きざんで）
- レモン汁　小さじ2
- 固形の無塩バター　120グラム

ハーブとレモン汁、バターを平鍋に入れ、弱火で加熱する。

ロブスターにかける。（エビやカニなど、身の引き締まった魚介ならなんでもおいしい）

チャーヴィルは悪夢や熱傷、胃のもたれなどの薬として、その効能を高く評価された。1070年から1100年頃に書かれた『アプレイウス・プラトニクス本草書（Apuleius Platonicus Herbarium）』に登場した根チャーヴィルについても、現在は栽培されていないものの、当時は砂糖漬けにしたり、ゆでてサラダに入れたりと珍重された。現代のチャーヴィルは根が小さく、ピンクがかった緑色の葉を繊細なレースのように広げ、白い散形花をつける。

チャーヴィルは6週間で成熟に達し、この点では一年草というより短命植物である。いったん根づくと、何世代ものチャーヴィルが生育期を通じて自然播種で育つため、ほぼ年間を通して実生や苗が得られる。新鮮な種子は2週間たらずで発芽する。晩夏に冷床や温室で種まきを行なえば、冬中ずっと収穫できる。鉢植えでも栽培できるが、プランターなどのより大きなコンテナのほうが望ましい。温暖な地域では屋外での冬越しも可能で、いったん枯れてロゼット状になるが、土の温度が上がると生育を再開する。生葉はたいてい早春から本格的な霜のおりる時期まで収穫できるが、かならず外側の葉から摘みとること。土壌が肥沃であるほど、多くの葉を収穫できる。緑が濃い「ヴェルティッシモ」は結実が遅いため、秋まきに適している。

バードック（ゴボウ）
Arctium lappa

別名：ラッパ、ベガーズ・ボタン、フラッパー・バッグ

種類：二年草

生育環境：強耐寒性（非常に寒い冬に耐える）

草丈：1.5メートル

原産地：ユーラシア

歴史：ラテン語名も英語名も、この植物の性質を複合的に説明している。*Arctium*の種子の乱暴な性質は、「クマ」を表すギリシア語の*arktos*と「つかむ」を意味する*lappa*に関係している。英語名*burdock*の*bur*はおそらく「一房の羊毛」を意味するラテン語*burra*に由来し、実際に羊がこの葉を食んでいる光景がしばしばみられる。*dock*はその大きな葉による。

栽培：春まきか秋まき。主根が非常に太くて動かすのがたいへんなので、庭でも半分野生の場所に植えたほうがいい。ふわりと広がるような堂々とした姿を見せる。

　注意すべき点として、バードックのいがは手足や衣服にくっつきやすいので、座る前にはよく確かめること。

保存：根は土に入れて保存する。タンポポの根といっしょに発酵飲料にするのも伝統的な保存法である。

調理：根を収穫したら、よく洗って薄切りにする。タンポポの根と合わせて野菜のブイヨンにくわえたり、ルートビアを作ったりする。

　バードックは強すぎる植物である。やたらとスペースをとるうえ、種子莢がいがで覆われていて、くっつくと容易にとれない。ディオスコリデスによれば（右の引用を参照）、バードックには利尿作用や発汗作用のほか、血液を浄化し、皮膚の状態を改善させる働きがあるため、そうした体の不調を訴える人々の助けになってきたようだ。一方、シェークスピアはいくつかの作品でバードックの反社会的な執拗さを象徴として用いた。

　フランス語名の*herbe aux teigneux*（「壊血病の草」の意）は、その葉がかつてある種の腫れものに対する湿布剤として用いられた事実に関係している。若葉で作る爽やかなハーブティーは、消化をうながし、胃炎をやわらげるとされる。スコットランドでは、バードックの若い茎と皮をむいた根がサルシファイ（西洋ゴボウ）と同じように調理され、食された。

上：バードックの葉や若茎、根はいずれも食べることができ、その健康作用から長く珍重されてきた。日本では「ゴボウ」とよばれ、すぐれた改良品種が数多くある。

栄養素

バードックの根には食物繊維やビタミンB、ミネラルが豊富にふくまれている。

> 「この草の種子を4ペニーウェイト（約6グラム）と松の実を用意し、
> いっしょにすりつぶして丸薬にし、患者に飲ませれば症状がよくなる」
> 『薬物誌』（紀元40年頃）、ペダニウス・ディオスコリデス

バードックは自然播種によって自由に広がる。発芽すればすぐにそれとわかるので、この段階でほかへ移すか、引き抜くかする。ただ、ヨーロッパでは無視されがちなバードックも、日本では「ゴボウ」として古くから親しまれ、現在も多くの園芸品種が流通している。

これにかんしていえば、日本の葉ごぼうは根だけでなく、葉や茎も食べられる。その根は標準種より軟らかく、パースニップに似ている。薄いピンクがかった褐色の早生種「サラダむすめ」は、根が30センチ以上に生長する最高品種である。また、晩秋から冬を旬とする主流の「滝野川ごぼう」は、もっとも風味がよい。同じく早生種の「渡辺早生」は、根の肉質が軟らかい。

ゴボウの根は土か砂に入れて保存する。すぐに変色するので、使う直前に洗って皮をむくか、準備が整うまで酢に漬けておく。千切りにして天ぷらや炒めものに使う。

左：バードックがヨーロッパでやっかいものとされるのは、その太い主根と、ガーデナーに不意打ちをくらわせる種子莢のいがのせいだ。

薬用ハーブ────美と実用性の楽園

　いわゆるヨーロッパの中世とは、ローマ帝国の崩壊からルネサンスの到来までの時代をいい、具体的には紀元400年から1400年までをさす。中世後期もしくは最盛期の庭園はハーブ・ガーデン（*herbers*）で、人々はその香りと風味に満ちた空間で音楽に耳を傾けたり、政治的議論をしたり、愛をかわしたり、縫いものや織りものをしたりした。実際、植えたばかりのカモミールの芝生の上を薄い皮靴で踊ることは、カモミールの定着を助けるとされた。

　ハーブをふくむ主要な食用植物は畑で作物として栽培された。当時の典型的なハーブ園は、窓の下に造られた正方形や長方形のレイズド・ベッドのある一連の庭園空間で、これは現代でもとりいれやすい。

　ホルトゥス・コンクルスス（*hortus conclusus*）とは、壁や格子に囲まれた庭のことで、そこにはアルバ・ローズやガリカ・ローズ、ダマスク・ローズ、そしてローズマリーが一面を這うように植えられた。緑と甘い香りが生み出す完璧な美は、楽園、すなわち失われたエデンの園を再現したもので、命の源を表す井戸や泉が装

下：1410年頃、「ライン川上流の画家」とよばれる未詳の人物が描いた「楽園の庭（Paradiesgärtlein）」と題される絵。中世の庭園では実質的にハーブしか栽培されておらず、その囲いはエデンの園を連想させた。

上：セルポレもしくはクリーピング・タイムは薬として珍重された一方、株立ちのコモン・タイムやレモン・タイムはほぼ一年中、料理の風味づけとして用いられた。

中世のハーブ園

中世のトレリス──「メイデンズ・ブラッシュ」や「ブラッシュ・ダマスク」といったバラを這わせ、日なたに一般的なローズマリーを、できればヒソップといっしょに植えて刈りこむ。

中世のベンチ──日なたにクリーピング・タイムとレモン・タイムを植えてクッションを作り、日陰には一重咲きや八重咲きのカモミールを植える。

　人があまり座らない端の方にはグリーン・セージとヒソップを植え、奥行と香りを出す。

　ベンチの側面にはレイズド・ベッドを置き、そこでさまざまな料理用ハーブや花を育てる。

花咲く野原──草地の上は歩いてもいいが、料理用に葉や花を収穫したいならひかえたほうがいい。ひとつの方法として、草やバークや砂利で素地を造り、そこにマジョラムやタイム、ウィンター・セヴォリー、ヴァーヴェイン、ヴァイオレット、スウィート・ウッドラフのようなハーブを植える──花が咲いて広がれば、素地が隠れる。

中世のハーブ──本書に出てくるどのハーブでもいいが、ベルガモット、レモン・ヴァーベナ、ターメリック、レモングラス、センテッド・ゼラニウム、シソ、ジンジャーは除く。

飾として置かれた。芝が敷かれたレイズド・シートには、カモミールやタイムのような生き生きとした香りのハーブが植えられ、座ると心地よい香りに包まれた。足もとには3、4年ごとに下草が植えられ、ところどころにカモミールやマジョラム、タイム、スミレが配され、花咲く野原が演出された。使われた資材はレンガや木材で、頭上にはしばしば天蓋が設けられた。

　ローズマリーやラヴェンダーといった寒さに弱いめずらしいハーブも、コンテナで育てられたり、シンプルなトピアリーに刈りこまれたりした。中世のハーブ園は穏やかな安らぎの場所であり、自然を支配しようとするのではなく、ともに協力しあおうとするものだった。今日、わたしたちはスーパーで必要な食材はなんでも買えるし、中世にはなかったような作物も手に入る。だが、当時の人々が愛したハーブの趣や香りをあらためて味わってみるというのもいいだろう。

ホースラディッシュ（セイヨウワサビ）
Armoracia rusticana

別名：マウンテン・ラディッシュ、グレート・レフォール、レッド・コール

種類：根茎多年草（一年草扱い）

生育環境：強耐寒性（非常に寒い冬に耐える）

草丈：30センチ～1.2メートル

原産地：東ヨーロッパ

歴史：ホースラディッシュがいつ北ヨーロッパへ伝えられたのかは不明だが、16世紀なかばまでにはノーサンバーランドに自生していた。

栽培：ホースラディッシュはカリウム分の豊富な土壌でよく育つ。これを栽培する最大の目的は根なので、根茎部分を掘り起こす。掘り起こされず温暖な場所に残されたものは、初夏に長い茎から白い花を咲かせる。植えつけは、まず幅30～60センチの畝を作り、深さ15～20センチの溝を掘る。そこに根茎の頭（大きい方の先端）をやや起こした状態で水平に寝かせ、覆土する。葉が出たら、肥沃な培養土でマルチングする。生長するにつれ、根茎から脇芽が出てくる。放置すると、ホースラディッシュはしつこい雑草になるので注意（強すぎるハーブについてはp.22を参照）。

保存：イリノイ州の栽培農家によれば、ホースラディッシュの収穫は牡蠣と同じく、10月以降の「r（アール）」のつく月に行なうのがいい。根は伝統的に藁などをかけて保存したり、土中で保存したりされる。下ごしらえしたホースラディッシュは冷蔵庫で4～6週間、冷凍庫ならさらに半年保存できる。

調理：生のホースラディッシュの根をすり下ろすときは、窓のそばか屋外で行なう――鼻につんとくるその香りはかなり刺激が強い。根を酢に漬け

左：根を掘り起こさずにおくと、ホースラディッシュは初夏に長い茎から白い花を咲かせる。花にもほのかにホースラディッシュの風味があるので、サラダに入れてもいいし、燻製サバの飾りに使ってもいい。

て調理してもいい。調理後は手をよく洗うこと。泡立てた生クリームやマヨネーズ、マスタードにくわえて、牛肉、燻製の肉や魚、トマトにソースとして使う。コールスローや燻製サバのパテに少量をすり下ろしてもいい。

　花にもほのかにホースラディッシュの風味があるので、サラダに入れてもいいし、サバやハリバといった燻製魚の飾りにしてもいい。

　ホースラディッシュのかつての学名は*Cochlearia armoracia*で、これは「スプーン」を意味するラテン語の*cochlear*に由来し、その根出葉のくぼんだ形から来ている。ローマ人はこれと同じ植物を*armoracia*とよんで利用し、デルフォイの神託によれば、それには同じ重さの金に相当する価値があった。最初にこれをホースラディッシュとよんだのは、ジョン・ジェラードだった。ドイツ語の*meerrettich*は「海のラディッシュ」を意味し、フランス語の*raifort*は「丈夫な根」を意味する。ユダヤ教の過越(すぎこし)の祭りと東ヨーロッパの復活祭の食事では伝統的な薬味として使われる。アメリカ大陸にホースラディッシュをもたらしたのは、最初の開拓者たちで17世紀末のことだった。今日、アメリカのイリノイ州コリンズヴィルは、世界のホースラディッシュの都として知られている。周辺地域では世界の生産高の約85パーセントが生産されており、その最大の顧客はドイツと中国である。毎年６月の最初の週末にはホースラディッシュ祭りが行なわれる。日本のワサビ（*Wasabia japonica*）はホースラディッシュの近縁種だが、希少であるため、代用品としてホースラディッシュがよく使われている。

　一次根はこの植物のもっとも重要な部分であり、その生育をうながすために、地上部の葉茎は１、２枚を残してすべてとりのぞく。根頭を掘りあげたとき、側根は根挿しする場合にそなえてとっておく。ホースラディッシュは夏の高温の生育期間を長く必要とする。つまり、カリウムが必要ということで、その有効性は、いわば人工的太陽光ともいわれている。根の生長をうながすためには、さらに晩夏から秋にかけて気温の低下が続かなければならない。標準種のほかに、魅力的な斑入りの「ヴァリエガータ」種もある。

上：1440年に描かれた『薬草図鑑（Tractatus de Herbis）』によるホースラディッシュの挿し絵。

栄養素

　ビタミンＣが豊富なホースラディッシュには、カリウム、カルシウム、マグネシウム、リンといった重要なミネラルがふくまれている。さらにビタミンB₆、リボフラビン、ナイアシン、パントテン酸、マスタードオイルもふくまれている。

タラゴン
Artemisia dracunculus

別名：フレンチ・タラゴン、エストラゴン

種類：多年草

生育環境：耐寒性（平均的な冬に耐える）

草丈：45〜60センチ

原産地：ロシア南東部

歴史：純潔の女神アルテミスにちなんで名づけられた*Artemisia*属には、イギリスへホップが伝えられる前に醸造に使われていたヨモギ（*A. vulgaris*）と、古くからベルモットやアブサンの風味づけに使われてきたニガヨモギ（*A. absinthium*）がふくまれる。

栽培：純種のフレンチ・タラゴンは不稔性のため、種子を結ばない。水はけのよい土壌か、テラコッタの鉢でよく育ち、十分な日光はあたるが盛夏の太陽は避けられる場所を好む。冬に地上部が枯れたとき、水浸しにならないことが重要。

右：かならずフレンチ・タラゴンの苗を買って育てること。ロシアン・タラゴンは種子から育てられるが、風味に欠けるばかりか、やっかいものでもある。フレンチ・タラゴンはこれとは比較にならないほど香り豊かで、料理に適した唯一のタラゴンである。この絵で左に描かれているのがタラゴンで、右はアルム。

「スペイン系のドラゴン・ハーブ、タラゴンにはピリッとした辛みがある。サラダ・ロケットと同じく、その葉と若い茎は、とくにレタスが主体の場合はけっして構成からはずせない。これは頭や心臓、肝臓のすぐれた強壮剤で、脳室や心室の不調を改善してくれる」

『アケタリア──サラダ論（Acetaria: A Discourse of Sallets）』（1699年）、ジョン・イーヴリン

保存：白ワイン・ヴィネガーに小枝か葉をくわえると、スモーキーなアニスの風味が出る（オイルについてはp.75を参照）。タラゴンは冷凍も乾燥もきき、必要量をその都度使う。

調理：フレンチ・タラゴンは生葉と加熱された葉とでは風味が大きく異なる。生葉はレモンとアニスの香りが主だが、加熱するとより洗練されたスモーキーなアロマが生まれる。これが伝統のベアネーズソースに独特の風味をもたらす。

若い茎と葉は、鶏肉のローストやグリルのときに皮目の下に敷いてもいい。葉をきざんでマヨネーズやヴィネグレットソースに入れ、アンコウやサーモンなどの魚にそえたり、卵やオムレツといっしょに食べたりしてもいい。

トマトジュースや夏の冷製スープは、細かくきざんだタラゴンの葉をくわえると、ぐっと味わいが増す。

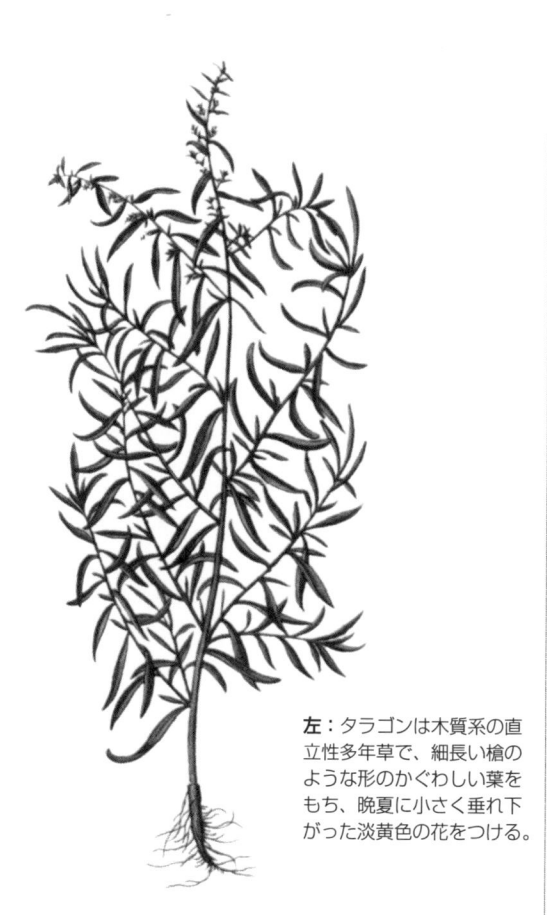

左：タラゴンは木質系の直立性多年草で、細長い槍のような形のかぐわしい葉をもち、晩夏に小さく垂れ下がった淡黄色の花をつける。

料理ノート
ロシアン・タラゴンは避ける

育てるなら純種のフレンチ・タラゴン（*A. dracunculus*）を選び、その近縁種で亜種のロシアン・タラゴン（*A. dracunculoides*）は避けること。後者は種子から栽培でき、ただのタラゴンとして流通している品種でもある。葉が少しギザギザしていて風味も粗雑であるうえ、ロシアン・タラゴンは旺盛なランナー（走茎）をもつ庭の無法者だ——豊富に花をつける一方、それと同じ勢いで種子を落として広がる。多くの点で、野生の近縁種であるヨモギ（*A. vulgaris*）により近い。フレンチ・タラゴンの葉はもっとなめらかで、独特のスモーキーなアニスの風味をもつ。

トマス・ジェファーソンとフレンチ・タラゴン

第3代アメリカ大統領のトマス・ジェファーソンは1784年から89年まで駐フランス公使としてパリに滞在中、フレンチ・タラゴンの繊細な風味を楽しんだ。1793年3月10日付けの手紙のなかで、彼はそれがアメリカではほとんど知られていなかったと記している。1806年4月30日、フィラデルフィアの園芸家バーナード・マクマホンは、ジェファーソンにヴァージニア州モンティチェロにある彼の自宅で育てるための根をいくつか送った。最初の収穫は失敗だったが、1812年までにフレンチ・タラゴンはそこにしっかりと根づいた。ジェファーソンは約1500ccの酢に部分乾燥させたタラゴンの葉を約110グラムくわえ、独自のエストラゴン・ヴィネガー（*vinaigre d'estragon*）を作った。1週間後、それを濾過して、瓶づめし、コルク栓をして保存用とした。

タラゴンの種小名*dracunculus*は「小さなドラゴン」を意味し、有毒獣や狂犬病の犬による咬み傷や刺し傷を治すと信じられていた「ドラゴン」ハーブのひとつである。料理においては、伝統的なフランス料理*poulet à l'estragon*（若鶏のエストラゴン風味）のように、一般にフランス語名のエストラゴン（*estragon*）で知られている。利用されるのは葉のみで、中世以来、ヴィネガーやピカントソースあるいはホワイトソースに用いられてきたほか、伝統的なフィーヌ・ゼルブのひとつでもある。その洗練された風味は、タラゴンが高級フランス料理や一流シェフのレパートリーに欠かせないことを意味する。

挿し木で増やす場合は、秋までに根づかせるため、できるだけ早い時期に新枝から先端部を切りとる（天挿し）。あるいは、十分に根づいた苗を晩春に株分けする。

タラゴン　49

オラーチェ
(ヤマホウレンソウ)
Atriplex hortensis

別名：マウンテン・スピナッチ、アラーチ

種類：一年草

生育環境：耐寒性（寒い冬に耐える）

草丈：60センチ～1メートル

原産地：アジア

下：緑葉の品種のほか、印象的な紫葉の品種もあり、これは花壇の彩りとして楽しむことができる。沿岸種は葉がより多肉質である。

歴史：ローマ人は園芸品種だけを食用にすべきとし、プリニウスによれば、野生種には「浮腫や黄疸、蒼白」をひき起こすおそれがあった。葉は肉といっしょに料理されたり、生で食されたりした。

栽培：高い耐塩性および耐アルカリ性をもつが、多肉質の葉にするためには、春以降、保湿力のある肥沃な土壌に種をすじまきし、60センチ間隔で間引く——これを晩夏までくりかえす。

保存：オラーチェに保存するほどの価値はない。翌年の収穫のために種子だけとっておく。

調理：オラーチェはソレル（スイバ）の酸味を中和するため、これといっしょに料理されるのが伝統で、この組みあわせは魚のホワイトソースにも使われる。紫葉の品種（var. *rubra*）を使うと——葉が軟らかければ——料理の彩りが増す。サラダには新鮮な若葉だけを使う。

トマス・ヒルは著書『庭師の迷宮』（1577年）のなかで、オラーチェの種子を「よく耕し、十分に肥料をほどこした土」に12月にまくように勧めた——もし土が凍っていなければ、ぜひ試してみよう。やがて17世紀にホウレンソウが伝えられたことで、オラーチェはヨーロッパでその人気を失った。

白と薄緑色の葉の品種は寒さにあまり強くないため、飾りとして使うなら、紫葉の品種（var. *rubra*）をはじめ、赤やピンク系の葉の品種を探そう。また、花をつけさせないように摘心する。乾燥した天気が続くと、オラーチェはすぐに薹が立ち、風味が落ちる。たまに摘みとるだけで十分というなら、肥沃な土壌でボーダー花壇の彩りとして育て、新鮮な若葉だけを収穫しよう。

オラーチェには、スコットランド南西部をはじめ、イギリスに自生する近縁の沿岸種がある。葉が槍や矛槍のような形をしたスピアリーフ・オラーチェ（*A. prostrata*もしくは*A. hastata*）や、霜で覆われたようなフロステッド・オラーチェ（*A. laciniata*）、さらにバビントンズ・オラーチェ（*A. glabrisucula*）とよばれるものがあり、おもに高潮線付近の海藻群落にみられる——この環境を内陸部で再現することはむずかしいかもしれない。若葉は多肉質で塩気があるため、アメリカではシー・パースレーン（ハマスベリヒユ）とよばれ、第一葉期と第二葉期がもっとも歯ごたえがあっておいしい。さらに生長した葉は茎から摘みとり、ホウレンソウと同じように扱えばいい。ギャロウェー・ワイルド・フーズのマーク・ウィリアムズは、これを燻製タラと混ぜてタルトにしたり、しんなりさせてアンコウとあえたり、野生キノコと合わせたりすることを勧めている。沿岸種のほかにも、スコットランドでコモン・オラーチェやインランド・オラーチェとして知られる品種（*A. patula*）がある。

上：オラーチェはあっというまに結実する。種子は次の収穫のために採取し、自然乾燥させて紙袋に入れ、冷暗所で保存する。

オラーチェ

ハーブの食用花──花のブーケ・ガルニ

中国には紀元前3000年に花を食用としたレシピがあった。アピキウスのようなローマの美食家のあいだでも、バラの花びらやラヴェンダーの小花、スミレが口にされた。ハーブの花の色や形は、庭だけでなく料理にも香りと彩りをあたえてくれる。たとえば、食用花をちりばめた「氷の」皿で冷製料理を出せば、料理を冷たく保てるばかりか、より魅力的に見せることもできる──皿に水を張り、次にあげるようなハーブを浮かべて完全に凍らせる。そして直前に冷凍庫から出して料理を盛りつける。

バジル

花色は白から縞の入った紫まで品種によってさまざまで、花は葉よりも風味が強い。トマトの薄切りかプチトマトをスフレ皿に入れ、バジルの花とオリーヴ油をかける。熱したオーブンで10分焼き、風味を出す。砂糖漬けにしてもいい（p.59の囲み記事を参照）。

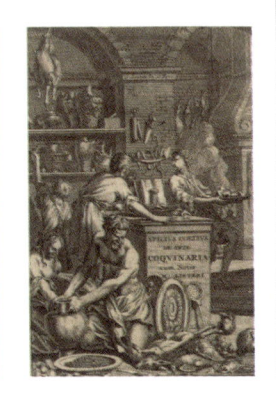

すべきこととすべきでないこと

すべきこと──朝露が乾いたら、ハチが飛んでくる前に早めに花を摘みとる。新鮮な花を摘んだら、必要なときまでプラスティックの密閉容器に入れて冷暗所で保存する。

すべきでないこと──ドレッシングをかける前に花を皿に入れない。酢と油で花がだいなしになってしまうので、食卓へ出す直前にちらす。

ベルガモット

花を温めたミルクに入れて浸出すると、ほのかにオレンジの香りが出る。フルーツサラダにちらしてもいい。

ボリジ

空色の星形の花と繊細な黒い花芯は、食用花のなかでもとくに可愛らしい。花柄はジンやトニック、ピムズやエルダーフラワーの炭酸水、あるいはただの水のグラスにくわえてもいい。

花をグリーンサラダやフルーツサラダに使う場合は、綿毛で覆われた萼片をとりのぞく。開花後は、花は簡単に萼からはずれる。花柄をもち、花芯をそっとつまんで、花と萼を分離する。

左：ローマの美食家アピキウスの影響はいまも受け継がれている。この絵は彼のレシピ集の1709年版でとりあげられた「喜びの台所」を描いている。

やや手間はかかるが、花を角氷に入れるのもお勧めだ。まず製氷皿の四角い穴をそれぞれ半分まで水で満たし、花を浮かべ、いったん冷凍庫へ入れる。凍りはじめたら、さらに水を足してふたたび凍らせる。こうすれば、花が氷の真ん中にくる。花は砂糖漬けにしてケーキやタルトに使ってもいい（p.59を参照）。

ポット・マリーゴールド（カレンデュラ）

これは花が主役のハーブである。頭花は高価なサフランの代用品にされてきたが、やはりターメリックか、本物のサフランを使ったほうがいい。ただ、黄色い花びらをサラダにちらせば、見た目がぐっと華やかになる。花びらはパンに入れて焼いてもいい。

カモミール

花はこのハーブで料理に使える唯一の部分であり、とくにカモミールのハーブティーはリラックス効果で知られる。

チャイヴ

ネギ属（*Allium*）の花のなかでもっともおいしいのがチャイヴの花で、色は紫やピンク、白がある。

頭花をしっかりもち、根もとをねじると小花がすべてはずれる。サラダにちらせば、シャキシャキとした春タマネギのようなまろやかな風味が楽しめる。

かならず若い花を摘むこと。旬をすぎると中央の小花が黒ずみ、しなびたようになるのですぐわかる。味も辛みが強くなっておいしくない。

下：ポット・マリーゴールド（*Calendula officinalis*）の花びらはサラダをはじめ、米や果物を使った料理に赤や黄色の彩りをそえ、ほのかに草の風味をもたらす。

コリアンダー

新鮮な乳白色の花には、種子のもつオレンジの皮の香りがより明確に感じられる。甘酸っぱいオレンジのサラダやソースに飾りとして使ったり、炒めものにくわえたりしてもいい。

ダンデライオン

　花びらが密集した黄色い頭花は、湿った草地や果樹園でよくみられ、伝統的なワイン作りにも使われる。

ディル

　種子では風味が強すぎると思う場合、花はちょうどよい香りの代用品になる。

エルダーフラワー

　かぐわしいマスカットの香りと風味がさまざまな利用法で楽しめる。

　散形花を支える緑の柄は切り落とし、処分する。

　エルダーフラワーのコーディアルやシャンパンのほか、ソルベもお薦めだ。

　エルダーフラワーはたいていグーズベリー（スグリ）が熟すときに開花するので、その実もいっしょに収穫する。花をパイやクランブルの底に入れたり、グーズベリーといっしょに煮こんでフールやクリームを作ったりしてもいい。砂糖漬けにしてもいい（p.59を参照）。

フェンネル

　一般的なスウィート・フェンネルは、近縁種のブロンズ・フェンネルよりもずっと素敵な花をつける。ガーデナーにとってはすばらしいおやつにもなり、その鮮やかな黄色い花房には爽やかなアニスの風味がある。グリーンサラダに入れると意外なアクセントになるが、いちばんのお勧めはレモン・プディングに使うことだ——この組みあわせは味を魔法のように引き立てる。砂糖漬けにしてもいい（p.59を参照）。

下：タンポポの花を摘みとり、ワインに使ったりするのは、なによりもその羽根のように軽い「綿毛」を飛ばさないようにするためだ。綿毛は料理の役には立たないし、新たに強すぎる苗を大量に増やすだけである。

下：エルダーフラワーのマスカットの香りをつけたコーディアルやワイン、シャンパンは、しゃれた自家製醸造酒になる。頭花をそのまま成熟させれば、秋にエルダーベリーの実を楽しむこともできる。

ホースラディッシュ

　ホースラディッシュ（と近緑のワサビ）の小さな白い花や地上部の茎は、よく日本食のサラダやつけあわせに使われる。その繊細な草姿は、ホースラディッシュのほのかな風味にも反映されている。

ヒソップ

　香りの強いヒソップの花は、アンズやモモのタルトといったフルーツプディングのシロップに使うのがお勧めだ。上白糖に入れて乾燥させれば、香りつきの砂糖ができる（ヒソップは砂糖を使う前に取り出す）。砂糖漬けにしてもいい（p.59を参照）。

ラヴェンダー

　花は朝露が乾く昼頃に摘みとる。精油も穏やかなよい香りがする。
　上白糖に花を交互に重ねるようにして入れ、クリームやアイスクリーム、ケーキなどに使う。砂糖漬けにしてもいい（p.59を参照）。
　アメリカの有名シェフ、ジェリー・トランフェルドは、著書『ハーブ農園の料理本（The Herbfarm Cookbook）』（2000年）のなかで「プラムとラヴェンダーのチャツネ」というめずらしいレシピを紹介している——プラム１キロにつき、新鮮なラヴェンダーの花芽大さじ１と２分の１をくわえる。

レモンバーム

　花は砂糖やシロップの風味づけに使える——葉ほどレモンの風味は強くない。

ミント

　砂糖漬けのミントの花は、ミント風味のチョコレートプディングやミントソルベの飾りに最適である（p.59を参照）。
　香りのよいオーデコロン・ミント（*Mentha*

× *piperita* f. *citrata*）の花は、新鮮なイチゴと合わせると、目にも舌にも楽しいコントラストが生まれる。

ナスタティウム

色鮮やかに咲くナスタティウムの花にはクレソンに似た辛みがあり、サラダに見た目の美しさと風味のよさをもたらす。

ただし、花のすみにはしばしばハサミムシが隠れているので、よくチェックすること。サラダに入りこんだりしたらたいへんだ──余分なタンパク質は必要ない！

オレガノとマジョラム

オレガノとマジョラムの花はどちらも香りがよく、夏のバーベキューには最適で、マリネにも使える。香り豊かなハーブティーも作れる。

シソ

花の茎を炒めものにくわえる。バジルと同様、シソの花は葉よりもずっとパンチが効いている。

ローズ

バラの花びらを使うのは、もちろん、その香りのためだが、グリーンサラダやフルーツサラダの彩りにもなる。砂糖漬けにしたり（p.59を参照）、ジャムやゼリーにくわえたりしてもいい。

ローズマリー

ローズマリーの葉は花がつくとより風味が増す。ハーブの花が不足しがちな晩冬から早春にかけて、多くが開花する。

花穂は、レッドカラントの実とともにワインに入れて浸出したり、これをシラバブのベースに使ったりしてもいい。ラム肉の下に敷いてローストしたり、細かくきざんで薄切りトマトの

春に苗がふたたび生長をはじめたら、摘心をこまめに行なう。そうすれば、多くのハーブがコンパクトに茂り、花をつけるよりも新芽を次々と出すようになる。開花後は葉のみずみずしさが失われる。

切り戻しと剪定

植物は花を咲かせた後に種子を結びはじめるが、ときにはこれを阻止したい場合もある。ミントやタイム、セージ、オレガノ、マジョラムに多くの葉を茂らせるには、それらが花をつける前に摘心することが重要だ。

一方、ほとんどのガーデナーはチャイヴの葉茎ばかりを続けて収穫したがるが、じつは花もおいしいし、飾りになる。花を収穫したら、新芽をうながすために苗を根もとまで切り戻す──肥沃で保湿力のある土壌なら、これが毎年数回できる。

木質性ハーブの多くは春から夏に花をつける。花後に刈りこめば、冬までに新枝が熟して強くなる。花後の剪定は基本的なルールだ。

サラダやピザにかけたりしてもいい。あるいはニンニクとざっと混ぜ、クリスマスのチキンにつめる味つき挽肉にくわえてもいい。花は砂糖漬けにして、冬のデコレーションに使ってもいい（p.59を参照）。

セージ

　グリーン・セージやパープル・セージの鮮やかな青い花は、ていねいに摘みとり、サラダにちらす。あるいは芯をくり抜いた小ぶりなリンゴに、細かくきざんだセージの花とタマネギを混ぜたものをつめ、豚肉といっしょに最後の45分焼く。

サラダ・ロケット

　ゴマの味がするサラダ・ロケットの淡黄色の花や花芽はみすごされがちだが、それらはサラダやパスタに入れてもおいしいし、忙しいガーデナーにとってはおいしいおやつにもなる。夜には甘い香りを放つ。

右：このガリカ・ローズ (*Rosa Gallica*) を見ればわかるように、バラの花びらは果物やカップ（ワインなどをベースに香料などをくわえたポンチのような飲み物）にぜいたくな魅力をそえる。ジャムやゼリーにも使われるこの芳香は、気分をまさにバラ色にしてくれる。

スウィート・ウッドラフ

　花をつけた茎は白ワインに入れて浸出し、とくにイチゴにかけるとおいしい（レシピについてはp.95の紹介ページを参照）。

下：スウィート・ウッドラフの花つきの茎は、その香りを最大限に引き出すため、2、3時間乾燥させてから、飲料や食材に漬けこむ。

タイム

　「シルバーポジー」のような葉の軟らかいタイムの花は、サラダにちらしてもいいし、新ジャガイモとの相性もいい。レモン・タイムの花なら鶏肉といっしょに料理しても、チキンサラダに混ぜてもおいしい。

ヴァイオレット

　春先、新鮮な白や紫のスミレの花には、クリーミーな後味とともにパリパリとした歯ごたえがある。サラダに入れてもいいし、生か砂糖漬けにして（右囲み記事を参照）ケーキやプディング、チョコレートにそえてもいい。

料理ノート
花の砂糖漬け

　小さな刷毛さえあれば、下のどちらの方法でも半日陰の庭先で作業ができる。まず朝露の乾いた花を摘みとり、虫がいないかどうか確かめる——薬剤などが噴霧されていないことを確認するのはいうまでもない。

　どれだけの量を作れるかは、どれだけの花と時間があるかによる。ひとつめの方法は砂糖で包んだという印象が強く、ふたつめの方法はよりみずみずしい仕上がりになる。

方法1
- 花と花びら　ひとつかみ
- 卵（卵白のみ）　1個
- 上白糖　適量

　卵白を軽く泡立てる。

　花と花びら全体に卵白を塗り、上白糖をまぶす。

　乾いてパリパリになるまで暖かい場所でラックに置いて乾燥させる。

　耐油紙をはさんで重ね、密閉容器に入れて保存する。数日以内に使う。

方法2
- 花と花びら　ひとつかみ
- アラビアガム　小さじ1
- ローズ水かオレンジフラワー水　25ミリリットル
- 上白糖　適量

　アラビアガム小さじ1をローズ水かオレンジフラワー水に溶かす。

　その溶液を花と花びらにていねいに塗り、上白糖をまぶす。

　乾いてパリパリになるまで暖かい場所でラックに置いて乾燥させる。

　耐油紙をはさんで重ね、密閉容器に入れて保存する。数か月はもつ。

左：スミレやパンジーは美しいデコレーションになる。パリパリとした歯ごたえのスミレは、とくに料理に向いている。

ボリジ（ルリジサ）
Borago officinalis

別名：ビー・ボリジ、ビー・ブレッド、クール・タンカード、スター・フラワー

種類：一年草扱い

生育環境：耐寒性（寒い冬に耐える）

草丈：70～100センチ

原産地：欧州

歴史：ローマ人はボリジの花や若葉をワインに浸して飲んだとされ、これには鬱をやわらげ、多幸感を誘う効果があったという。ケルト語名の*bourrach*は「明るい勇気」を意味する。

栽培：種子は春に水はけのよい土壌に直まきし、苗は半日陰に植える。移植は第二葉期に行ない、30～60センチ間隔で植えつける。

　ボリジの花は下から見るのがいちばん美しいので、できれば種まきや苗の植えつけには保湿力のある傾斜地を選ぶ。種は群生するようにまく──青と白のボリジを紫、赤、白のベルガモットとならべる。1933年、アメリカのハーブ研究家ヘレン・フォックスは、ボリジの種子をカレンデュラやニゲラと混ぜてまき、花のタペストリーを作ることを提案した。どちらのアイディアも形式張らないというか、「自然に似せ」ようとするものだが、ひとたび管理を怠ると雑然とした感じになる。これはフォーマルなハーブ・ガーデンの幾何学的デザインには合わない。

保存：花を砂糖漬け（p.59を参照）や角氷にして保存する。風味づけとして、花と葉のヴィネガーを作ってもいい（p.74を参照）。

調理：きざんだ葉はラヴィオリの詰めものには欠かせない。ボリジの葉は現代のレシピによって新しい楽しみ方がなされている──魚の料理やパスタにそえて生で出す。あるいは衣をつけ、たっぷりの油で揚げて砂糖をまぶせば、甘い葉のフリッターになる。花や茎は飲み物にくわえてもいい──ジンやトニック、ピムズといった夏の清涼飲料につぶしてくわえれば、あっさりとしたキュウリのような風味が出る。花には蜂蜜の味とパリッとしたわずかな歯ごたえがある。星形の青い花はサラダやプディングの飾りになるが、食欲をなくしそうな茶色い萼片はとりはずす。

　妊娠中や授乳中の女性は、母乳の出をよくする作用があるのでひかえること。

オリンピックシェフのハーブ

　トーキーにあるエレファント・レストランのシェフとして、世界料理オリンピックでイギリスチームのキャプテンをつとめたサイモン・ハルストーンは、ボリジを栽培するなら、その草を丸ごと──茎も葉も花も──使って料理や盛りつけに生かすことを勧めている。ボリジは彼が得意とするシーフード料理に欠かせないハーブであり、カクテルにもくわえられる。

「われわれの時代の者はボリジをサラダに使い、それで気分を高揚させ、心を明るくする。ボリジの花から作ったもので、気持ちを慰め、悲しみを吹き飛ばし、心の喜びを増すために使われるものはたくさんある。ボリジの葉と花をワインに入れれば、男も女も陽気で楽しい気分になり、悲しみも不安も憂鬱もすべて吹き飛ぶ」

『本草書、または一般植物誌（Herball or General Historie of Plantes）』（1636年）、ジョン・ジェラード

ボリジの効能に対するケルト人の知識は、約600年後、ジョン・イーヴリンの言葉にこう表現された——「ワインに入れたボリジの小枝は、心気症患者を回復させ、頑固な学生を明るくさせるという効能で知られる」。現代の研究でも、ボリジはアドレナリンの分泌をうながすことがわかっている。1748年、フィリップ・ミラーはボリジがイギリスのほとんどの地域にみられ、とくに庭から種子が飛散した堆肥の山や公道に多いと記した。彼はボリジを夏の冷えたタンカード（大型ビールジョッキ）に入れることを勧めた——それはボリジの別名「クール・タンカード」の由来にもなっている。

ボリジは自然播種で簡単に育ち、しばしば驚くほどの勢いで広がるので、若葉が出たらすぐに収穫し、余分な苗は引き抜いて堆肥にする。収穫は本格的な霜がおりるまでだが、冬でも温暖な地域では生長を続け、あっというまに花をつけ、春には種子を結ぶ。キャベツやケールといった冬野菜のそばに種をまくことで、生長を抑えることはできるが、長い主根をもつボリジは引き抜くのがたいへんなので、根づ

上：毛で覆われているにもかかわらず、ボリジの葉はリゾットやパスタに葉野菜として入れるとおいしいほか、清涼飲料とも相性がいい。

かせないように注意する。興味深いことに、葉を覆っている毛はそれほどごわごわしておらず、むしろ「雄牛の舌」を意味するアラビア語名の *lisan atheur* に近いようなので、冬のサラダにくわえてもいい。ちぎってリゾットやスープ、ソースに入れてもいい。

その有効成分とは関係ないにせよ、ボリジの鮮やかな星形の花は見る人を元気にするうえ、栽培も容易である。地中海を思わせる真っ青な花、細かい毛にびっしりと覆われた葉、そしてその堂々とした立体的な姿は、ボーダー花壇を魅力的に演出してくれる。アーティチョークのような多年生植物のあいだに種まきすれば、その淡い青緑色の葉と球形の頭がボリジとの美しいコントラストを生む。長い主根をもつボリジは緑肥としても役立ち、葉に吸いげられた養分は埋め戻すことによって土壌に返される。

白い花をつける「アルバ」（*B. officinalis* var. 'Alba'）も種子から育てられるが、次の世代の苗がその型に忠実であること（すなわち、純白の花をつけること）を確実にするため、通常の青花種とは離して植える。白花種はイギリスのケント州にある有名なシシングハースト城のホワイト・ガーデンにもあり、非常に魅惑的である。斑入りの「ヴァリエガータ」種は、葉に白いすじが入っている。どの品種も養蜂植物で、花粉を媒介する昆虫などを誘いこむ。可憐なスレンダー・ボリジ（*B. pygmaea*）は砂利地でよく育つが、食用には向かない。

栄養素

ボリジの若葉にはカリウムとカルシウムが豊富で、利尿作用もある。

右：青花でも白花でも、ボリジの花の中心には、鳥のくちばしに似た黒い雄しべがある。

ポット・マリーゴールド（キンセンカ）
Calendula officinalis

別名：マリーゴールド、ラドルズ、スコッチ・マリーゴールド、ホリーゴールド、マリーバッド

種類：一年草

生育環境：半耐寒性（温暖な冬に耐える、無加温ハウス）

草丈：50〜70センチ

原産地：地中海、マカロネシア

歴史：ポット・マリーゴールドは古くから栽培が行なわれてきた花のひとつである。ラテン語名の*Calendula*（カレンデュラ）は、それが自生地ではほぼ1年中、毎月*calendae*（月の第1日目）に花を咲かせることに由来する。

栽培：花を最大限に咲かせるためには、晩春、水はけのよい肥沃な土壌に種まきする。日なた、もしくは半日陰を好む。25センチ間隔に間引きすれば、夏中ずっと花を咲かせる。

保存：花びらを乾燥させて保存するが、乾燥させるときは日光にあてないこと。オイルに漬けこんでもいい（p.75を参照）。

調理：たとえ14頭の牛が見つかったとしても、右の引用にあるレイエル夫人の方法よりはずっと簡単にマリーゴールドのチーズが作れる。プレーンなカード（凝乳）かリコッタチーズを用意し、マリーゴールドの花びらをすりつぶして入れる。

上：マリーゴールドという名は「聖母マリアの黄金の花」から来ており、これは2月、3月、8月、9月、12月のマリアの祝日にいつもこの花が咲いていたことに由来する。

「ミス・フローレンス・ホワイトによるマリーゴールドのチーズの作り方──牛7頭分の新鮮なミルクを、さらに7頭分の牛のミルクからとれた乳脂と混ぜる。そして約4リットルの水を沸かし、つぶしたマリーゴールドの花を手のひら4枚分くわえる。…清潔な布をかけ、丸1日置く」

『キジムシロ（Cinquefoil）』（1957年）、C・F・レイエル夫人

そうすると黄金色のすじが生まれ、繊細な風味が出る。花と葉はつぶすと胡椒のような香りがする。花びらはグリーンサラダやフルーツサラダにちらしてもいい。濃いオレンジ色の花をつける品種

左：マリーゴールドの若葉はサラダに入れてもいい。また、花びらをサラダやリゾット、ハーブティーに使ってもいい。

を使えば、最高に美しいハーブティーができる。乾燥させた花びらはスープに入れてもいいし、塩気のある若葉はサラダに入れてもいいが、時間がたつと苦みが出るので、味見してから使うこと。

マリーゴールドという名前は聖母マリアと関係があり、花が手に入りやすいことから、2月、8月、9月、12月の祝日に用いられる。朝に開き、夜に閉じる黄金色の花は、シェークスピアをはじめとする多くの作家や詩人にインスピレーションをあたえてきた。マリーゴールドは観賞以外にも、医薬や料理の目的からハーバリストたちに高く評価されてきた。ローマ人は新鮮な花からとった汁をいぼの治療に使ったとされ、いまもキンセンカの軟膏は皮膚病の薬として市販されている。かつて、花びらは樽に入れて保存され、チーズやバターに鮮やかな橙黄色をつけるため、製造業者にオンス単位（1オンスは約30グラム）で売られていた。また、スープやキャセロールに彩りや食感をあたえ、さらには「心と魂の慰め」とも考えられた。

マリーゴールドはほとんど土壌を選ばない。いったん根づくと自然播種で広がるが、しだいに品種の特徴が失われていく。やや肉厚な子葉は容易にそれとわかり、花は播種後約5か月で種子をむすぶ。

マリーゴールドは逸出植物で、フランスのブルターニュ地方にあるグレナン諸島の海岸沿いに自生している。さまざまな大きさや色（囲み記事を参照）──暗赤色、黄色、乳白色──のほか、一重咲きや八重咲きといった種類の品種が数多くあり、いずれも食用にできる。また、全草が細かい毛に覆われているため、やや粘着性がある。注意すべきなのは、料理向きのポット・マリーゴールド（*Calendula officinalis*）をタゲテス属（*Tagetes*）のマリーゴールドと混同しないことで、後者はときにアフリカン・マリーゴールドとして知られるが、食べられるのはほのかに柑橘系

料理ノート
マリーゴールドのさまざまな品種

マリーゴールドの花びらには爽やかな草原を思わせるような繊細な風味があり、非常に心地よいものだが、言葉ではなかなか説明しづらい。それは料理に風味をもたらすだけでなく、食感がよく、目にも美しい。濃色系の品種はお茶として淹れたときに色味が出やすい。

下に紹介した品種は、イギリスの作家で詩人、園芸家のヴィタ・サックヴィル＝ウェストが「夏のささやかな喜び」とよんだものをあたえてくれる。

明るい黄色──「サン・グロー」か「レモン」

鮮やかなオレンジ色──「オレンジ・プリンス」および「ボン・ボン・オレンジ」

赤みがかったオレンジ色──「インディアン・プリンス」。「タッチ・オヴ・レッド・ミックスト」も、その名が示すように、オレンジに赤の組みあわせが繊細な炎の輝きのように見える。

ミックス──北米では「パシフィック・ビューティー・ミックス」が茎の長いマリーゴールドとして一般的で、高さ45～60センチに育ち、大ぶりで幅広の八重咲きの花をつける。ミックスは乳白色や明るい黄色、鮮やかなオレンジ色、アンズ色などさまざまで、葉裏が濃い赤褐色のものもある。

の香りがするフレンチ・マリーゴールド（*T. patula*）だけである（これも食べる場合は少量にとどめる）。

キャラウェイ（ヒメウイキョウ）

Carum carvi

種類：二年草

生育環境：耐寒性（寒い冬に耐える）

草丈：25〜60センチ

原産地：欧州、西アジア

歴史：キャラウェイの種子、根、葉は古代から利用されていた。その名前は種子に関連して古代アラビア語の*karawya*に由来するとされる。シェークスピアは「ピピンリンゴとヒメウイキョウの種」を台詞に用い、そこでは焼きリンゴがキャラウェイと（いっしょに料理されるかわりに）ならべて出された。

栽培：春、水はけのよい培養土を入れた深めの育苗トレーに種をまき、日あたりのよい場所に置く。あるいは夏、成熟した直後の種をまけば、発芽率がぐっと高まる。

　緯度の高い地域で栽培されたキャラウェイは、緯度の低い地域のものよりも精油を多くふくむ。また、十分な日光の下で育てられたほうが収量が増す。

保存：種子が黒ずみはじめたら収穫し、完全に乾燥させ、日光のあたらない場所で密閉容器に入れて保存する。イギリスのキルナー社のガラス瓶がお薦め。

調理：小皿に入れたキャラウェイの種子は、フランスのアルザス地方のチーズ、マンステールの伝統的なおつまみである。同じく伝統的なイギリスのシードケーキ（囲み記事を参照）も、キャラウェイで風味づけされており、甘いというよりもかぐわしく、あっさりとした味が特徴だ。葉に芳香がある品種なら、生のままきざんでサラダに入れてもいい。

　キャラウェイのコンフィットとは、種子を砂糖で包んだ糖菓のことである。生の種子はとくにド

上：キャラウェイの種子は非常に貴重で、2、3年は保存もできる。二年草なので、その苗が雑草とまちがわれないように、植えた場所に印をつけておく。

「この種子は焼いた果物のなかに入れたり、パンやケーキなどに入れたりして、風味を出すためによく使われる。また、コンフィットにされたり、風邪や駆風のために服用されたり、果物にそえて食卓へ出されたりもする」

『太陽の園の地上の園（Paradisi in Sole Paradisus Terrestris）』（1629年）、
ジョン・パーキンソン

イツ料理では一般的で、キュンメル酒のほか、チーズやキャベツ、スープ、パンの風味づけに使われる。上に引用されている植物学者のジョン・パーキンソンによれば、キャラウェイの根はパースニップよりもおいしいという。ただ、その根は非常に小さい。イギリスでは、小麦の種まきが終わると、農民たちがその働き手にキャラウェイのシードケーキをふるまった。言い伝えによれば、キャラウェイには人や物を引きとめておく力があるとされ、その種子をなかに入れておけば、どんなものもけっして盗まれないと信じられていた。そういった泥棒除けから、恋人たちを結びつける媚薬まで、キャラウェイにはさまざまな効能があった。

葉はサラダにお薦めだが、最近のキャラウェイの品種にはこの種子独特の風味が葉にほとんどない。このことは雑草とりのときにも問題になる。二年草のキャラウェイは2年目にしか開花・結実しないため、種をまいた場所を忘れないように印をつけておく必要がある。収穫前には種子をいくつか砕き、臭いをかいで、同じセリ科の雑草でないことを確認しよう。

キャラウェイはエンドウのコンパニオン・プランツである。アジュマッド（*Carum roxburghianum*）はインドのキャラウェイともいえるもので、その種子はカレーやピクルス、チャツネに使われる。ただ、栽培にはより温暖な環境が必要とされる。

料理ノート
ビートン夫人のシードケーキ

イザベラ・ビートン夫人のレシピ集にあるように、シードケーキはヴィクトリア朝時代のケーキの定番だった。レシピ集は夫人の夫サミュエルによって1859年から1861年にかけて雑誌に掲載され、それが『ビートン夫人の家政読本（Mrs. Beeton's Book of Household Management）』としてまとめられた。このレシピは1776年に記された「おいしいシードケーキ」によるものである。

下ごしらえ：電動ミキサーで10分
調理：1時間半〜2時間
できあがり：12人分

- ソフトバター　450グラム
- ベーキングパウダー入りの小麦粉　450グラム
- ふるった上白糖　350グラム
- メース（ナツメグの仮種皮を粉末にした香味料）小さじ1/2
- すりつぶしたナツメグ　小さじ1/2（好みで）
- キャラウェイの種子　大さじ2
- 卵　6個
- ブランデー　200ミリリットル

オーブンを180度に予熱する。

バターをかき混ぜてクリーム状にし、小麦粉に入れる。

砂糖、メース、ナツメグ、キャラウェイの種子を混ぜる。

卵を泡立て、混ぜながらブランデーに入れ、ケーキ生地とふたたび10分かき混ぜる。

バターを塗った紙を敷いた直径25センチの金属型に生地を入れ、1時間半から2時間焼く。

ローマン・カモミール（カミツレ）
Chamaemelum nobile または *Anthemis nobilis*

料理ノート
カモミールのワイン

香りのよい以下の材料を上質な白ワインかロゼワインのボトルにくわえる。

下ごしらえ：10分＋浸して軟らかくするのに10日間
できあがり：6人分

- カモミールの花　25グラム
- オレンジかレモンの皮
  丸ごと1個分（内側の白い綿は除く）
- グラニュー糖　小さじ10

濾して、食前酒として飲む。

別名：ローン・カモミール

種類：多年草

生育環境：耐寒性（平均的な冬に耐える）

草丈：15〜30センチ

原産地：地中海

歴史：広がった葉には新鮮な青リンゴの香りがあり、そのことは大地を意味する *chamae* とリンゴを意味する *melon* からなるラテン語名に要約されている。カモミールの近くに草花を植えるとよく育つことから、「植物のお医者さん」としても栽培された。

栽培：晩春に種まきし、実生および苗の間隔は12〜15センチとする。ほとんど土壌を選ばないが、根づくまでは水枯れさせないように注意する。ノンフラワー種の「トレニーグ」（芝生用カモミール）は、花をつけないのでお薦めしない。

保存：頭花を乾燥させ、金属製の密閉容器に入れて保存する。

調理：カモミールティーはリラックス効果と消化促進効果で知られる。精油分が失われないようにティーポットで作る――熱湯2分の1リットルを30グラムの頭花にそそぎ、約10分蒸らす。

左：カモミールの葉はよい香りがするが、鎮静効果のあるハーブティーに使われるのは、一重でも八重でも花の部分だけである。

上：カモミールは芝生として育てるよりも、レイズド・ベッドのクッションとして育てることをお勧めする——花も楽しめる。

女王エリザベス１世に自身の本草書を献呈したイギリス最初の植物学者ウィリアム・ターナーは、カモミールの花を「輝くように見事な黄色」と表現し、古代エジプト人がそれを聖なる花として太陽に捧げ、万能薬として信じていたことにふれた。また、『ヘンリー四世』のなかで、シェークスピアはカモミールにかんする古くからの栽培の習慣を脚色し、フォールスタッフにこんな台詞を言わせた──「なるほど、カミツレという草は踏まれれば踏まれるほど早く育つ、だが青春という時は浪費すればするほど早く枯れしぼむものだぞ」［『ヘンリー四世　第一部』、小田島雄志訳、白水社］。カモミールの芝生をならすという観点からすれば、これは人々が底の柔らかい革靴を履いていた時代の話で、たしかに草地を平らにするのに役立った。一方、シェークスピアの青春についての言及は、今でもそのとおりだ。

　「フローレ・プレノ」という八重咲き品種はより密生する傾向があり、挿し木で育てたほうがいい。また、健全な生育を確実にするには、株の更新を４、５年ごとに行なうのが望ましい。花を最大限に楽しみたいなら、直立性で強健な「ボードゴールド」がお薦めで、精油分も多くふくまれている。もし美しい芝生もほしいし、ハーブティーに花もほしいというなら、カモミールをグラウンドカバーとして育てるか、緑の敷石として育てるといい。いちばんの解決策は、芝生よりは腰かけられる場所として育てることで、人が座ることは今どきの靴で踏むよりもよい。弾力のある緑のクッションからは、美しい花も顔を出す。

素敵なガーデンベンチ

　ベンチの骨組みには木材やレンガ、石を使う。ただし、いずれも表面がなめらかなものでなければならない──ささくれ立った木やざらざらした石は座る人の脚を傷つける。

　快適な高さになるように造り、できればバラやハニーサックルのような香りのよい蔓性植物を這わせたトレリスで囲む。実際のベンチには花壇のような構造が必要で、土と十分な排水スペースがとれるようにする。小ぶりなベンチなら壁に組みこむこともできる。

　カモミールは日あたりを好むが、真夏の太陽は必要ない。培養土については、力強い生育をうながすだけの肥えたものでなければならないが、窒素分が多すぎると花がつかない。

　イギリスのケンブリッジ大学植物園では、古びた木製ベンチが美しくよみがえった。横板の入った座面部分にカモミールが植えこまれ、これに数年間、庭園の片すみに置かれていたベンチの背もたれと肘かけの部分がとりつけられた。

グッド・キング・ヘンリー（キクバアカザ）
Chenopodium bonus-henricus

別名：イングリッシュ・マーキュリー、ワイルド・スピナッチ、ファット・ヘン

種類：多年草

生育環境：強耐寒性（非常に寒い冬に耐える）

草丈：30〜60センチ

原産地：中央ヨーロッパおよび南ヨーロッパ

歴史：よく見かけるシロザ（*C. album*）はしばしば耕地雑草とされ、花が咲くと、別名にもある「ファット・ヘン（太った雌鶏）」に似ている。古くから貴重な食材でもあったようで、スコットランドの考古学的証拠から、アカザ属（*Chenopodium*）はヨーロッパの青銅器時代（紀元前3200〜前600年）にすでに食されていたことがわかっている。

栽培：春まきし、株を充実させるために生長点を摘心する。

保存：種子を種まき用にとっておく。

上：グッド・キング・ヘンリーは若葉が風味豊かだが、花穂ごと料理にくわえてもいい。

「食用にもなり、薬効もあるアカザは『グッド・ヘンリー』として区別する必要があった。グッド・キング・ヘンリーのキングは後から挿入されたものだ。多くの英語の植物名にあるロビンと同じく、ドイツ語の植物名でいうこのハインリヒはいたずら好きの小妖精を意味したのかもしれない——この場合、ヘルメスもしくはマーキュリーのかわりである」

『イギリス人の植物誌（The Englishman's Flora）』（1955年）、ジェフリー・グリグソン

調理：ごく小さな若葉はサラダに入れることができる。ホウレンソウのかわりとしても使える。グラウンド・エルダーと同じく、ホワイトソースにくわえたり、ラザニアのようなオーブン料理に入れてもおいしい。

1777年の『スコットランド植物誌（Flora Scotica）』のなかで、ジョン・ライトフットはグッド・キング・ヘンリーの若葉を春の野草として楽しむことを勧めた。それから約250年後のいまも、彼のこの助言は新緑の時期にはそのまま通用する。

グッド・キング・ヘンリーはしばしば雑草のように育てられる。だが、もしこれを野菜に近いものとして扱い、きちんと耕された保湿力のある土壌に種をまき、若葉を食べるようにすれば、その風味はずっとよくなる。ただ、自然播種でどんどん広がるので、必要に応じて実生を間引き、若苗は堆肥にする。条植えにすれば、広がりも抑えやすい。

種子は発芽に時間がかかることもあるが、いったん根づけば、ほぼ年間をとおして収穫できる。収穫すればするほど新しい若葉が出てくるが、花をつけた地上部もホウレンソウと同じように料理に使える。イギリスのコーンウォール、とくにトレスコ島やセント・メアリーズ島といったほぼ亜熱帯のシリー諸島の沖あいでは、アカバアカザ（*C. rubrum*）がみられる。

より風味の強いアリタソウ（*C. ambrosioides*）はメキシコ料理で広く使われている。エパソーテやメキシカンティーとして知られ、栽培には熱帯条件を必要とする。需要が高まっているキヌア（*C. quinoa*）は穀物として扱われ、その栄養価の高い小さな種子はアワやキビに似ている。すりつぶしてナッツのような風味の粉末にし、グルテン除去食に利用されることもある。

このほか、イチゴ・ホウレンソウ（*C. foliosum*）やタカサゴ・ムラサキアカザ（*C. giganteum*）といった品種もある。

ダンデライオンほどの効き目はないが、グッド・キング・ヘンリーは、その「利尿作用」を目的に、おもに昼間に服用された。リューマチや関節炎の患者には薦められない。

右：多年草のグッド・キング・ヘンリーは観賞用の家庭菜園にも役立ち、肥沃な土壌でよく育つ。

ハーブのサラダ――視覚と味覚を喜ばせる

　大プリニウスは、サラダを食べることによって貴重な燃料が節約できるとし、水やりと保護を怠らなければ、青葉が年中手に入ると助言した。1873年、アレクサンドル・デュマ・ペールは「薬味用の香草（*Fourniture*）」をふくむ料理事典を出版した。そこではサラダの本体をなすチコリやレタスにくわえるための13種類のハーブがあげられ、チャーヴィルやフレンチ・タラゴン、レモンバーム（の若葉）、サラダ・バーネットのほか、開花したナスタティウムやスミレ、ボリジの花もふくまれていた。とくに注目すべきなのは「開花したナスタティウム」にふれた点で、シャキシャキとした爽やかな歯ごたえをもつその花柄は、花の辛みをいっそう引き立てる。

サラダ向きのハーブとドレッシング向きのハーブ

　もしサラダがレタスやエンダイヴ、あるいはトマトを基本とした舞台だとすれば、主役はサラダを彩る野菜、すなわちハーブの葉や花である。どのハーブも独特の味と食感をサラダにもたらしてくれる。一方、彼らにはその演技を引き立てる脇役が必要で、それが細かくきざんだハーブのドレッシングである――こうして舞台が完成される。

上：アレクサンドル・デュマ・ペールは、1873年に包括的かつ独断的な料理事典を出版し、そこには「薬味用の香草」もふくまれていた。

右：シャキシャキとしておいしいパースレーン（*Portulaca oleracea*）の先端は、摘みとってサラダにくわえると、キュウリやオクラのような風味が出る。古い茎は炒めものにくわえてもいい。

サラダ向きのハーブ

　葉は粗くきざむか、ちぎってくわえる。古いレシピ本には葉を切らないように書いてあるが、それは当時のナイフの多くが鉄製だったからであり、今日ではほとんど問題にならない。ただ、ちぎったほうがより多くの油分が出ることは確かだ。ハーブの葉のなかでも、サラダ・ロケットやワイルド・ロケットの葉は単独でもおいしいし、料理にたっぷりちらして出してもいい。アンジェリカやナスタティウム、平葉種のパセリ、パースレーン、盾形葉のソレル、サラダ・バーネットといった風味の強い若葉もお薦めだ。迷ったときはチャイヴの葉茎をきざんで入れよう。そのかすかなタマネギやガーリックの風味はどんなサラダにもよく合う。オレガノやマジョラム、ミント、タイム、バジルなどの斑入りの葉や、パースレーン、マジョラム、

左：砕いたガーリック片には小さくても存在感がある。パプリカやトマトといっしょに料理したり、冷製で出したりしてもいい。

ドレッシング向きのハーブ

　葉は細かくきざむかすりつぶして、各ハーブの油分にふくまれる風味を引き出し、ヴィネグレットソースやマヨネーズソースなどの冷製ソースにくわえる。ガーリックは1、2片を砕けば、それだけで最高のドレッシングになる。一方、細かくきざんだチャイヴやチャーヴィルは繊細な風味をもたらし、縮葉種のパセリのニンジンのような爽やかさはほとんど何にでも合う。バジル、マジョラム、ミント、ディルといったサラダ向きハーブの存在感は、それをドレッシングにも使うことによってさらに強まる。タイムの軟らかい若葉は非常にかぐわしく、アニスのような香りを発するスウィート・フェンネルの若葉も同様だ。

ハーブ・ヴィネガー

　多くのハーブはヴィネガーに入れて浸出することができる。次のハーブ——レモンバーム、バジル、ボリジ、ディル、スウィート・マジョラム、ミント、サマー・セヴォリー、サラダ・バーネット、フレンチ・タラゴン、レモン・タイム——の葉や若い茎をつぶすと、油分が出る。これらはけっしてみじん切りにしないこと。つぶした生葉は別々に、あるいはいっしょに混ぜてガラス瓶につめる。そして白ワインかリンゴ酢を縁までそそぎ入れる。しっかりと蓋をして、日あたりのよい窓辺に2週間置いて浸出させる。最後に濾して、ハーブを取り出す。

　葉だけではない。葉のようにつぶしはしないが、同じ方法がボリジやエルダー（*Sambucus*）の花、バラの花びら、スミレにも使える。もし贈り物として別の瓶に移す場合は、同じハーブの小枝を乾燥させて飾りにそえる。ガーリックを砕いて入れた場合は、2日ほど浸せばすぐに使える。

　タイムの黄金色の葉は彩りをもたらし、若いブロンズ・フェンネルやバジル、タイムの紫色は深みとコントラストをあたえてくれる。

　このほか、バジルとトマト、ディルとジャガイモ、サマー・セヴォリーと豆（サヤインゲンなど）といったように、特定の野菜と相性のいいハーブもある。アヴォカドのクリーミーな果肉は風味の強いハーブとよく合う——きざんだバジル、タイム、ディル、あるいはコリアンダーをアヴォカドの薄切りにそえる。また、スウィート・シスリーの若葉やフレンチ・タラゴンの葉はアニスのような香りをもたらし、ボリジやナスタティウム、チャイヴ、スミレ、サラダ・ロケットの花は、最後の仕上げにぴったりである。

「サラダ。パセリ、セージ、ニンニク、ネギ、タマネギ、ポロネギ、ボリジ、ミント、エシャロット、フェンネル、ガーデン・クレス、ヘンルーダ、ローズマリー、パースレーンを用意する。これらを洗ってきれいにする。手で小さくちぎり、原料油とよく混ぜる。酢と塩をくわえて出す」

『養成書（Boke of Nurture）』（1460年頃）によるサラダのレシピ、ジョン・ラッセル

ハーブ・オイル

手順はハーブ・ヴィネガーとほとんど同じだ。ハーブをつぶして（きざむよりも油分が出やすい）、油分を引き出す。使用するオイルはオリーヴ油、ヒマワリ油、あるいはグレープシード油が最適で、それぞれの個性がサラダによく合い、どんな料理とも相性がいい。ハーブ・オイルを作っておけば、バジルやディル、タイム、フレンチ・タラゴンといった定番の風味が真冬でも楽しめ、レモンバームの葉からは柑橘の香りも楽しめる。スウィート・フェンネルやスウィート・マジョラム、ラヴェンダーの花、そしてマリーゴールドやバラの花びらなどもお薦めだ。

ガラス瓶につぶしたハーブの葉や若い茎、花をつめ、油をそそぐ。暑くない程度の暖かい場所に1週間置いた後、ハーブを取り出し（これはローストやバーベキューの肉に使う）、味見をして、もしオイルに十分な香りがついていなければ手順をくりかえす。使ったハーブの小枝を乾燥させて、瓶の飾りにしてもいい。ガーリック・オイルの場合は、2日浸せば使える。

ハーブ・オイルやハーブ・ヴィネガーを手軽に楽しむには、お気に入りのハーブの茎を週の初めに瓶に入れておくだけでいい。週末には濾して料理に使える。

瓶やガラス容器の殺菌消毒

ハーブ・オイルやハーブ・ヴィネガーを作り、保存するときは、それを入れる容器を入念に準備することが重要だ。

- まず容器とその蓋を洗剤を使ってよく洗い、きれいな温水ですすぐ。

- ラックに逆さまにして置き、140度に熱したオーブンに入れて約30分乾かす。

- オーブン用の耐熱手袋で両端をもって取り出す。

- まだ熱いうちに中身をつめて、蓋をする。

コリアンダー（コエンドロ）
Coriandrum sativum

別名：シラントロ、チャイニーズ・パセリ、インディアン・パセリ

種類：一年草

生育環境：半耐寒性（温暖な冬に耐える、無加温ハウス）

草丈：45〜90センチ

原産地：地中海西部

歴史：青銅器時代末期（紀元前約2000年）にさかのぼる証拠によれば、コリアンダーは地中海からイギリスへ伝えられた最初の香味料としてのハーブに数えられる。その名前は、「トコジラミ」を表すアラビア語の*koris*に由来するとされる。種子はまだ青いうちに収穫すると強烈な臭いを発するが、十分に熟せばオレンジのような芳香を出す。

栽培：春以降に種子を直まきし、20〜30センチ間隔に間引きする。晩夏にまいた場合、とくに冷床やなんらかの保護をしてやれば、初霜の時期まで収穫できる。

保存：種子は完全に乾いて褐色になったら収穫し、密閉容器で保管する。葉は丸ごと冷凍し、必要量をその都度使う。

調理：独特の香りをもつ葉と若い茎は、辛みの効いた料理のつけあわせとして最適で、コントラストのある爽やかな風味をもたらす。インド料理では、コリアンダーの生葉はハラ・ダニヤ（*hara dhaniya*）やコタマリ（*kothmir*）とよばれる。薄切りのトマトと赤トウガラシ、コリアンダーの葉を合わせたものをプレーンヨーグルトに入れ、ガーリックとともに（あるいはなしで）出される。グリーンサラダの「辛み」としても役立ち、グアカモーレやフムスにくわえたり、冷製チキンにそえたりしてもいい。温かいニンジンとコリアンダーの葉のスープは見た目もおいしそうだ。

　コリアンダーの種子やそれをすりつぶしたものを、インドでは*dhania*, *sabut*, *pisa*とよぶ。カレーのスパイスとしてはもちろん、種子をすり

左：コリアンダーは種子と葉を両方たっぷり収穫できるように、それぞれ別に育てるといい。種子を目的とした品種は花々のあいだにまくこともできる。

下ろしたオレンジの皮とともにクランブルのトッピングにくわえてもいい。収穫が終わったら、苗を引き抜き、細かい根を切り落として、スープやソースにきざんで入れる。

　古い文献に記されているのは、コリアンダーの葉ではなく、種子に関連したものばかりだった。葉はいったん乾燥させれば、保存して年中利用できたため、しばしば旅行にもって行かれた。イギリスで生葉を手に入れられたのは家庭菜園をもつ人たちだけで、19世紀にはビートン夫人もこれを高く評価した。「シラントロ」というよび名はもともとヒスパニック系の人々によってアメリカへ伝えられたもので、種子よりも葉を目的とした品種として広がった。一方、イギリスのコーンウォールにある蒸留所で製造されているタークィンズ・ジンには、数々のハーブが使われており、とくにコリアンダーの種子については「スパイシーなモロッコ産の品種ではなく、レモン・シャーベットのような香りがするブルガリア産のもの」が選ばれている。チャイニーズ・パセリやインディアン・パセリといった別名は、その葉がアジア料理に広く用いられていることを示している［タイ料理での名称、パクチーもよく知られる］。

　種子を目的とした品種は、葉を目的に育てられる品種とは異なり、多年生植物のあいだに一年草としてまくことができる。ピンクがかった白い散形花が密集して咲くことで、種子が形成されるまでのあいだ、すばらしい景色が楽しめる。花は月に照らされて光を放ち、夜の庭ではいっそう映える。青葉と芳香からなる美しいかすみを生み出すには、キャラウェイやチャーヴィルの種子と混ぜ、まとめてばらまきにするといい。あるいは、ニンジンの種子と混ぜれば、ニンジン根こぶ線虫を防ぐことができる。シラントロはやはり葉を目的とした品種だが、その種類は幅広い。ただ、激しい乾燥と暑さが続く時期には、どの品種もすぐに薹が立つ。

料理ノート
葉を目的としたコリアンダーの品種

　コリアンダーの独特な風味はよく知られているが、それは場合によって変化する。先端の若葉は香りがより強い。また、葉が成熟するにつれて食感が変わり、茎といっしょに料理にくわえると違った風味が楽しめる。一方、種子は完熟のものでないと後味が悪い。以下の品種をぜひ試してみよう。

「カリプソ」——イギリス産。種子の生産者によれば、薹立ちが遅く、3度の切り戻しが可能なので、連続して葉の収穫ができる。

「コンフェッティ」——細かい羽根のような葉で香りもいい。9月まで続けて種まきができる。窓辺の鉢植えにもお薦め。

「レジャー」——薹立ちが遅いので収量が多い。香りもよく、花が咲くと非常に魅力的。

「サント」——同じく薹立ちが遅い。葉がよく茂り、すぐに成熟に達する。条件が整えば、種まきから55日で収穫できる。

「スロボルト」——もっとも風味が強く、中国料理やタイ料理、メキシコ料理でよく使われる。薹立ちが遅い。

サフラン
Crocus sativus

種類：球根

生育環境：耐寒性
（平均的な冬に耐える）

草丈：10センチ

原産地：中央アジア

歴史：羊飼いの娘スミラックスへの一途な愛に燃えていた美青年クロッカスは、その恋を神々に反対され、サフランの花に姿を変えられた。*krokos*はサフランを意味するギリシア語である。輝くようなオレンジ色の柱頭は、永遠に報われることのないクロッカスの激しい愛の残骸なのだ。

栽培：秋、日あたりと水はけのよい土壌に球根を植える。春に葉が出るが、秋咲きの花には温暖な夏が不可欠である。増やす場合は新しくできた球根を用いる。こうした子球の形成は親球をつぶしたり、砕いたりすることで促進され、これはプリニウスの言葉を裏づけるものだ。（下の引用を参照）。

保存：花が完全に開いたらすぐに摘みとり、雌しべ全体を引き抜き、ペーパータオルなどにはさんで乾燥させる。完全に乾いたものはサフラン糸とよばれる。保存期間は1年未満。

調理：ひとつまみのサフラン糸を温水40ミリリットルに入れて一晩浸出する。インドでは、この糸を軽くローストしてからミルクに浸す。サフランを使ったスープや魚、米、ケーキのレシピは数えきれない。十分な量が収穫できない場合は、サフランの粉末ではなく、上質なサフラン糸を買うこと（p.81のガラム・マサラも参照）。

エセックスの貴重な遺産

　イギリスのイースト・アングリアにあるウォルデンは、「ブリトン人の谷」を意味する中世初期の町である。かつてここはベネディクト修道院の敷地で、多くの羊が放牧されていた。これに関連して生地の取引が盛んになり、サフランのようなさまざまな染料が求められるようになると、このウォルデンの周囲の畑で上質なサフランが栽培できることが知れわたった。16世紀初めまでに、ウォルデンはサフラン生産に関連した取引でおおいに栄え、羊毛市場の拠点となった。

　やがて修道院が失われると、サフラン・ウォルデンの裕福な市民たちはセント・メアリー教会の建設に多額の寄付を行なった——それはいまもエセックス最大の教区教会である。サフランによって築かれた彼らの富の証は、教会の南側袖廊の向かいにあるアーチの上のスパンドレル（三角小間）の石にきざまれている。18世紀末、スペインなどからの輸入品に対抗できず、サフラン取引は消滅したが、サフランの図柄はエドワード朝時代のステンドグラスや1998年に献呈された祭壇前の手すりに描かれ、その後も人々にたたえられた。

「サフランは打たれ、踏みつぶされることが大好きで、実際、それはひどい扱いを受けるほどよく育つ」

『博物誌』（紀元70年頃、フィルモン・ホランド英訳、1601年）、大プリニウス

ローマ人は少量ながらサフランの球根を食べていた（現在は勧められない）。しかし、雌しべとして収穫されるサフランは、昔もいまも非常に高価である。料理や香水、軟膏などに使われたほか、サフランの枕に横になれば二日酔いが防げるとも信じられていた。多くの植物や食料とともに、サフランと米は10世紀にムーア人によってスペインへ伝えられた。英語名の*saffron*はアラビア語の*za-faran*に由来する。*zaafraan*や*kesar*はインド北部のカシミールで栽培されているサフランである。プリニウスの助言（引用を参照）とは反対に、1400年頃に英語ではじめて園芸にかんする独自の論文を書いたとされる「イオン・ガーデナー」という人物は、サフランの球根を9月、肥やしを入れた苗床にすくなくとも7.5センチの深さで植えることを勧めた。1629年、マサチューセッツ湾会社はほかのハーブとともに、ニューイングランドへ「サフランの頭花」を輸入した。本物のサフランは食材を深い黄色に染める。蜂蜜のような甘い香りがある一方、その独特の風味はブイヤベースなどの地中海の魚介料理やスペインのパエジャに欠かせない。

　ここでサフランを収穫する部位について説明しておこう。植物学的にいえば、花の雌性器官、すなわち子房、花柱、そして柱頭を包含しているのは雌しべである。サフランはこの雌しべの色鮮やかな柱頭をさす。ちなみに、雄しべは花の内部にある雄性器官であり、花粉を生じる「柄」のことである。

　イギリスのコーンウォールやデヴォンといったイングランド諸州では、サフランのケーキやロールパンが伝統的で、おそらくその歴史は古代フェニキア人と錫の取引を行なっていた約3000年前にさかのぼる。こうした地中海の船乗りたちはサフランをほかの品物との物々交換に使っていたと考えられ、それが今日まで続く味を生み出した。16世紀、サフラン・ウォルデンの作物の20パーセントはコーンウォールに輸出されていた。サフランは高価なスパイスに匹敵する唯一のハーブであり、ひとつの推定として、わずか1キロの乾燥サフランをとるために約17万本の花から約50万本の雌しべ（赤と金の糸）が必要とされる。もし純粋なサフランを手に入れたいなら、かならず糸状のサフランを買うこと——粉末のものは混ぜものがなされている可能性がある。ターメリックやマリーゴールドの花びらも、着色剤として妥当な代用品ではあるが、それぞれ風味がまったく異なるので比較はできない。

右：庭にぜひサフラン専用のコーナーを造ろう。観賞用の家庭菜園なら、サフランは多年草として魅力的な趣をもたらす。

サフラン　79

クミン（ウマゼリ）
Cuminum cyminum

別名：コミノ、ジーラ、ゼーラ

種類：一年草

生育環境：温帯性（加温ハウス）

草丈：15～30センチ

原産地：地中海からスーダン、中央アジア

歴史：クミンのスパイスとしての利用については、聖書をはじめ、ヒッポクラテスやディオスコリデスの著作にも記述がみられる。また、クミンの種子を大量に口にした者は強欲になるという興味深い副作用も知られている。

左：芳香性のクミンの種子はスパイスとして分類されることも多い。熟すまでに長くて暑い夏を必要とする。葉にはより繊細な風味がある。

栄養素

クミンの種子にはカロチンをはじめ、鉄、銅、カルシウム、カリウム、マンガン、亜鉛、マグネシウムといったミネラルのほか、ビタミンB群やビタミンE、A、Cが豊富にふくまれている。

栽培：ほとんど砂漠のような地域を原産とするため、冷涼な地域では温室の育苗トレーに種まきする。クミンは暖かく、水はけのよい肥沃な土壌を必要とする。種子が熟すには3、4か月にわたって温暖な時期が続かなければならないため、温室か冷床、あるいは日あたりのよい窓辺で成熟させる。

保存：カレー粉に欠かせない乾燥種子は、必要なときまで丸ごと密閉容器に入れておく。

調理：芳香性の種子や香辛料の多くがそうであるように、クミンもフライパンで乾煎りすると「香ばしさ」が出る。あるいは、種子を殺菌消毒した容器に入れて保存してもいい。すり鉢でつぶしたり、ハトロン紙にはさんで麺棒で砕いたりしてもいい。小タマネギをクミンの種子といっしょに炒め、バスマティ米をくわえ、さらに米の倍量の水かブイヨンをくわえる。そして鍋を煮たたせ、汁気が完全になくなるまで煮こむ──これは鶏肉やラム肉のカレーにぴったりだ。炒めたタマネギとクミン、ターメリックはおいしいレンズ豆のカレーにも欠かせない。メキシコ料理ではトウガラシと組みあわされることが多く、オートケーキやビスケットに混ぜてチーズといっしょに出してもいい。

大プリニウスによれば、雄弁家ポルシウス・ラトロの弟子や信奉者たちは、顔が不健康に青ざめてみえるようにするため、砕いたクミンの種子を

料理ノート
ガラム・マサラ

このミックス・スパイス（混合香辛料）は、イギリス人シェフのロウリー・リーのレシピによるもので、ハーブをたっぷり使った現代的なアレンジがなされている。

下ごしらえ：15分
できあがり：小さじ10杯分

- クミンの種子　大さじ2
- フェンネルの種子　小さじ1
- サフラン糸　小さじ1/2
- カルダモンの種子（殻をとったもの）小さじ2
- 黒コショウの実　大さじ1
- クローヴ（丁子）25個
- シナモンスティック　5センチ
- すりつぶしたナツメグ　小さじ1/2
- メース（ナツメグの仮種皮を粉末にした香味料）小さじ1/2

クミン、フェンネル、カルダモンの種子を黒コショウの実、クローブとともに乾煎りする。焦がさないようにゆすりながら、キツネ色になるまで炒める。

残りのスパイスをすりつぶして粉にする。

密閉容器に入れて短期間保存する。

水で飲んだ。そうした青白い顔は、彼らが勉学に没頭しているせいで日光にあたっていないという印象をあたえたらしい。プリニウスはまた、クミンをパンやワインといっしょに食べると、「激しい苦痛や腹部の痛みなどをやわらげる」として強く勧めた。中世では、クミンの種子はごく一般的に栽培されているスパイスであったにもかかわらず、高値で売れた。このクミンを、フランス語でキュマン・デ・プレ（*cumin des prés*）とよばれるキャラウェイや、ローマン・コリアンダーとしても知られるブラック・クミン（*Nigella sativa*）と混同してはならない。ただ、後者は可憐な「ラヴ・イン・ア・ミスト（霧のなかの恋人）」（*N. damascena*）と同じクロタネソウ属で、どちらも花咲くハーブ・ガーデンに可愛らしさをそえてくれる。

クミンの細い葉はディルに似ているが、種子には独特の芳香がある。しかし、葉が生い茂っていないかぎり、摘むのはひかえ、種子莢が熟してから全草を収穫する。そもそもクミンは暑くて乾燥した気候を好むため、寒冷な地域でこの段階に達することはかなりむずかしい。

クミンの種子には神経過敏を抑える効果もあるとされているため、ローマ人のまねをして、アピキウスの「甲殻類のためのクミンソース（*Cuminatum in ostrea et conchylia*）」を作ってみるのもいい。彼はクミンと蜂蜜、酢、ブイヨンをいっしょに煮こみ、それに挽いたコショウ、ラヴィッジ、パセリ、乾燥ミントをくわえた。現代的にアレンジするなら、甲殻類をクミンのソースで料理し、食卓へ出すときにラヴィッジ、パセリ、ミントの生葉をくわえよう。

「胸部の圧迫感にも、この同じクミンの草と水、酢を用意し、それらを混ぜて服用すれば効く。また、ワインに入れて飲めば、蛇の咬み傷も治る」

『初期イングランドの治療法、薬草の知識、星占い術（Leechdoms, Wortcunning, and Starcraft of Early England）』（1864年）、ディオスコリデス、オズワルド・コケイン師採録

ターメリック（ウコン）
Curcuma longa（または *Curcuma domestica*）

別名：ハリドラ、ハルディ

種類：多年草根茎

生育環境：温帯性（加温ハウス）

草丈：1メートル

原産地：インド

歴史：ショウガ科に属するターメリックは、とくに食品の着色剤や防腐剤として、紀元前3000年からインドで料理に使われていたという記録がある。7世紀までには中国へ伝えられ、そこで薬効が記された。

栽培：温室で秋まきする。原産地域では、いくつもに枝分かれした円筒形の根茎が休眠中に株分けされる。それをより短く切り、20～40センチの間隔で植える。最低でも15～18度の気温と生育中の十分な湿度、さらに水はけと日あたりのよい土壌を必要とする。

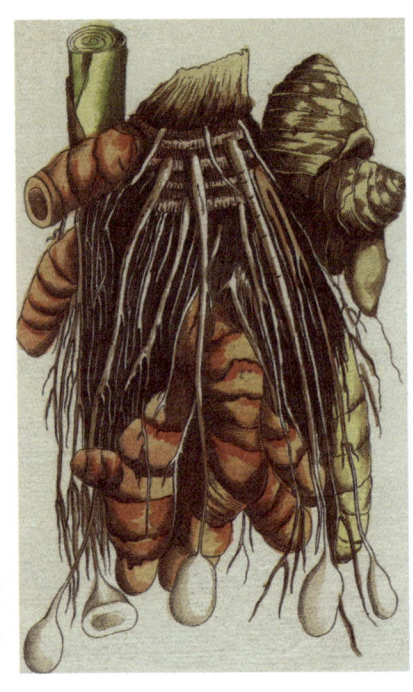

右：ターメリックの根茎は、丸ごとでも粉末でも、料理を濃い黄色に染める。ときに着色剤としてサフランのかわりに使われるが、その風味はより土臭く、苦みがある。

保存：根茎を休眠期に掘り上げ、蒸すかゆでるかした後、乾燥させ、すりつぶして粉にする。

調理：ターメリックにはサフランと同じ着色剤としての性質があるが、サフランのような芳香はない。独特の土のような香りと風味、色は多くの料理に用いられている。ジャガイモをターメリックであえてローストしたり、鶏肉をターメリック、ニンニク、ショウガとともにヨーグルトに漬けてマリネにしたりする（p.213のジンジャーを参照）。鶏肉はマリネや調理の前に皮をとりのぞいておくと、スパイスの風味が肉に染みこみやすい。ピクルスや前菜の色づけに使ってもいい。インドでは、葉が食材を包んで料理するのに用いられ、さまざまなデザートにも使われる。また、豆類をターメリックといっしょに料理すると消化にいい。食品添加物としてのターメリックはときにE100というコード名で表示される。

　消化器系、循環器系、呼吸器系に薬効があるが、子宮を刺激する働きもあるため、妊娠中の女性は注意が必要である。また、ターメリックを定期的に食べると、男性の前立腺トラブルに効果があるとされる。健胃・殺菌作用もある。

「ウコンがヨーロッパで人気を博することはなかった。逆にアラブ人やペルシア人はウコンを愛好し、色が同じというだけでこれを一種のサフランとみなしてクルクム（*kourkoum*）と呼んでいた」

『世界食物百科──起源・歴史・文化・料理・シンボル』（1987年）、
マグロンヌ・トゥーサン＝サマ［玉村豊男監訳、原書房］

ターメリックの太い根茎はスパイスとして珍重され、その黄色い色素はさまざまな料理に独特の特徴をあたえているほか、仏教僧の衣の色にもなっている。ターメリックはデンプンの原料でもある。スパイス・ルート（香辛料の道）を経由してヨーロッパへ到来し、アラブ人がこれを *kurkum* と名づけたことが属名の由来となった。英語名の *turmeric* はおそらく、「土に値する」や「栽培価値のある」を意味する *terra merita* の転訛と思われる。19世紀、植民地政策によってイギリスとインドが結びついたことからその人気が復活し、ビートン夫人の料理書でも大きくとりあげられた（p.67を参照）。アレクサンドル・デュマ・ペールは1878年に出版された著書『大料理事典（*Le Grand Dictionnaire de Cuisine*）』のなかで、イギリス人特有の嗜好のひとつとしてルバーブのタルトやパイをあげ、その生地にターメリックが使われると紹介した──このアイディアはパリのサント・ノレ地区のペストリー生地製造業者にもまねされた。ちなみに、ターメリックはフランスのレユニオン島（1789年のフランス革命前の名はブルボン島）で栽培され、それがブルボン・サフランという異名につながった。

インドや東南アジアの料理でもっとも一般的なスパイスのひとつとされるターメリックは、その黄色がとくに肝臓の病気にかんして薬効を示すと考えられていた。インドネシアやスマトラ島西部の一部の地域では、葉が風味づけとしても利用されている。伝統医学アーユルヴェーダの治療においても、ターメリックの薬効は古くから高く評価

上：ターメリックの粉末はキッチンの常連だが、根茎はより風味豊かで、野菜としても食べられる。

され、現在も関節炎やアルツハイマー病をはじめ、健康増進全般に対する効能が研究されている。

ターメリックをふくむクルクマ属（*Curcuma*）属は、季節によって日照りがある地域に順応し、伝統的に最初のモンスーンによる雨とともに植えられた。成熟するまでに7～10か月かかり、この段階で地上部が枯れる。中国では、明るい黄色の花が開花するのはたいてい8月である。根茎は内部が濃いオレンジ色で、極東や東アフリカでは野菜として食べられている。ターメリックはアメリカ大陸にも伝えられ、ペルーや西インド諸島に帰化し、クレオール料理に欠かせない材料として広く使われている。生の根茎は、乾燥させて粉にしたものよりもスパイシーで豊かな香りがする。根茎にはカルシウム、クロム、銅、クルクミン、マンガン、ナイアシン、リボフラビンといったミネラルや微量元素が豊富にふくまれている。

近縁種として、樟脳の香りと苦みをもち、紫ウ

ターメリック 83

コンともよばれるガジュツ（*C. zedoaria*）や、ショウガのような風味でピクルスに使われるマンゴー・ジンジャー（*C. amada*）などがある。インド・アロールート（*C. angustifolia*）は塊根からデンプンがとれる。

　ターメリックの葉はグラウンドカバーにもなり、カップ状の苞葉と色の縞の入った筒状の花がとくに魅力的だ。先端が白くなった淡緑色の苞葉と、バラ色がかった上部苞葉に包まれるようにして黄色い花をつける。もし温室のスペースに余裕があるなら、ぜひお薦めしたい。

料理ノート
ピーラ・チャワル

インド料理研究家で女優のマドハール・ジャフリーによるこのレシピは、香り豊かな黄色いターメリック・ライスを作るためのものだ。カレー料理といっしょにめしあがれ。

下ごしらえ：5分
調理：35分
できあがり：7人分

- 塩　小さじ1と1/4
- ターメリック　小さじ3/4
- ホールクローヴ（丁子）　3〜4個
- シナモンスティック　2.5センチ
- ローリエの葉　3枚
- バスマティ米　425グラム
- 無塩バター　50グラム

　塩、ターメリック、クローヴ、シナモンスティック、ローリエを米にくわえる。

　570ミリリットルの熱湯に入れ、蓋をしたまま、水分がなくなるまで25分炊く。

　そのまま10分置いてなじませ、スパイスを取り出し、バターであえる。

左：ターメリックの筒型の花は白い苞葉に引き立てられ、温室の魅力的なグラウンドカバーになる。

レモングラス
Cymbopogon citratus

別名：ウェストインディアン・レモングラス、オイル・オヴ・ヴァーベナ。イーストインディアン・レモングラス（*C. flexuosus*）もふくめる。

種類：多年草

生育環境：亜熱帯性（加温ハウス）

草丈：60センチ～1.2メートル×90センチ

原産地：インドネシア

歴史：シトラール（レモンの香味成分）を生成し、ポロネギによく似ている。名前の*kyme*は「舟」を意味し、「あごひげ」を意味する*pogon*はその頭花を示唆している。別名の「オイル・オヴ・ヴァーベナ（ヴァーベナの油）」は、レモン・ヴァーベナ（*Aloysia citriodora*）にその香りが似ていることによる。インドネシア原産だが、現在はアフリカ、南米、インドシナのほか、アメリカの多くの州をふくむほとんどの熱帯地域で栽培されている。20世紀初めには、本物のレモンオイルの混ぜものに使われることもあった。

栽培：レモングラスは霜に弱い。最低でも10～13度の気温と十分な湿度を必要とする。とくに土壌は選ばないが、適度に水はけがよく、有機質に富み、窒素を多くふくんだ土と日あたりのよい場所を好む。成熟したら、根もとにたっぷりと水をやる。冷涼な地域では温室で育てる。

保存：ほかの食材に香りが移らないようにラップで包む。茎は丸ごと冷蔵庫で最大2週間まで保存でき、冷凍も可能。

下：レモングラスの葉茎の外皮はブイヨンの風味づけに使えるが、中身の軟らかい部分は細かくきざんで食べる。

調理：繊維質の固い外皮と根もとの白い部分（これらはブイヨンの風味づけに使える）はとりのぞく。茎の下から15センチと芯を使い、ごく薄くスライスするか、たたいてペーストにする。より太い茎の場合は、つぶして油分を引き出し、食卓へ出す前にとりのぞく。また、お茶に使ったり、魚のシチューやソースの風味づけに使ったりしてもいい。レモングラスの香りには、柑橘系の爽やかな風味がある。タイのカレー料理では、しばしばガーリックやコリアンダー、生のトウガラシと組みあわされる。

生のレモングラスの茎は、アジア料理専門の食料品店かスーパーで買うことができ、簡単に根づいて新しい苗に育つ。春に株分けすれば、より多くの茎が収穫できる。たとえ料理用に買ってきた

茎でも、根もとのふくらんだ部分を水に浸せば、そこから根が出てくる。古い茎から摘みとることによって新しい茎の生育をうながせば、秋、初霜の前に最後の収穫ができる。もし菜園で根が広がりすぎた場合は、鉢植えにして日あたりのよい窓辺に置いておく。こうすれば冬でも少しは料理に使えるし、芳香剤にもなって一石二鳥だ。これを目的にスカイプランターに挑戦するのもいいだろう（p.105を参照）。また、土壌の温度が13度まで上がる晩春なら屋外に植えることもできる。地植えであれ、鉢植えであれ、レモングラスはそのレモンの香りが蚊除けにもなるので、夏に屋外でよく座る場所の近くに植えるといい。

　強火で炒めものをするときは、細かくきざんだレモングラスとハラペーニョをくわえる。また、果物やアイスクリームにかけるレモン風味のシロップを作るには、きざんだレモングラスとレモン・タイムを混ぜ、薄めのシュガーシロップに入れて煮つめ、濾して使う——冷蔵庫で1週間は保存可能。風味を足したい場合は、少量のメープルシロップをくわえる。

　レモングラスはそのレモンの風味で多くの料理を爽やかにするほか、栄養面でもすぐれたメリットをもつ。実際、レモングラスは、オーツ麦や米、サトウキビ、小麦、そして日照りに強い「飢饉食」として知られるビンドゥラ・バンブー（*Oxytenanthera abyssinica*）のような主食と同じイネ科である。

　もしイーストインディアン種（*C. flexuosus*）の種子しか手に入らないとしても、残念がる必要はない。これはコーチン・グラスやマラバル・グラスとよばれるレモングラスの一種だが、じつは現在、12のヒト癌細胞株に対する細胞障害作用の研究が行なわれている。結果が示すところによれば、この精油には有望な抗癌・抗腫瘍活性があるという。

レインスケーピング（Rainscaping）

　アメリカのミズーリ植物園が推進するこの構想は、雨水の流出を遅くすることにより、スポンジのように保湿力のある肥沃な土壌を生み出し、自然環境を再現しようとするものである。実際、これは多くのハーブに適した地中海式の水はけのよい庭とは正反対のものだ。雨を利用したこの庭では、石や浅いくぼみをとりいれることで一時的に水を保持しようとする。植えるのは、レモングラスのような植物のほか、水はけのよい庭では育ちにくい、湿気を好む植物である。耐寒性に優れたハーブでほかに植えられそうなものとしては、アンジェリカ、ミント、ジンジャーがあるが、いずれもそれなりの注意と技術を必要とする。

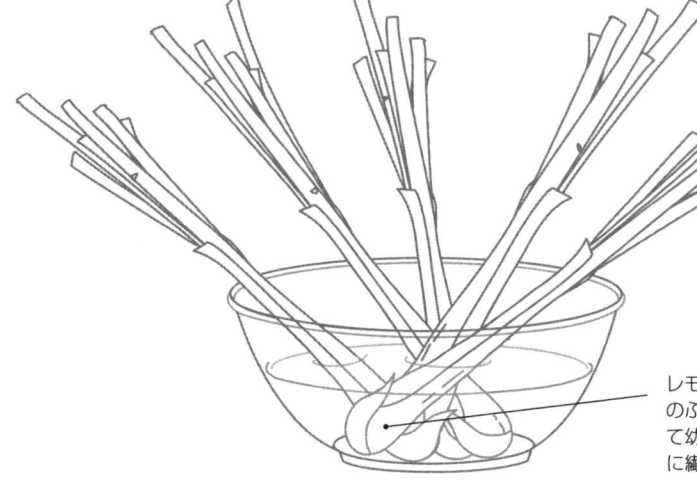

レモングラスを少量の水に浸しておくと、根もとのふくらみに発根する部位が形成される。こうして幼根が出てきたら、苗が十分に生育できるように繊維培養土へ植え替える。

上：冷涼な地域では、レモングラスは温室で育てたほうが成功率がずっと高まる。

ただし、もっとも料理に適したウェストインディアン種（*C. citratus*）と、それに次ぐイーストインディアン種を、シトロネラ・グラス（*C. nardus*）と混同してはならない。これは強力な虫除け、殺菌、洗浄効果をもち、香味料としても使われるが、その強い個性のせいでかえって本種のレモングラスにおとる。

栄養素

レモングラスにはカリウム、カルシウム、マグネシウムのほか、鉄、ビタミンC、ビタミンB_6が豊富にふくまれている。

料理ノート
タイ風スープ

下ごしらえ：40分
調理：15分
できあがり：4人分

- 油　大さじ2
- 小タマネギ　1個
- ニンニク　3片
- 皮をむいたショウガ　4センチ（親指くらいの長さ）
- レモングラス　1茎（薄切り）
- 赤トウガラシ　1本（細かくきざんで）
- チキンか野菜のブイヨン　1リットル
- タイのジャスミン米　180グラム
- ニンジン　7本（薄切りかすりおろす）
- 砕いたクミンの種子　大さじ1
- カルダモンの種子　小さじ1と1/2
- すりつぶしたナツメグ　小さじ1/4
- ココナッツミルク　400ミリリットル
- コリアンダーとバジルの葉　各ひとつかみ

スープ鍋に油を熱し、タマネギ、ニンニク、ショウガ、レモングラス、トウガラシをくわえ、強火で1分炒める。

ブイヨンと米を入れ、煮たたせる。

ニンジン、クミン、カルダモン、ナツメグをくわえる。

火を弱め、蓋をして10〜12分加熱する。

ココナッツミルクをくわえ、かき混ぜて、なめらかになるまでミキサーにかける。

コリアンダーとバジルをちらして出す。

サラダ・ロケット（キバナスズシロ）
Eruca vesicaria subsp. *sativa*

別名：ロケット、ルッコラ、アルガラ、イタリアン・クレス

種類：一年草

生育環境：耐寒性（寒い冬に耐える）

草丈：60〜80センチ

原産地：地中海、小アジア

歴史：ロケットはローマ人にとって身近なハーブで、彼らはそれをソースの風味づけに使ったり、酢漬けにしたりした。ロケットは媚薬であるとされたほか、しみやそばかすを消したり、人体寄生虫を撃退したりといった効能ももっていた。また、鞭打ちの後、痛みをやわらげるためにワインに入れて出された。

栽培：ロケットの生育には日照時間の短さが重要であるため、種まきは晩夏から初秋、あるいは早春が望ましい。必要に応じて間引きし、株間を23〜30センチとする。30〜40日後には収穫できる。

保存：葉は冷凍するか、酢に入れて保存できるが、生葉のほうがずっとおいしい。冬でも温暖な地域では、継続して生葉を収穫できる。商業的に、種子を圧搾してタラミラ油が作られる。

調理：ロケットの葉にはコールドビーフとラディッシュを合わせたような風味があるが、それをゴマのようなと表現する人もいる。葉が成熟するにつれ、苦みや辛みが増す。

　ロケットと新鮮なネクタリンの薄切りをオリーヴ油とバルサミコ酢であえ、これにナッツとリコッタもしくはペコリノチーズ、そして燻製肉をくわえる。パスタやピザ、リゾットにちらして出してもいい。夜になると香る淡黄色の花も、やはりゴマのような風味で、シャキシャキとした歯ごたえがあり、それだけでサラダになる。新鮮な種子莢はサヤエンドウのように食べることができ、種子も食べられる。

上：ロケットは短日植物なので、秋と春に収穫するには8月末と3月初めに種をまく。

上：ロケットの若葉はピザにたっぷりちらすとおいしい。ロケットには、温暖で乾燥した天気が続くと結実する習性がある。

栄養素

　ロケットは低カロリーのハーブで、ビタミンA、C、Kのすぐれた供給源である。銅や鉄といったミネラルも豊富で、少量ながらカルシウム、カリウム、マンガン、リンもふくまれている。最近の研究によれば、ロケットの種子には強力な抗酸化作用があり、腎臓の働きを助け、腎臓への酸化的損傷を防ぐ。

　寒さに強いアブラナ科のハーブで、春と秋にもっとも生長するサラダ・ロケットは、テューダー朝やステュアート朝時代の庭園では貴重な青葉だった。伝統的なフランスのプロヴァンス料理では、サラダ・ロケットがメスクラン（*mesclun*）——青葉のミックスサラダ——に野菜としてくわえられたほか、スープ用ハーブとしても使われた。イタリアのイスキア島では、ロケットの葉でルコリーノというリキュールが製造されている。これは古くからのレシピにもとづき、ロケットの葉を「ごくていねいに処理し」、さらに柑橘類や根類、各種ハーブで風味づけした酒である。ロケットはいまも世界中で栽培されている。

　耐寒性があり、簡単に育てられる一年草のロケットは、サラダ用ハーブとして専用の畑を確保し、よく耕された肥沃な土壌で自然播種させるだけの価値がある。初秋に種まきすれば、すぐに発芽し、冬に入ってからも収穫できる。その後、地上部は枯れるが、春になればふたたび生長し、花をつける。発芽した種子を単独で、あるいはフェンネルの種子と混ぜ、年間をとおして栽培してみよう。ただし、晩春や初夏の種まきはノミハムシの被害を受けがちで、葉が穴だらけになったり、薹立ちしやすくなったりする——要するに、努力が報われない。また、サラダ・ロケットは別属の白いウォール・ロケット（*Diplotaxis erucoides*）と似ているが、こちらはケータリングでよく使われるもので、混同してはならない。

料理ノート
ロケットのさまざまな風味

　ワイルド・ロケット（*Diplotaxis tenuifolia*）とサラダ・ロケットには、どちらも独特のゴマのような風味とピリッとした辛みがあるが、前者は鋸歯状の葉が特徴で、辛みも強い。

　市販の品種にはサラダ・ロケットが多く、「ペガサス」のように薹立ちが遅いものもある。「切れこみが魅力」と表現される新品種の「スカイロケット」は、サラダ・ロケットの生長力とワイルド・ロケットの風味を合わせもち、播種から25〜30日で収穫できる。「ジョーヴェ」や「シルヴェッタ」はワイルド・ロケットのおもな品種である。

サラダ・ロケット

エリンギウム（オオバコエンドロ）
Eryngium maritimum および *E. foetidum*

別名：エリンゴ、シー・ホリー、シー・ホーム、クラントロ、メキシカン・コリアンダー、ロング・コリアンダー、ノコギリ・コリアンダー。トリニダート・トバゴではシャド・ベニ（*shado beni*）、ドミニカではシャドロン・ベネ（*chadron benee*）、ハイチではクーラント（*coulante*）、プエルトリコではレカオ（*recao*）、ガイアナではフィット・ウィード、中国では假芫茜、ベトナムではゴー・ガイ、マレーシアではケタンバー・ジャワ

種類：短命多年草、二年草

生育環境：耐寒性（寒い冬に耐える）、亜熱帯性（加温ハウス）

草丈：30〜45センチ、60センチ

原産地：欧州、大陸性熱帯アメリカ、西インド諸島

歴史：エリンギウムの根の砂糖漬けは古くから媚薬とされ、息を甘く香らせるための糖菓が作られた。また、かつてのローマ植民市コルチェスターは、「牡蠣とエリンギウムの根」で知られた。グレート・ブリテン島沿岸の寒さにも負けないエリンギウムは、厳しさの象徴となった。

栄養素

フォエティダム種はカルシウム、鉄、カロチン、リボフラビンが豊富で、ビタミンA、B_2、B_1、Cのすぐれた供給源でもある。

栽培：マリティマム種（*E. maritimum*）は、砂利混じりの痩せた土もふくめて土壌を選ばないが、海洋性の環境でよく育つ。種子は新鮮なうちに冷床に秋まきする。灰色がかった青緑色の葉には棘状の鋸歯があり、建築物的な姿は庭園や観賞用菜園を魅力的に演出する。

保存：マリティマム種は2年目の根を乾燥させるか、砂糖漬けにする。フォエティダム種（*E. foetidum*）は葉を乾燥させる——本物のコリアンダーより風味が長もちする。

調理：マリティマム種の根を掘り上げ、皮をむき、髄をとりのぞいて、シロップで砂糖漬けにする（p.59を参照）。茎がすじっぽくなる前に若い茎で試してみよう。多くのハーブと同じく、その風味は繊細で、アスパラガスのような味がする。

フォエティダム種については、葉を地面に接した部分で切りとり、完全なロゼット（放射状に出ている根生葉）を収穫する。そうすることで新しい葉の生育もうながされる。葉はコリアンダーに似た風味をもち、代用品として使えるが、より辛みが強い。きざんでスープや麺類、カレーに入れてもいい。葉のハーブティーは消化を助ける——葉6枚をきざみ、熱湯をそそいで15分蒸らす。

スウェーデンの植物学者リンネは、エリンギウムの若い茎をアスパラガスのかわりとして食べることを勧めた。料理においては、古くからあるヨーロッパ原産のマリティマム種（*E. maritimum*）がその熱帯性の近縁種フォエティダム種（*E. foetidum*）にとって代わられた。後者はかつてカリブの医学で万能薬として広く用いられ、いまも

カリブ海料理に独特の風味をそえるハーブのひとつである。エリンギウムはやがて商人や旅行家によって東南アジアへ伝えられ、ベトナムやタイ、韓国で一般に広まった。タイ語名のパク・チー・ファラン（*pak chi farang*）は「外国のコリアンダー」という意味だ。西アフリカやインドでも広く栽培されている。

クラントロ（E. *foetidum*）は春まきの種子から育てる。発芽には約30日かかる。セル苗でも手に入るので（はじめるには最良の方法）、100

下：古くからの助言によれば、エリンギウムは深さ1.4メートルのところにある根にしか砂糖漬けにする価値はないという。だが、季節初めのごく若い茎にも調理する価値はある。

〜150センチ間隔で畝に植え、畝間も150センチとする。

クラントロは日陰で保湿力があり、有機質に富んだ砂質土壌に自生し、適切に灌漑がなされた土壌を好む。日なたでも育つが、日陰のほうがより大きくて緑の濃い葉をつけ、花がつくまでの期間も非常に長い。温暖な地域では温室か屋内——湿度の高いキッチンや浴室——で育て、短期間の栽培と考える。葉は開花前に収穫する。非熱帯地域では、盛夏に日が長くなると薹立ちする。

料理ノート
プエルトリコ風サルサ

トルティーヤチップスにぴったりのシンプルでスパイシーなサルサ。

下ごしらえ：15分
調理：10分
できあがり：4人分

- 油　大さじ1
- トマト　4個（薄切りにしてきざむ）
- ニンニク　4片（きざんで）
- タマネギ　1個
- レモン汁　小さじ1
- トウガラシ　2本（きざんで）
- エリンギウム　ひとつかみ（細かくきざんで）

トマト、ニンニク、タマネギを油で炒め、レモン汁とトウガラシをくわえて10分煮こむ。

よく混ぜあわせ、なめらかなペーストにする。

冷めたら、エリンギウムにかける。

エリンギウム　91

フェンネル（ウイキョウ）
Foeniculum vulgare

別名：スウィート・フェンネル、ソーンフ（インド料理に使われる種子）、ブロンズ・フェンネルは園芸品種の「プルプレウム」に由来。

種類：多年草

生育環境：耐寒性（寒い冬に耐える）

草丈：1.5メートル

原産地：地中海

歴史：ギリシア神話によれば、プロメテウスはフェンネルの茎に天の火を移して地上へ運んだ。古代ローマの剣闘士たちはフェンネルを食べて、体力と勇気を得た。ローマの作家ルキウス・ユニウス・モデラトゥス・コルメラが「脅しのフェンネル」とよんだのは、その成熟した茎がいたずらっ子たちを鞭打つときに使われたことによる。

栽培：温暖で日あたりがよく、水はけのよい土壌に秋まきする。定期的に収穫するには、苗を30〜35センチ間隔に間引き、羽根のような葉の生育をうながすために切り戻しを行なう。
　フェンネルは、ディルをはじめとする同じセリ科のハーブと交雑しやすく、互いの風味をそこねるので注意する。

保存：羽根のような葉は冷凍し、必要に応じてくずして使う。成熟した茎はオイル漬けにしてもよい（p.75を参照）。苗のなかで自然乾燥させた種子は、殺菌消毒した密閉容器に保存する。ガラム・マサラのレシピ（p.81）も参照。

調理：フェンネルはアニスによく似た風味をもつ。新鮮な若葉をサラダに入れれば、味も見た目もよくなる。ブロンズ・フェンネルの若葉は紫色のリーフレタスと相性がよく、アヴォカドの薄緑色ともコントラストが美しい。細かくきざんでサンドウィッチやマヨネーズに入れてもいい。フェンネルは成熟するにつれて茎が木質化するが、風味は強くなる。魚を焼くときに茎を身のなかに入れたり、鶏肉をローストするときに肉の下に敷いたりする。緑色のフェンネルは魅力的な黄色い散形花をつけ、爽やかなアニスの香りがする——レモンベースのプディングともよく合い、フルーツサラダにちらしてもいい。砂糖漬けにして、ケーキやプディングの飾りに使ってもいい（方法についてはp.59を参照）。

　フェンネルの種子は空腹をやわらげることで知られ、ローマ人は早くもこれを痩せ薬として利用した。キリスト教徒は断食の時期に種子をかみ、シェークスピアはそれをいつわりの象徴として比喩に用いた——いつわりというのは、ほんとうは食べて

上：すり鉢でフェンネルをつぶし、油分を抽出したり、ペーストを作ったりする。そうしてできたエキスは、きざんだものよりもずっと風味豊かである。

左：スウィート・フェンネルは、フローレンス・フェンネル（var. *azoricum*）と異なり、株もとが球根状に肥大しない。葉にも花にも種子にも、すばらしいアニスの風味がある。

「ハーブの冠——フェンネルはもっぱら魚向きのようだ。魚を焼くときにその葉を上に置いたり、アン・パピヨット（*en papillotte*）にした魚の切り身にそえたりしてもいい。フェンネルのソースをゆでたサーモンやサバといっしょに出してもいい。このハーブのピリッとした辛みが、魚肉の脂っこさを消してくれる」

『ヴォーグの現代料理法』（1947年）、ドリス・リットン・トイ

いないのに食べたように感じさせるからである。

　実際、もし間食したくなっても、フェンネルの種子をかむと、そのノンカロリーのおいしさに満足し、おやつを食べなくてすむ。

　フィノッキオーナ（*finocchiona*）は、フェンネルの種子で風味づけしたイタリアのサラミである。イギリスの作家で園芸家、日記作家のジョン・イーヴリンによれば、フェンネルは腸内のガスを排出させ、視力を高め、「脳を休養させる」。茎は魚を料理するときに使われ、その温かみのある風味が魚のひんやり感を中和した。

　スウィート・フェンネルとブロンズ・フェンネルは、より寒さに弱いフローレンス・フェンネルと区別されるべきで、後者は球根状にふくらんだ茎が食用にされる。長い茎に羽根のような葉をつける魅力的なスウィート・フェンネルは、ハーブ園よりもボーダー花壇に多年生ハーブといっしょに植えるといい。ブロンズ・フェンネルの若葉は、春の球根植物の引き立て役になる。夏、スウィート・フェンネルの輝くような黄色い散形花は、明るい緑色の葉を背景にして建築物的な印象をあたえる。一方、ブロンズ・フェンネルのほうは雑草

料理ノート
フェンネルの魚のフランベ

　この軽くてさっぱりとしたレシピは、スズキやヒメジ、サバを丸ごと使うのにぴったりだ。

下ごしらえ：5分
調理：7〜10分
できあがり：6人分

- 丸ごとの魚（はらわたを抜いて）
- 短めのフェンネルの茎　2〜3本
- フェンネルの柄　6〜8本（乾燥させたもの）
- アルマニャック　175ミリリットル

　魚の身のなかにフェンネルの茎を入れる。

　身に2、3か所の切れこみを入れる。

　魚に油を塗り、一度裏返しながら約7分、網焼きにする。

　フェンネルの柄をならべた耐火性の皿に焼き網をのせる。

　アルマニャックのグラスに火をつけ、炎が上がったものを魚にそそぐ。

　フェンネルにも火が移り、魚に風味がついて、すばらしい香りが出る。

のような感じで、散形花も地味である。フェンネルは自然播種ですぐに広がり、実生も容易に識別できるので、都合に合わせて植え替えるか、引き抜くかする。根づいた苗は春に掘り起こし、株分けして、移植できる。

スウィート・ウッドラフ（クルマバソウ）
Galium odoratum

別名：ワデローヴ、ウッド・ローヴァ、アワ・レディーズ・レース、スウィート・センテッド・ベッドストロー

種類：多年草

生育環境：耐寒性（寒い冬に耐える）

草丈：30〜45センチ

原産地：欧州、北アフリカ

歴史：ワデローヴ（*wuderove*）という古英語の別名は、「車輪」を意味するフランス語の*rovelle*に由来し、車輪のスポークを思わせる輪生の葉を示唆している。フランス語名のミュジ・ド・ボイズ（*muge-de-boys*）は「森のムスク」を意味し、そのみずみずしい草のような香りは、乾燥させるとさらに増す。

栽培：晩夏に新鮮な種子をまいて育てるのが最適。袋入りの種子を使う場合は、かならず層積貯蔵を行なう――すなわち冬の低温にさらす期間をもたせる（p.37を参照）。根づいた苗は春に株分けする。

保存：全草を乾燥させ、殺菌消毒した密閉容器に入れて保存する。

調理：苗の上から15センチを使う。葉をつぶすと、刈りとったばかりの干し草のような香りが出る。この芳香は乾燥させるとさらに強まる。生葉か乾燥葉を果物のジュースや白ワイン、あるいはポンチに2、3時間浸しておくと、甘くて爽やかな風味がつく。

　ドイツには春のお酒として伝統的なふたつのレシピがある。ひとつはマイボーレ（*Maibowle*、もしくは*Maitrank*）で、生か乾燥させた花つきのウッドラフを非発泡性白ワイン、できればプファルツ産の辛口ワインに浸す。コツは、風味の強さを確かめるために味見を欠かさないことで、これはウッドラフの香りが非常に移りやすいためだ。そのまま冷やし、同量の発泡性白ワインをつぎたして出す。アルコールをひかえめにしたい場合は炭酸水をくわえる。この飲み物は五月祭で夏の訪れを祝うために作られた。アメリカ版のレシピでは、オレンジやパイナップルの果汁をくわえ

下：スウィート・ウッドラフは開花時がもっとも香り高い。少し乾燥させてもいいが、浸す場合は短時間で。

る。もうひとつはヴァルトマイスター（Waldmeister）で、イチゴを入れた白ワイン、できればモーゼル産のワインに花つきの生のウッドラフを漬けて浸出する。後者は冷製スープにもアレンジできる。

ウッドラフには、クマリンとよばれる有益な結晶性化合物がふくまれている。これはメリロート（セイヨウエビラハギ）やトンカ豆にもみられ、ほかの植物の香りを定着させる働きがある。ウッドラフは、ハーブを集めて作るポプリに使われたり、伝統的にマットレスの中身に入れる「干し草」の一部として使われたりして、いまも非常に珍重されている。シーツや枕カバーに爽やかな香りをつけるため、乾燥させた茎は寝具といっしょに保存された。また、医療現場でも家庭でも、ウッドラフは不快な臭いを消す芳香剤として使われた。それは「しゃれた」嗅ぎ薬の材料でもあった。イギリスの植物学者でハーバリストのジョン・ジェラードは、ウッドラフを浸したワインが「人を陽気にし、心臓と肝臓の働きをよくする」としてこれを薦めた。ウッドラフの近縁種のレディーズ・ベッドストロー（G. verum）は、チーズの凝固や着色に使われた。これにもクマリンがふくまれている。

ウッドラフは半日陰でよく育つ。低木の根もとに植えれば、晩春には地面を覆う。その輪生の葉が重なりあうと、明るいエメラルドグリーンの下地が広がる。晩春から初夏にかけて、小さな白い星形の四弁花をつけ、花にもほのかな芳香がある。

ゆるんで湿り気のある腐植土で育てる。近縁種のヤエムグラと同じく、種子はすれ違う人や動物に付着することで散布される。もし繁茂しすぎた場合は、回転式草刈り機の設定を高くして刈りとってもよい。暑い夏が長く続くと、弱って枝枯れする。

スウィート・ウッドラフの香りと風味は、乾燥するとさらに増すため、収穫直後に漬けこむのは

スウィート・ウッドラフ——働き者の園芸植物

土壌が乾ききっていないかぎり、落葉低木や小さな木の陰に自生させるのが最適である。

低木が葉を落としても、星形の花が地面の明るいアクセントになり、葉も木々をひさしにして緑のマットになる。晩冬から花を咲かせるクロッカスやスノードロップのような球根植物の下に植えれば、それらが枝枯れしたときも、ウッドラフの美しい輪生の葉が地上部をうまく隠してくれる。

ウッドラフは白いチューリップといっしょに植えれば、その魅力的な引き立て役にもなる。

避ける。まずはその芳香——バラの香り、ヴァニラの香り、夏の香り、柑橘の香りなどさまざまに表現される——をすくなくとも数時間か一晩は室内で楽しもう。ウッドラフを使ったドイツの伝統的なカクテルは、半乾燥させた花つきの茎をシュナップスやウォッカに入れ、30分ほど浸してストレートで飲むという現代的なアレンジもできる。あるいはスウィート・ウッドラフを使って、透きとおるようなライムグリーンのウォッカゼリーを作ることもできる。ウッドラフを30分ほど熱いシロップに漬け、ゼラチンとウォッカをくわえれば、あとはふつうの大人向けゼリーの作り方と同じだ。フランスでは、半乾燥の花つきの茎が冷製スープや口なおしのソルベの風味づけに使われる。

ヒソップ
(ヤナギハッカ)
Hyssopus officinalis

別名：イソップ、エルブ・ド・ジョゼフ

種類：多年草

生育環境：耐寒性（平均的な冬に耐える）

草丈：45～60センチ

原産地：南ヨーロッパ

歴史：「聖なる草」を意味する*azob*として珍重されたヒソップは、神聖な場所の清めに用いられ、それについては旧約聖書にもいくつか記述がある──「ヒソプの枝でわたしの罪を払ってください。わたしが清くなるように」［詩編51章9節、新共同訳聖書］。ただ、聖書に登場する植物はじつはオレガノかマジョラムの一種（*Origanum syriacum*）だという見解もある。とはいえ、ヒソップの精油には殺菌効果があり、今でも香水生産に利用されている。

栽培：トマス・ヒルの『庭師の迷宮』（1577年）に記された栽培のアドバイスはいまでも通用する──「ヒソップは種子から育ててもいいし、株分けしてもいいし、挿し木をしてもいい」。彼はノット・ガーデンの生垣用ハーブとしてもこれを薦めた。水はけのよい土壌で、冬でも乾燥した日あたりのよい場所なら、耐寒性がさらに増す。種子は春に直まきする。

保存：茎つきのまま葉を自然乾燥させ（p.12を参照）、必要量をその都度使う。冷凍もできるが、ほぼ年間をとおして生葉を収穫できる。

調理：エルブ・ド・プロヴァンスを参照（p.138）。トマト料理はもちろん、樹脂を多くふくんだその香り豊かな葉は、豚肉や猪肉のローストやシチューにもよく合う。モモやアンズのシロップ漬けに入れて浸出し、冷やして出したり、タルトに入れたりしてもいい。花は料理の仕上げにちらしたり、混ぜたり、あるいはクレームフレッシュにそえたりしてもいい。花つきの小枝はハーブティーにも使われる。昔からヒソップを食べると体が温まり、風邪を引かないといわれていたが、最近のカナダの研究によれば、ヒソップはHIV患者にとって貴重な抗ウイルス剤になるという。

左：青い花をつける品種でも、白やピンクの花をつける品種でも、ヒソップの小枝や葉には樹脂の香りがする。ぶじに冬越しできるように、水はけのよい場所に植える。

「その葉はスパイシーな味がして、少し苦みのあるミントに似ている。ガスコーニュでは、冬用に保存される濃厚なトマトピューレの風味づけに用いるブーケ・ガルニにヒソップが使われる。葉のついた小枝は果物にかけるシュガーシロップにかぐわしい風味をもたらす」
『あるフランスのハーブ園からのレシピ（Recipes from a French Herb Garden）』（1989年）、ジェラルディン・ホルト

ローマ人はヒソップの野生種と園芸種、そしてその養蜂植物としての価値について記した。また、ヒソップとヘンルーダで風味づけした蜂蜜水でイチジクを煮た。ニガヨモギとミントをいっしょに混ぜたヒソップは、アブサンにその独特の緑色をあたえた。イギリスの植物学者でハーバリストのジョン・ジェラードは、ヒソップが打撲傷に効くとし、いまもそのように利用されている。

ヒソップの花は青であったり、白やピンクであったりするため、もし特定の色を望むなら、花が咲いている苗を買うこと。青花や白花をつける品種は一般に葉が細めで、小花が引きしまっている。一方、ピンク系や紫系の品種はより肉感的で、苗が株立ちに茂りやすい。冬に風でゆさぶられるのを防ぐため、晩秋に花穂を切り戻す。春には主茎のつけ根についたいちばん下の芽まで切り戻す。こうすることで株の徒長を防げる。ヒソップは短命の多年草だが、自然播種で容易に育つ。挿し穂は春か秋にとる。ラヴェンダーほど草姿は整っていないが、生垣には適したハーブである。ノット・ガーデンでは、形を保つために定期的な剪定を行なうが、花を咲かせてもいい。亜種のロック・ヒソップ（aristatus）は、青紫色の花をつけるコンパクトな品種で、縁どり向きの香りのよいハーブである。鉢植えでよく育ち、球型に刈りこむこともできる。

料理ノート
ハーブレード（*Herbelade*）

このレシピは17世紀風の「残り物料理」といった感じだが、残ったローストポークに風味をつけたおいしそうな一品だ。

下ごしらえ：15分
調理：45分
できあがり：8人分

- 残った豚肉　450グラム（細かくきざむ）
- ヒソップ、セージ、パセリ　大さじ3
- ナツメヤシの実　4つ（種をとってきざむ）
- レーズンとナッツ　大さじ2
- 松の実　大さじ2
- 卵黄　4個（軽く泡立てる）
- すり下ろしたショウガ　小さじ1
- 塩　小さじ1
- 上白糖　小さじ1
- サフラン　ひとつまみ
- ポークブイヨン　110ミリリットル
- 水　240ミリリットル

オーブンを200度に予熱する。

豚肉とハーブ類、水、ブイヨンを鍋に入れ、煮たたせ、15〜20分加熱する。

水気を飛ばし、冷ましてから、残りの材料を混ぜる。

パイ生地の型に流し入れ、45分焼く。

ブーケ・ガルニ──じっくりと風味をもたらすハーブ

　厳選されたブーケ・ガルニは、芸術的で調和のとれたフラワー・アレンジメントのようなものだ。花の質感や色調のかわりに、ブーケ・ガルニには香りのバランスと微妙な辛みを生かすセンスが必要とされる。基調となるのはローレルの葉で、生だとその風味はまろやかだが、乾燥させるとスモーキーさがくわわる。ブーケ・ガルニには入らないが、砕いたガーリックで深い土鍋をぬぐうと、風味にさらなる奥行がでる。

　使われるハーブはフィーヌ・ゼルブ（fines herbes）とは異なる。ブーケ・ガルニのハーブは木質系で、日光をたっぷり浴びて成熟したものでなければならない。これは時間をかけて煮こんだり、マリネにしたりするあいだにも風味が失われないためだ。摘みとったばかりの若い葉や花は、それぞれの新鮮な風味をそのまま楽しむものだが、ブーケ・ガルニのハーブは料理にじっくりと複合的な風味をもたらす。

　主要なハーブを重要度の順に紹介しよう。

ローレル（Laurus nobilis）──生か乾燥させたもので、葉だけを使う。

パセリ（Petroselenium crispum）──先端の葉の部分は切り落とし、茎だけを使う。葉は細かくきざみ、食卓へ出す直前に混ぜるか、飾りとして使う。パイ生地やダンプリング（ゆで団子）に入れてもいい。

右：ローレルの葉はブーケ・ガルニに欠かせない。冬、小枝を何本か収穫し、手近なところへ置いておく。

タイム（Thymus）──生か乾燥させたもので、小枝を2、3本使う。細かくきざんでパイ生地やダンプリング（ゆで団子）に入れてもいい。

オレガノもしくはマジョラム（Origanum）──生か乾燥させたもので、小枝を2、3本使う。季節によって風味が変わる。春から夏は茎と葉がまだ軟らかいので新鮮な香りがするが、秋に茎が固くなるとより芳醇な香りになる。葉はパイ生地やダンプリング（ゆで団子）に入れてもいい。

年中使えるブーケ・ガルニ

　料理によく使うハーブは、勝手口のそばで育てるのがもっとも便利で、冬場はとくに助かる。また、伝統的な美しいハーブ・ガーデンを造るには、ローレル、タイム、マジョラム、ローズマリー、フェンネル、そしてパセリが欠かせない。

ローレルはさまざまな形に剪定でき、隣家との境に常緑樹として植えることもできる。テラコッタの鉢でよく育つブッシュ・タイムは、庭にもキッチンにも手軽に運んで楽しめる。「アウレウム」という品種のゴールデン・マジョラム（Organum vulgare 'Aureum'）は、その明るい葉色がとくに春、小道の美しい縁どりになるばかりか、ボーダーのアクセントにもなる。ローズマリーは壁ぎわの常緑低木として剪定したり、生垣として刈りこんだりでき、冬のあいだに樹脂が増して風味がぐっと豊かになる。パセリは、鉢植えにすれば少量ながら夏中ずっと収穫できるが、肥沃な土壌で野菜といっしょに育てれば、ほぼ年間をとおして新鮮な葉が得られる。パセリは別として、これらのハーブはいずれも乾燥保存ができる。

　日が短くなってきたら、新鮮なハーブを収穫して束にし、いつでも使えるように台所の水差しに入れておこう。

料理ノート
食材に合ったブーケ・ガルニ

肉――ローレルの葉、パセリ、タイム、マジョラム

魚――ローレルの葉、パセリ、フェンネルの茎とレモンバーム、もしくはそのいずれか。

家禽――ローレルの葉、パセリ、レモン・タイム、マジョラム。あるいはローレルの葉、パセリ、フレンチ・タラゴン。鶏肉をローストする前に身のなかに入れる。

ジビエ――ローレルの葉、パセリ、ローズマリー、ジュニパー

プロヴァンス――ローレルの葉、パセリ、砕いたガーリック、オレンジの皮

冬のシチューや豆類のスープ――ローレルの葉、パセリ、ウィンター・セヴォリー。細かくきざんだパセリとセヴォリーの葉をダンプリング（ゆで団子）にくわえる。

左：平葉パセリの茎、ローレルの葉、香り豊かなタイムの小枝は、どんな料理にも合うブーケ・ガルニの基本の組みあわせである。

ブーケ・ガルニの結び方

　本来のやり方としては、選んだハーブをリーキの葉で包み、ひもで結ぶというのが正式で、その工程には約10分かかる（下を参照）。ただ、実用性を考えて、茎を無色の綿のひもで結ぶだけという方法もある（染料が流れ出るので着色されたひもは使わない）。——まさにブーケ・ガルニだ。生のハーブを大量に収穫した場合は、ハーブの束をいくつも作れるのでこちらのほうが便利である。しかも、鍋からブーケ・ガルニを取り出すときも簡単だ。ハーブを入れたまま料理を出してしまい、食べる人に小枝を取り出させたりすることのないように。すぐに使わない場合、ガルニは冷凍も可能で、短期間なら冷蔵庫で保存もできる。

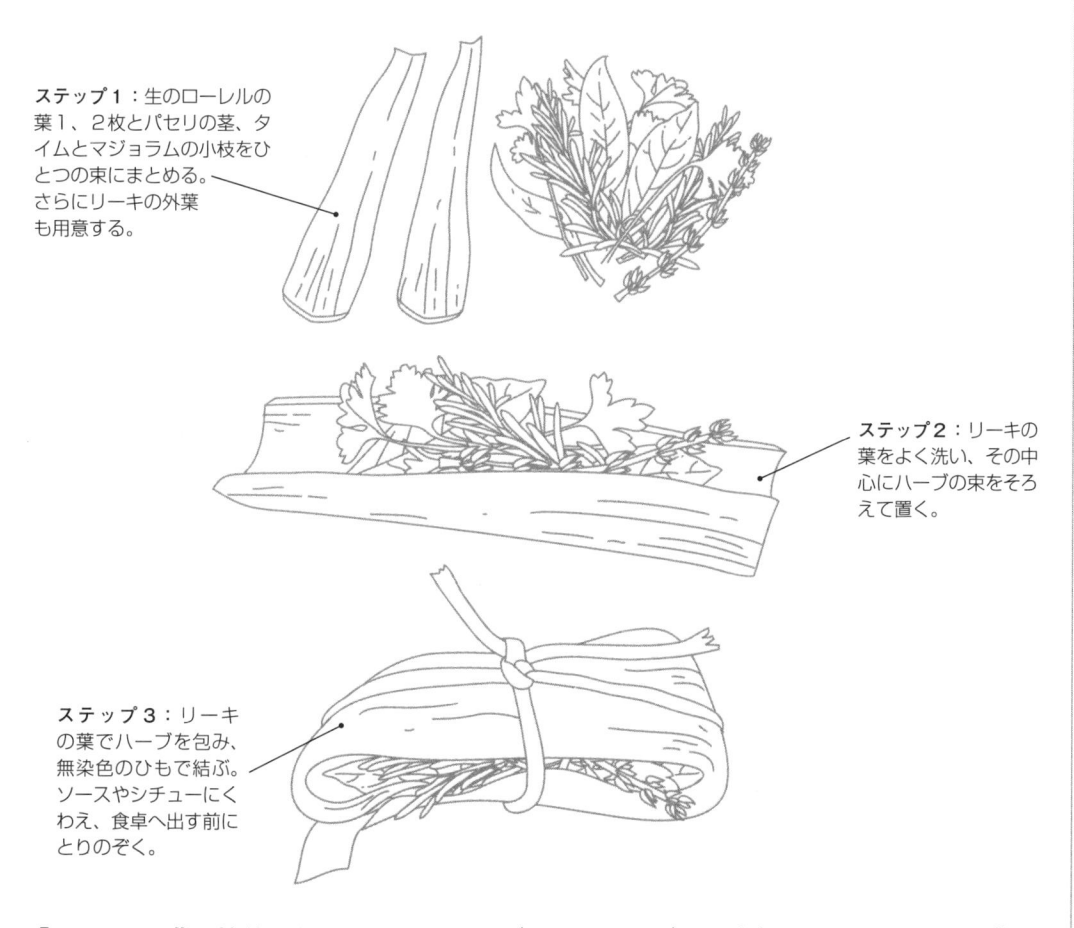

ステップ1：生のローレルの葉1、2枚とパセリの茎、タイムとマジョラムの小枝をひとつの束にまとめる。さらにリーキの外葉も用意する。

ステップ2：リーキの葉をよく洗い、その中心にハーブの束をそろえて置く。

ステップ3：リーキの葉でハーブを包み、無染色のひもで結ぶ。ソースやシチューにくわえ、食卓へ出す前にとりのぞく。

「ローレルの葉。料理にはローリエ・フラン（*laurier franc*）、つまりスウィート・ベイの葉だけが用いられ、しかもひんぱんに使用される。これはどのブーケ・ガルニにも欠かせないハーブで、煮こみ料理には必須の香味料である。ただ、使う量はひかえめにしなければならない。また、風味がよりまろやかになり、苦みが減るため、できれば乾燥させたものを使う」

『大料理事典』（1873年）、アレクサンドル・デュマ・ペール

ジュニパー
（セイヨウネズ）
Juniperus communis

上：ジュニパーで食べられるのは球果だけで、その独特の風味はジンや芳香剤を思わせる。球果は熟すまでに18か月かかる。

別名：バスタード・キラー、ホース・セーヴィング

種類：常緑低木

生育環境：強耐寒性（非常に寒い冬に耐える）

樹高：2～10メートル

原産地：ユーラシア

歴史：ウェルギリウスはジュニパーの木の芳香について記した——この香りはいまでも焚き火やバーベキューで楽しむことができる。昔のハーバリストはこれを解毒剤や疫病予防として珍重した。また、悪魔やエルフ、魔女といった悪の化身に対して強い力をもつとも信じられた。

栽培：一般的な品種は、春か秋に育苗トレーにまいた種子から育てる。繁殖は秋に挿挿し木で。

保存：球果を乾燥させ、密閉容器で最大2年間保存できる。

調理：ジンのような香りの球果を乾燥させて使う。ジビエに合うブーケ・ガルニを参照（p.100）。軽く砕いた球果を粗い舌触りの豚肉やジビエのテリーヌにくわえたり、野生のカモといっしょに料理したりする。

ジュニパーは「苦みのある」芳香性ハーブで、殺菌作用や利尿作用をもつとされる。それは消化を促進する一方で子宮を刺激するため、妊娠中の女性は少量でも口にしないこと。

ジンの原型に近いとされるオランダ産のジンの風味はジュニパーによるもので、その名前もフランス語のジュニエーヴル（*genièvre*）からジュネヴァ、そしてジンへと転訛したものである。フランス中央部や東部ばかりか、プロヴァンスやコルシカ島の山地でも容易に手に入るジュニパーの球果は、ジビエや豚肉、それに関連する詰めものやパテを料理するときに欠かせない香味料である。

ジュニパー（*J. communis*）には数多くの園芸品種があり、円柱型から枝垂れ型、匍匐性のものまで、さまざまな形状や習性をもつ品種が手に入る。また、土壌を選ばない。収穫の際は、枝から球果を地面のシートにふり落とすか、低木なら手で摘みとる。

右：ジュニパーにはあらゆる気候に適した多くの園芸品種がある。樹脂を多くふくんだ木は、燃やすとかぐわしい煙を出す。

「ジュニパーベリーが材料リストに登場すると、イギリス人はしばしば当惑する。というのも、これがジンの主要な香味料であることを考えると意外だからだ。そもそも、ジンという名前はジュニパーを意味するラテン語の*Ginepro*に由来し、ジュニパーベリーはかつてイギリスで、牛肉やハムの風味づけとして広く使われていた」

『フランスの郷土料理（French Provincial Cooking）』（1960年）、エリザベス・デーヴィッド

コンテナ――鉢植えのハーブ

コンテナ栽培の植物は、屋外であれ屋内であれ、季節や組みあわせ、容器のデザインによってさまざまな表情を見せてくれる。また、コンテナ栽培には長い歴史があり、ローマ人はテラコッタの鉢――現代のストロベリーポットに似たもの――を使って、ハーブなどの植物を帝国各地へ運んだ。古いアンフォラ（両手つきの大きな壺）を地面に置いたり、植木鉢として用いたりもした。これは現代の庭でアンティークの鉢を使うときの参考になる。

ほかにも、ヴェルサイユ・ボックスとして知られる羽目板張りのコンテナがある。これはもともとオレンジの木を植えるための箱だったが、由緒あるオランジェリーではマートルやローレルの木にも用いられた。羽目板は内部の鉢にとって断熱材の役割を果たすため、比較的大きな多年生ハーブを植えるのに向いている。なかに入れる鉢は、粘土製よりも軽量のプラスティック製のほうがいい。ぜひ鉢植えにした植物をウィンドーボックスに入れてこれを再現してみよう。ただし、土は鉢植え用の培養土を使うこと。

釉薬をかけたテラコッタの鉢もハーブには最適である。多孔質であるため、極端な暑さや寒さ、乾きや湿気に対して、釉薬をかけていない鉢よりも影響を受けにくく、霜でひび割れることも少ない。たいていの場合、プラスティック製の鉢は断熱性にとぼしいので避けたほうがいい。ハーブは鉢植えにしてテラスや窓辺に置い

左：庭の塀につるしたこのハンギング・バスケットに描かれているのは、ペチュニア（*Petunia*）・サフィニアのピンク・ヴェイン・「サントソル」（サフィニア・シリーズ）の薄紫色の花である。パセリやマジョラム、ウッドラフのようなハーブをこんなふうに植えてみよう。

てもいいし、ハンギング・バスケットやプランターで育ててもいい。

バルコニーや室内など、かぎられた空間を有効に使いたいなら、セラミックのスカイプランターはどうだろう。これは植物を逆さまに栽培できるように特殊な貯水ポットが組みこまれたプランターで、文字どおり、空からぶら下がっているようにみえる。このスカイプランターはフェンネルをはじめ、ミントやパセリ、センテッド・ゼラニウムにお薦めだ。ただし、フェンネルは大きくなりすぎるので、一年草として育てる。

鉢についてのアドバイス

大きな鉢はたいてい高価なので、大切に扱いたいものだ。なかでもイタリアン・テラス社の鉢は最高である。一方、多孔質の保護シートを使えば、根づいた苗を別の鉢に移すときも、生育をさまたげることなく、より簡単に取り出す

ことができる。また、昔ながらのアドバイスとして、鉢の底には水はけをよくするために底石をつめる。ただし、鉢植え用の培養土は水はけがいいのでこのかぎりではない。保護シートを使えば、底石と培養土が混ざらずにすむ。

ストロベリーポットにかんしては、できるだけ大きなものを買うこと。ほとんどのハーブは鉢の本体上部で育ち、サイドポケットに向いているのはパセリか、葉の細かいバジル、矮性のタイムかスミレくらいである。上部に何を植えるかにもよるが、下にサフランを植えてもいい——ただし、その葉は食べないこと。

もし冬が厳しい地域で鉢を屋外へ置いておかなければならない場合は、気泡シートで包むか（見苦しいが効果的）、地中に埋めるかして、鉢を保護する。

最初から大きな鉢に植えれば、毎年の植え替えも必要ない。春に表面の土だけを削りとり、新しい培養土をくわえればいい。

保湿については、鉢の表面に砂利か石、貝殻でマルチングをほどこす。培養土にも十分な潤いが必要なので、水やりを忘れないことが基本だが、毎日少量の水をやってもすぐに蒸発してしまうので、それよりは土がずぶ濡れになるくらいのほうがずっと効果的だ。

祝祭シーズンには、鉢植えのローレルやジュニパー、マートルやローズマリーをクリスマスツリーのように飾りつけしてもいい。

保護シートを押さえ、水分の蒸発を防ぐため、表面層を砂利や貝殻、バークでマルチングする。

保護シートは鉢の縁まで巻く。

根の周辺には専用の培養土を使う。

底石は水はけをよくする。

上：スカイプランターはかなり斬新なアイディアだが、明るいキッチンでハーブを育てるには最適である。天井から逆さまにつり下げられたハーブに手を伸ばすという、まったく新しい発想だ。

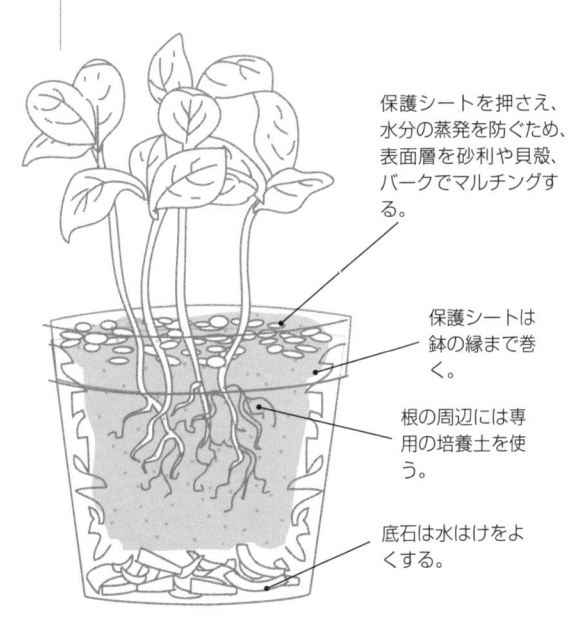

上：観賞用の鉢に多年生のハーブ苗を植えるときは、多孔質の保護シートを使うと、培養土が底石と混ざらない。別の鉢に移すときも、苗や鉢を傷つけることなく取り出せる。

105

ローレル
(ゲッケイジュ)
Laurus nobilis

別名：スウィート・ベイ、ベイ、トゥルー・ローレル

種類：常緑樹

生育環境：耐寒性(平均的な冬に耐える)

樹高：3〜15メートル

原産地：南ヨーロッパ

歴史：ローレルはローマ帝国全土に伝えられ、それから何世紀ものち、開拓者たちによって南北アメリカやオーストラリアへ伝えられた。

栽培：寒冷な地域では、朝日があたらない場所に植える。半日陰にも耐える。

保存：葉は年間を通じて生を収穫できる。あるいは何本かを枝ごと乾燥させ、ほこりのない場所で保存し、必要に応じて葉を使う。

調理：ブーケ・ガルニに欠かせないハーブであり、夏は軟らかい若葉をきざんでクリームチーズに入れてもいい。乾燥させた葉には繊細でスモーキーな風味があり、キャセロールなど、じっくり時間をかけた料理に向いている。生葉はより芳香が強く、ベシャメルソースや香味の効いたソース、あるいは甘いカスタードに入れると味わいが増す。新鮮なパテやテリーヌにくわえれば、まろやかな風味をもたらし、飾りにもなる。

上：ローレルの葉は丸ごとソースに入れてもいいし(食卓へ出す前にとりのぞく)、細かくすりつぶしてスープやブイヨンに入れてもいい。

ローレルの起源はギリシア神話にある。アポロ神は、妖精ダフネへの愛にとりつかれ、下心をいだいて彼女を追いかけた。ダフネが父親の河の神ペネイオスに助けを求めると、ペネイオスは娘の姿をローレルの木に変えた。アポロは枝葉となった彼女の腕を抱きしめ、それを名誉の冠としてかぶることを誓った。これがローマの勝利と平和のシンボルとなり、歴史を通じて建築物や彫像、花冠、そして桂冠詩人のような称号に反映されてきた。また、ローレルは多くの料理に用いられるうえ、ケーキを焼くときに葉を下に敷いたり、ゾウムシ除けとして乾燥イチジクの包装に使われたりもした。消化不良や鼓腸をやわらげるともいわれる。

ローレルは木として育てることもでき、大きな鉢に植えて刈りこむこともできる。ローレルで円錐型やピラミッド型のトピアリーを作る場合、枝葉が幹に残されていると耐寒性が増す。風雨を避けられる場所に鉢を動かせるなら、「ロリポップ

（棒つきキャンディー）」型に剪定することもできる。まっすぐに伸びた主茎を見定めたら、それを丈夫な幹として育てるため、必要に応じて支柱をほどこし、少しずつ側枝を切り落とす。あるいは、若くてしなやかな茎を支柱に巻きつけ、らせん状の幹に仕立てることもできる。春か秋に剪定して形を整える。寒さの厳しい冬には地上部が枯れることもある——この場合、根もとからふたたび新芽が出てくることも多いので、引き抜くまですくなくとも3か月は待ってみる。ローレルは雌雄異株で、雌株は香りのよい黄色い小花をつける。雌雄両方の株を植えれば、温暖な地域では生育可能な種子が形成される。黄金色の葉をもつ「アウレア」という品種は、日あたりのよい場所を好み、野生種より寒さに強い。

上：アントニオ・ポライウォーロによるアポロとダフネの絵。園芸学的に正確に描かれており、ローレルに姿を変えようとするダフネをアポロが必死に捕まえようとしている。ダフネの両腕はローレルのごく自然な形状を表現している。

料理ノート
ハーブ・チーズ

このレシピはイギリスの料理ライター、エリザベス・デーヴィッドによる1955年のものにもとづいている。彼女は自家製ミルクチーズを使うことを提案しているが、現代ではリコッタで代用できる。黒パンといっしょにめしあがれ。

下ごしらえ：10分
できあがり：6人分

- リコッタチーズ　250グラム入りのカップ
- 生のレモン・タイム　大さじ5（きざんで）
- 生のスウィート・マジョラム　大さじ5（きざんで）
- 生のローレルの葉　1枚（きざんで）
- 塩、コショウ

リコッタにレモン・タイムとスウィート・マジョラムをかき混ぜながら入れ、ローレルの葉をくわえる。

塩、コショウで味を調える。

チーズを皿にのせ、ハーブの風味がチーズに浸透するまで数時間置いてから、食卓へ出す。

ローレル　107

トピアリー——さまざまな刈りこみ方

上：エルヴァーソン城、「アルハンブラ庭園」のトピアリーを描いた多色石版刷り。エドワード・アドヴィーノ・ブルック（1821-1910）による「イギリスの庭園（The Gardens of England）」より。

　本書にしばしば登場する大プリニウスの甥の小プリニウスは、植物を紋章などのユニークな形に刈りこむ者のことをトピアルス（*topiarus*）とよんだ。トピアリーは空間に合わせて大きさを調整し、ガーデナーの好みに応じて地味にも奇抜にもできる。

　多年生ハーブの花壇では、常緑のトピアリーの形式美がフレームとなり、主役の植物を引き立てる。その形状は単独のものであったり、1本、2本、3本と続くロリポップ（棒つきキャンディー）型のものであったり、太い幹の先端を球型に刈りこんだものであったりする。さまざまな型を組みあわせれば、庭におちついた調和や適度なユーモアが生まれる——見張り番を思わせる円錐型、ピラミッド型、らせん型、ウエディングケーキ型、日本風の雲型、あるいは、クジャク型やリス型などもある。ラヴェンダーは生垣にするよりも、「グロッソ」のような大きめの品種を鉢植えにし、それを球型や円錐型に剪定して、花を咲かせるといい。実際、こうした形状のトピアリーを美しいコンテナに入れておけば、玄関からすぐにハーブを摘みとれるばかりか、ひとつの印象的なシーンを作り出すことができる。

スタンダード仕立てのトピアリー

通常のトピアリーは1本の幹を中心に形が整えられる。幹は太いものでなければならず、まず軸となるまっすぐな茎を見定め、少しずつ側枝を刈りこんでいく。側枝には幹に栄養を送り、これを強化する役目がある一方、幹には健康な苗を支える役目があり、幹が丈夫なら支柱をほどこす必要もない。苗がいったん根づいたら、幹から出ている新芽はすべて摘みとる。しなやかな若い茎の場合、支柱に巻きつけ、らせん状の幹に仕立てることもできる。

軸となる幹から太めの茎や枝を切り落とす必要がある場合は、幹に平行に切るのではなく、ブランチ・カラーとよばれる枝のつけ根のふくらんだ部分を切ること。これはトピアリーが生長するにつれて消失する。枝の剪定については、どの芽もそれぞれ違った角度で枝についているようにする。新しい枝をどの方向へ伸ばしたいかを考え、その芽のところまで切り戻す。切り口は水はけがいいように斜めにする。

均等な生育をめざす

バランスのとれた形に育てるには、土質、水やり、栄養、日あたりなど、その苗の栽培に必要なものをきちんと補ってやる必要がある。小さなコンテナ入りのトピアリーなら、均一に日光があたるように定期的に向きを変えることもできる。

剪定の時期

枝葉のみのトピアリーの場合、剪定は春のなかばと秋のなかばに行なう。美しい形を保つためには追加の剪定が必要になることもあるが、それは収穫をかねて行なえばいい。ラヴェンダーのような花つきのトピアリーの場合、見頃が終わったら剪定する。生育が再開する前の早春にあらためて強剪定を行なってもいいが、それぞれの苗の状態を見て対応すること。

上：左からラヴェンダー、ローレル、ローズマリー。いずれも球型に仕立てるのに向いている。ローレルはロリポップ型に仕立てることもでき、ローズマリーの枝葉は雲型に刈りこんでもいい。

フレーム仕立てのトピアリー

トピアリーの骨格となるフレームにはたくさんの種類があり、フレームがあるとトピアリーの形成がずっと簡単になる。ハーブに好きな形のフレームをかぶせ、そのなかで育つようにすれば、あとは余分な枝葉を剪定するだけでいい。

冬場のケア

見苦しいかもしれないが、冬は球型やロリポップ型のトピアリーの露出した幹を気泡シートで包み、冬越しを助けてやる。コンテナで育てている場合は、コンテナごと包めば、根を守れるばかりか、コンテナ自体の保護にもなる。雪は美しい飾りのようにもみえるが、重さでトピアリーを傷めるおそれがあるので、降り積もった雪ははらい落とすこと。

ラヴェンダー
Lavandula angustifolia

別名：イングリッシュ・ラヴェンダー、トゥルー・ラヴェンダー──オールドイングリッシュ系（Lavandula angustifolia）には、さまざまな大きさや花色をもつ園芸品種が無数にある。「ハイドコート」や「ハイドコート・ピンク」、「マンステッド」などが有名。

種類：常緑低木

生育環境：耐寒性（平均的な冬に耐える）

草丈：50〜100センチ

原産地：大西洋諸島、地中海

歴史：ギリシア人はラヴェンダーがシリアの都市ナールダから伝えられたとして、ナルドと名づけたが、しばしばスパイクナード（カンショウ）とよばれる別の植物と混同された。エジプト人はラヴェンダーをミイラの防腐処理や香水に用いた。属名の*Lavandula*は、「洗う」を意味するラテン語の*lavare*に由来する。ラヴェンダーの精油は洗濯物の香りづけだけでなく、虫除けにもなる。

栽培：ラヴェンダーは種子から育てられるが、種類によっては不可能な場合もある。種子は春、土壌に直まきするか、育苗トレーにまき、30〜50センチ間隔に間引くか移植する。あるいは専門の苗木店から有名品種の苗を買う。

保存：ラヴェンダーの葉と花は乾燥保存に適している。砂糖に入れて乾燥させるか（囲み記事を参照）、金属製の密閉容器に入れて保存するか、瓶づめにして冷暗所に置く。頭花はオイルやヴィネガーに漬けてもいい（p.74-5を参照）。

調理：葉はラム肉をガーリックとともに料理するとき、ローズマリーの代用品になる。葉と花はどちらもアイスクリームやソルベ、ビスケットに入れて使う。細かくきざんでマジパンのお菓子にくわえてもいい。花は香り高い風味をあたえてくれる。ラヴェンダーの花のハーブティーは、頭痛や不眠、歯茎のトラブルをやわらげるとされる。

左：ここに描かれているイングリッシュ・ラヴェンダー（*L. angustifolia*）は、スパイク・ラヴェンダー（*L. latifolia*）との交配によってラヴァンディン系（*L. × intermedia*）とよばれる品種を生んだ。これは「プロヴァンス・ラヴェンダー」としても知られ、プロヴァンスの丘を紫色の海に変える。うっとりするような芳香は地元料理に欠かせないもので、ブドウの木々にも染みこむ。

ローマ人はラヴェンダーをトコジラミ除けに利用した。イングリッシュ・ラヴェンダーは17世紀に商業向けに開発されはじめ、それと同時に植物がアメリカへ運ばれるようになると、現地でクエーカー教徒によってラヴェンダーなどのハーブの栽培がはじまった。イギリスのロマン派詩人ジョン・キーツは、ラヴェンダーの香りと青い花を、清潔なシーツに包まれた深い眠りの喜びによって表現した──「そして姫はなおもラヴェンダーの移り香のある、柔らかい、純白のリネンに包まれ、空いろの瞼を閉じて、深く眠っていた」［『キーツ全詩集 第2巻』、出口保夫訳、白鳳社］。昔の作家たちは、ラヴェンダーがハチを引きよせ、芳香を放つばかりか、庭の観賞植物にもなるとしてその美点をたたえた。一方、蒸留液や精油、コンフィットのための伝統的な製法は、いずれも薬としての利用を目的としていた。料理にかんする記録として、ナポレオンは最初の妻ジョセフィーヌのところへ行く前に、よくコーヒーとホットチョコレートにラヴェンダー・シュガーで甘みをつけたカクテルを飲んだという。アングスティフォリア系（$L.\ angustifolia$）は、かつて$L.\ vera$や$L.\ officinalis$といった古い学名でも知られたが、

上：挿し絵画家ウォルター・クレーンが、シェークスピアの『冬物語』に登場する王女パーディタにちなんで描いたラヴェンダーの絵。かぐわしいラヴェンダーの花をケーキやプディングに飾ると、それだけでドラマティックな印象になる。

料理ノート
ラヴェンダー・シュガー

ラヴェンダーの香りをつけた砂糖を使えば、プディングに手軽に芳香をそえられる。

下ごしらえ：5分＋なじませるのに1〜2週間
できあがり：ガラス瓶に280グラム

- ラヴェンダーの頭花　55グラム
- 上白糖　225グラム（＋つぎたし用）

ラヴェンダーの頭花を砂糖と混ぜる。

乾いたガラス瓶を用意し、花と砂糖を交互に重ねて入れる。

蓋をしっかり閉め、暖かい部屋（直射日光は避けて）に1〜2週間置き、ときどき瓶をゆする。

使う前に砂糖をふるいにかける。頭花は瓶に戻し、新しい砂糖をつぎたす。

料理ノート
ラヴェンダーのさまざまな品種

下に紹介したラヴェンダーの葉や花は、香りも風味も料理に向いている。

アングスティフォリア系（*L. angustifolia*）――伝統的な灰緑色の葉茎に鮮やかなブルーの花をつける。葉は冬が温暖な地域では常緑、茎と花は香り豊かで、120センチまで生長。

「アルバ」――灰白色の葉と白い花をつける小ぶりなラヴェンダー。優しい香りだが、寒さに弱い。60センチ×60センチに生長。

「ブルーアイス」――綿毛に覆われた萼片から薄紫色の小花がのぞき、霜がかかったように見える。ホワイト・ガーデンやナイト・ガーデンに最適。60センチ×75センチに生長。

「エリザベス」――濃紫色の小花は、ときに「ロイヤルブルー」と表現されることもある紺青色で、非常に香りがよい。丈夫な茎には晩夏に銀色がかった常緑の枝葉がつく。生垣向きで、標本としてもよく、円錐型に刈りこんでもいい。45センチ×60センチに生長。

「ハイドコート・ジャイアント」――深い紫色の花をつけ、その名が示すように、本来のコンパクトな「ハイドコート」より背が高い。また、改良種とされる「ハイドコート・スペリアー」は1メートル×1メートル以上に生長する。木質化させないようにこまめな剪定が必要。

「ロッドン・ピンク」――優しいピンク色の花をつけ、45センチまで生長。日照りに強く、生垣向き。30～40センチ間隔で植える。1950年代に紹介された。

「マンステッド」――1902年に紹介され、その名は作庭家ガートルード・ジェキルのマンステッド・ウッドの庭にちなむ。彼女は20世紀初め、香りの強いバラやラヴェンダーで大量のポプリを作った。大きな青紫色の花は小さな葉と対照的で、花はラヴェンダー・シュガーに最適。60センチ×60センチに生長。

ラヴァンディン系（*L. × intermedia*）「グロッソ」――ファットバッド・フレンチラヴェンダーともよばれ、球状に茂る習性をもち、大西洋の両側で人気。花後と春に剪定して形を整える。花穂が非常にふっくらとしていて、葉も花も香りがよい。トピアリーやスポット植え、コンテナに向く。45～75センチ×45～75センチに生長。

ラヴァンディン系（*L. × intermedia*）「シール」――昔ながらの細長い上品なラヴェンダー。丈夫で長い茎に香りのよい淡色の花をつける。標本に最適で、箱植えや鉢植えにしてもいい。90センチ×90センチに生長。

いずれもオールドイングリッシュ・ラヴェンダーとよばれるほうが一般的だ。精油や花は石けんや鞄、香水の香りづけに使われる。

地中海の丘陵を原産地とするラヴェンダーは、日あたりのよい場所と、水はけのよい石灰質の土壌を好む。イギリスでは、降雨量の少ないノーフォークがこうした要件に合うようで、ラヴェンダーの商業栽培に成功している。しかし、ラヴェンダーは夏の蒸し暑さや冬の極端な寒さ、あるいは冬の湿気を好まないため、地域によっては栽培がむずかしい。

アングスティフォリア系（L. angustifolia）は料理に最適な品種だが、日あたりのよい場所で低い生垣や小道の縁どりとして育てることもできる。より観賞的な種もたくさんあるが、それらは芳香性に欠け、食用にも向かない。もし特定の品種を確保したい場合は、天挿しか踵挿しで増やせば、よく根づく――前者は初夏に、後者は初秋に行なう。株は花がしおれはじめたら軽く剪定し、早春に再度切り戻す。ただし、ラヴェンダーは裸の茎からは容易に新芽を出さないので、古い木質部まで刈りこまないように注意する。また、ラヴェンダーは大気汚染にも耐えるが、汚染された地域で育った苗の葉や花は食べる前によく洗うこと。ラヴェンダーとバラをいっしょに育てると、伝統的なイングリッシュ・ガーデンを思わせる。

右：アングスティフォリア系は、非常に香りのよい伝統的なラヴェンダーで、多くの園芸品種の原種である。夏にぴったりの爽やかな風味の葉は、バーベキューの肉やビスケットにくわえてもいい。

ラヴェンダー畑

1946年から1989年まで、ディーサイド・ラヴェンダーは世界最北のラヴェンダー畑として名をはせた。それはスコットランド北東部のバンコリーに広がる2エーカー（約8000平方メートル）の土地で、アンドルー・インクスターによって開拓された。インクスターは薬学者であり、企業家でもあった。ディーサイド――アバディーンシャーのディー川の近く――の軽い砂質土壌がラヴェンダー栽培に向いていると考えた彼は、おそらく夏が非常に長いことと関連して、ほかの抽出業者に量ではおよばないものの、質的にはよりすぐれたラヴェンダー油を生み出した。

全盛期には、年間2万5000人を超える観光客がおしよせ、プロヴァンスのラヴェンダー畑を思わせるスコットランドの紫の畑を歩いた。ケンブリッジ大学植物園では、英国ナショナル・コレクション・オヴ・ラヴェンダーが開かれるが、その元園長のティム・アプソンとスザイン・アンドルーズは、『ラヴァンデュラ属（The Genus Lavandula）』という分類学の本のなかで、バンコリー固有の園芸品種を紹介した。それはインクスターによって商業的に開発されたものだった。2001年、とくに耐寒性にすぐれたバンコリー産のラヴェンダーが、インクスターの昔の家にちなんでラヴァンデュラ・「トラムホー」と名づけられた。

ラヴェンダー　113

ラヴィッジ
Levisticum officinale

別名：ラヴ・パセリ、シー・パセリ

種類：多年草

生育環境：耐寒性（非常に寒い冬に耐える）

草丈：60～120センチ

原産地：地中海

歴史：ローマ人は強い風味を好んだことから、セロリに似たラヴィッジは香味野菜として広く親しまれた。ハトなどの小さな鳥のソースに使われた。ラヴィッジはカール大帝の「御料地令」（紀元872年）にも薬草として登場し、おそらくその根が薬として用いられた。

栽培：種子から栽培できるラヴィッジは、晩夏に苗から熟した種を採取してまくのが望ましい。最低でも30センチ間隔で育てる。より風味のいい新芽の生育をうながすため、定期的に切り戻す。

保存：種子は乾燥させて風味づけに使う。柄はアンジェリカのように砂糖漬けにする。

調理：若葉はグリーンサラダに絶妙な「辛み」をもたらし、その強い風味が単独で味わえる。茎はスープやキャセロールにセロリのような独特の風味をそえる——若い苗ほど香りがよく、繊細な風味が出る。古い茎は空洞化するので、ブラッディー・メアリーのようなカクテルに天然のストローとして使うこともできる。種子は香りのいいビスケットやパンにくわえてもいいし、すりつぶして塩のかわりにしたり、セロリ・ソルトとして使ったりしてもいい。ラヴィッジの種子大さじ2をブランデー250ミリリットルに30日間浸せば、クレオール風のラタフィアのコーディアルが作れる。浸出液を濾し、好みでシュガーシロップやシナモン、レモン汁をくわえる。ホットでもアイスでも飲める。3年目以降は根を掘り上げ、加熱したり、生をすり下ろしたりして使う。ラヴィッジは口臭予防になるともいわれる。

左：ラヴィッジはセロリに似た強い風味をもつ耐寒性のグリーンハーブである。その習性から、アンジェリカやスウィート・シスリーと相性がいい。

「ラヴィッジは道端や家の軒下でよく育ち、日陰でも繁茂するが、とくに水の流れの近くを好む。これは生育中に細長い茎を出す」

『庭師の迷宮』(1577年)、トマス・ヒル

あるローマのレシピには、蜂蜜、ナツメヤシ、トウガラシ、ラヴィッジ、コリアンダー、キャラウェイ、きざんだタマネギ、ミント、卵黄、酢、甘口ワイン、油をいっしょにすりつぶすように記されていた——種子もいっしょにすりつぶされた。中世では、ラヴィッジの種子が媚薬の材料とされ、それがラヴ・パセリという別名の由来になったと思われる。イギリスとヨーロッパの各地では、エールやコーディアル、自家製ワイン、さらには薬草風呂や消臭剤として古くから利用されてきた。ラヴィッジは初期の入植者によってアメリカへもちこまれた最初のハーブのひとつで、いまもヴァージニア州モンティチェロにあるトマス・ジェファーソンの家に自生している（p.49のフレンチ・タラゴンの囲み記事を参照）。1775年、偉大な辞典編纂者のサミュエル・ジョンソン博士はリューマチに苦しみ、同じくその処方薬にも悩まされていたが、彼はそれを毎回「約125ccのラヴィッジの根の浸出液とともに」胃に流しこんだ。そして「イギリスの博物学者ジョン・レイの『命名法（Nomenclature）』によれば、ラヴィッジはレヴィスティクム属である。植物学者ならこのラテン語名を知っているかもしれない」と記した。ラヴィッジは獣医学において、子牛の下剤や羊の咳止めにも使われた。

寒さに強く、ほとんどどこででも育つ旺盛なラヴィッジだが、日あたりのよい場所と肥沃で湿潤な土壌を好む。湿った場所でラヴィッジを育てると、セロリに似た強い風味がやわらぎ、葉に美しい光沢が出る。アンジェリカやスウィート・シス

上：ラヴィッジはこまめな切り戻しによって新芽の生育をうながすことがいちばんだが、開花を許せば結実する。

リーとも相性がいい。一方、頭花はぼんやりとした黄色で、飾りには向かず、食用にも向かないが、益虫を引きよせる。

より寒さに強いスコッチ・ラヴィッジ（*L. scoticum*）は、スコットランドとスカンディナヴィアの沿岸地域にみられ、かつては岩場から採集され、野菜として生で食べたり、ゆでて食べたりされた。壊血病予防として船乗りに食されることもあった。イギリスの近縁種と異なり、風味が粗雑なため、いまはよりすぐれたほかの品種のほうが人気がある。なお、アンジェリカによく似たブラック・ラヴィッジもしくはアレグザンダーズ（*Smyrnium olusatrum*）と混同しないこと。

ラヴィッジ 115

レモンバーム
(セイヨウヤマハッカ)
Melissa officinalis

別名：スウィート・バーム、バーム・ミント、ハニー・プラント、ブルー・バーム

種類：多年草

生育環境：耐寒性（非常に寒い冬に耐える）

草丈：30〜80センチ

原産地：地中海

歴史：レモンバームは2000年以上前から栽培されてきた。属名の*Melissa*は「ミツバチ」を意味するギリシア語に由来し、両者は古くから密接な関係にある。かつては群がるミツバチをおちつかせるため、葉で巣箱の内側をぬぐった。

栽培：種子を春まきするが、苗も簡単に手に入る。どこででも旺盛に育つ——庭の無法者とよばれることも多い——うえ、自然播種で驚くほど広がるため、なるべく花柄は摘みとる。

保存：もっともレモンの香りが強い開花前に若葉を収穫して乾燥させ、ハーブティーに用いる。葉はヴィネガーやオイルに入れて保存してもいい（p.74-5を参照）。レモンバームのワインにもぜひ挑戦してみよう。これは冬に柑橘の風味を楽しむための伝統的な方法だ。

調理：春、若葉をサラダに入れるとレモンの香りが引き立ち、冷製の鶏肉料理にくわえてもおいしい。レモンバームの小枝をローレルの葉とともに魚の身のなかに入れて焼いてもいい。新鮮な若葉をつぶし、大きなジャグに入れれば香りつきの水が作れる。同じようにしてワインを作ることもできる。かつてはその葉が有毒獣の咬み傷に効くと信じられていた。鎮静効果のあるハーブティーは外用すればヘルペスに効き、カモミールのようなほかのハーブやお茶とブレンドしてもいい。

左：レモンバームの若葉はサラダや料理に最適で、その風味は開花時か開花前がもっとも強い。

バームは蜂蜜の甘みを意味する「バルサム」の転訛である。イギリスの園芸家ジョン・イーヴリンの言葉が下に引用されているが、これとまったく同じ内容がローマ時代以降の草本誌にも記されており、現代の研究でもレモンバームには抗鬱作用があることが証明されている。レモンバームは、中世のカルメル会修道院で作られていたカルメル水（Eau de Melisse de Carmes）のおもな材料でもあり、それにはレモンの皮やナツメグ、アンジェリカの根もふくまれていた。ルネサンス期の庭園では、ノット（結び目花壇）の内側のクッション・ハーブとして使われ、15世紀末にはフランスのブロワ城のようなパルテール庭園でも使われた。やがてレモンバームは入植者たちによって北米にも伝えられたが、孤独と不慣れな気候に直面した彼らにとって、レモンバームはその憂鬱をやわらげてくれる貴重なハーブだった。第3代アメリカ大統領のトマス・ジェファーソンは、のちにヴァージニア州モンティチェロの自宅でレモンバームを栽培した。

ハーブ研究家のモード・グリーヴ夫人は著書『モダン・ハーバル（A Modern Herbal)』（1931年）のなかで、レモンバームのお茶を毎日飲んで長生きした人々の事例をあげている——116歳まで生きたシデナムのジョン・ハッセーや、108歳で亡くなったグラモーガン公ルウェリンなど。

今日、レモンバームは園芸植物として世界中で栽培されている一方、医薬品や化粧品、家具用艶出し剤などの製造のために大量に商業栽培もされている。もっと身近なところでいえば、庭や室内の木製家具などの表面を葉でぬぐうと、レモンの香りが楽しめるほか、ハエ除けや蚊除けにもなる。レモンバームは定期的な剪定によって美しい球型に仕立てることもでき、同時に若葉も収穫できる。強剪定は秋に行なう。鉢植えの場合は、健康でみずみずしい苗にするため、毎年、株分けや切り戻しを行なう。地植えでも3年から5年ごとに同じようにし、掘り上げて株分けしたら、木質化した中心部や根は処分する。小さな白い花は、成熟させればハチを引きよせるが、結実する前に切り戻す。

レモンの香りがもっとも強い園芸品種は、ほぼまちがいなく「シトロネラ」である。「ゴールド・リーフ」や「オール・ゴールド」といった黄金葉の品種は、「アウレア」のような斑入りの黄金葉品種と同じく、とくに日陰のコーナーを魅力的に飾ってくれる。「コンパクタ」は縁どりや鉢植え向きの小ぶりな品種である。

栄養素

レモンバームにはビタミンCとビタミンB_1がふくまれている。研究によれば、葉にふくまれるタンニンに抗ウイルス作用がある。レモンバームにはオイゲノールもふくまれており、これは筋肉の痙攣を鎮め、組織を麻痺させ、細菌を死滅させる働きをもつ。

「心臓を強め、気分を高揚させ、脳を活発にし、記憶力を高め、さらには憂鬱も追いはらう。軟らかい葉はほかのハーブとともにサラダの構成に使われる。摘みたての小枝は、夏の暑い時期にワインなどの飲み物に入れると、驚くほど爽やかな風味が出る。このすぐれた植物は、カウスリップの花で作ったワインと同じく、ほかにはないワインを生み出す」

『アケタリア——サラダ論』（1699年）、ジョン・イーヴリン

ミント（ハッカ）
Mentha

種類：多年草

生育環境：耐寒性（非常に寒い冬に耐える）

草丈：30〜90センチ

原産地：ユーラシア、アフリカ

歴史：伝説によれば、ある日、美しい妖精メンテが冥界の神プルートの目にとまった。プルートの嫉妬深い妻ペルセポネは夫の関心をそらすため、すぐさま行動を起こした。彼女はメンテを捕まえ、冥界の入り口の湿地に自生する香草に姿を変えた。

栽培：ミントはまさに庭の無法者として分類される。湿り気のある肥沃な土壌なら、区画を越えてどんどん広がる。しかし、ミントは料理に欠かせない貴重なハーブでもあるため、適切な条件において単独で育てるか、1年おきに掘り上げ、新しい根まで切り戻し、植えなおす。鉢植えにする場合は、十分に大きな鉢を選び、縁のすぐ下まで土で覆う。

保存：根を何本か鉢に上げ、冬でも新鮮な葉が摘めるように温室か室内の窓辺に置く。葉は開花前に乾燥させるか冷凍する。花穂はミント・ヴィネガーに使う（p.74を参照）。

調理：ミントの小枝は、消化を助けるハーブティーなどの冷たい飲み物のジャグに入れたり、新ジャガイモといっしょにゆでたりする。爽やかなミントソルベの香りづけに使ってもいい（p.184を参照）。細かくきざんだ生のミントは夏の冷製ピースープの風味を引き立て、栄養たっぷりのハムと乾燥エンドウのスープに香りのコントラストをもたらす。辛いカレーの口なおしとして定番のライタ（*Raita*）は、キュウリとミント、ヨーグルトを組みあわせたインド風サラダである。煮こんだブラックカラントにミントをくわえれば、果実の風味を魔法のように高める隠し味になる。新鮮なオレンジの薄切りサラダにちらしたり、冷たいチョコレートムースやアイスクリームにそえてもいい。

左：ミントは地上部のすべての部分を利用できる。新鮮な若葉をサラダやヨーグルトに入れたり、つぶした茎を煎じたり、ヴィネガーに漬けたりするのが定番だ。

料理ノート
ミントのさまざまな品種

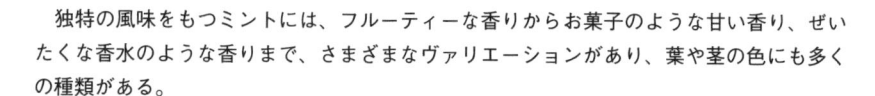

独特の風味をもつミントには、フルーティーな香りからお菓子のような甘い香り、ぜいたくな香水のような香りまで、さまざまなヴァリエーションがあり、葉や茎の色にも多くの種類がある。

オーストラリアン・ミント（*M. australis*）——オーストラリア原産のミントで、強いペパーミントの香りをもつ。かつて先住民によってお茶に使われ、入植者たちはこれをヨーロッパ品種のかわりに使った。

ジンジャー・ミント（*M. × gracilis*）——レッド・ミントともよばれ、赤みがかった茎と葉に甘い香りがあり、ソルベに最適。黄色い斑入りの「ヴァリエガータ」種もある。

ペパーミント（*M. × piperita*）——消化を助けるペパーミントは紫がかった葉をもち、そこからペパーミント油が抽出される。

チョコレート・ミント（*M. × piperita* 'Chocolate'）——甘い香りをもつ葉は、日あたりがよく、保湿力のある土壌でまさに光り輝く。鹿除けになるともいわれる。

オーデコロン・ミント（*M. × piperita f. citrata aka*）——レモン・ミントやベルガモット・ミントともよばれる。名前が示すように、この品種は非常に香り豊かで、ソルベやインド風デザートにぴったりである。

レッドラリピラ・ミント（*M. × smithiana*）——魅力的な紫がかった卵形の葉は甘い香りがする。ハーブティーやソルベ向き。サラダに入れても美しい。

スペアミント（*M. spicata*）——正式には*M. viridis*とされ、昔ながらのミントソースに使われる。先のとがった鮮やかな緑色の葉をもつ。「クリスパ」という品種はより装飾的で、同じくソースやサラダに使える。

アップル・ミント（*M. suaveolens*）——葉が毛に覆われており、その名が示すように、ハッカとリンゴを合わせたようなフルーティーな風味をもつ。ミントソースには好まれるが、毛深いのでサラダには向かない。「ヴァリエガータ」種は縁に白い斑が入っている。

「『おまえは彼らがほんとうにミントをラム肉といっしょに食べるというのか』とわたしの父は言った。わたしはそうだと答え、しかもおいしいと言った。彼は考えこんだように頭を横にふり、『なんというおかしな国だ』と言った」
『わたしとわたしのふたつの国（Myself, My Two Countries）』（1936年）、X・マルセル・ブールスタン

ミントは湿った土壌の半日陰でよく育つ。ローマの詩人ププリウス・オウィディウスはミントを「もてなしのハーブ」とよんだが、それは温かいお茶や冷たい水に爽やかな清涼感をもたらすミントにぴったりの表現である。これにくわえて、ローマ人はミントが知性を高め、知識欲を刺激すると信じていた。聖書のなかにも、ミントとアニス、クミンの「十分の一」がファリサイ派の人々によって献納されたという記述がある。ラム肉にかけるイギリスのミントソースから、北アフリカのペパーミント・ティー、ベトナムのミントサラダまで、ミントはその風味を料理に合わせて自在に変化させることができるようだ。

料理にはもう使われていないが、食事の際の虫除けに最適なミントがふたつある——網戸などがない屋内や屋外で美食を楽しむ場合、虫除けは非常に重要なポイントだ。古いレシピによく登場し、毒性をもつペニーロイヤル・ミント（*M. pulegium*）は、強い堕胎作用で知られるうえ、ほかにも禁忌があり、その圧倒的なペパーミントの香りが逆に食材の風味をそこなってしまう。しかし、その強い香りは虫除けとして役立ち、ハエはこのミントがつぶされた区域には近づかない。葉を何枚か摘みとり、それでテーブルを拭くか、茎を軽くつぶして水差しに入れ、料理のそばに置くだけでもいい。ペニーロイヤルは日陰の湿った場所を好み、短命だが強健で、丈も高くならず、紫がかった緑色の葉に美しい藤色の花をつける。一方、葉の細かいコルシカン・ミント（*M. requienii*）は、敷石のすきまや継ぎ目に根づき、小さな薄紫色の花をちりばめた緑の「モルタル」を形成する。ペニーロイヤルと同じく日陰を好み、日なたではまず茂らないが、強いペパーミントの香りを放つ。

左と上：ピエール・フランソワ・ルドゥールクスによる1790年頃のミントの水彩画。ミントには膨大な数の種類がある——ペパーミント、スペアミント、アップル・ミント、オーデコロン・ミントは、それぞれ料理や飲み物の風味に微妙なアクセントをもたらす。

ベルガモット
(タイマツバナ)
Monarda didyma

別名：ビー・バーム、モナルダ、オスウィーゴ・ティー

種類：多年草

生育環境：耐寒性（平均的な冬に耐える）

草丈：60～150センチ

原産地：北米

歴史：英語名は葉の性質と関係があり、アールグレー・ティーの風味づけにその果皮が使われるベルガモット・オレンジのような香りをもつ。1744年、アメリカの植物学者ジョン・バートラムはオスウィーゴ湖のそばに自生しているベルガモットを見つけて記録した。彼が種子をロンドンに住む商人フィリップ・コリンソンへ送ると、その鮮やかな赤い花はまたたくまに人気の園芸植物となった。

栽培：多年草の品種は冷床に春まきし、手で扱えるほどの大きさになったら移植する。根づいた苗は秋に株分けする。ベルガモットはほとんど土壌を選ばないが、日なたを好む。マルチングをほどこし、有機肥料や園芸用培養土を混ぜて耕した土なら保水力が増すため、いっそうよく育つ。3年ごとに株分けする。

保存：葉と花を乾燥させ、ほこりと日光が入らない乾燥した場所で保存する。

上：ベルガモットは飲み物の風味づけに最適である——温かいお茶や冷たい水、ミルクやポンチなど。その香りは名前の由来となったベルガモット・オレンジを思わせる。

調理：生か乾燥させた花に熱湯をそそげば、深紅色のオスウィーゴ・ティーが作れる。あるいは花をシロップに浸し、赤い果物にかける。温めた牛乳を葉にそそいで5分置き、濾して飲んでもいい。葉はジビエやヤギをふくめた肉料理にかぐわしい香味をくわえる。優しい香りのレモン・ベルガモット（*M. citriodora*）はハーブティーにしてもよく、フルーツサラダにちらして香りをつけるのもいい。

「［オネイダのインド人女性たちは］その花をていねいにバスケットに集め、保存している。彼女たちはそれをお茶という形で利用し、オ・ジー・チェ——燃えるように赤い植物——とよぶ」

フィラデルフィアのベンジャミン・スミス・バートン教授（1807年）（ジョーン・パリー・ダットン『コロニアル・ウィリアムズバーグの植物（Plants of Colonial Williamsburg）』［1979年］より）

左：ベルガモットから作られるオスウィーゴ・ティーは、北米ではとくにボストン茶会事件として知られる1773年の暴動の後、紅茶に代わって人気が高まった。

1571年、ニコラス・モナルデス（1493-1588）ははじめて北米の薬草誌を出版した。その長いタイトルは1577年の英訳版で『新世界からの嬉しい便り（Joyfull Newes out of the New-Founde World)』と短縮された。ジョン・バートラムはカール・フォン・リンネとも交流があり、リンネはモナルデスの貢献をモナルダ（*Monarda*）という属名を作ることによって高く評価した。オスウィーゴ・ティーという別名は、それがアメリカ先住民と入植者の両方によってお茶として用いられたことに由来する。オスウィーゴ・ティーの人気が高まったのは、1773年、「ボストン茶会事件」として、アメリカがイギリスに非暴力的抗議を行なってからのことだった。作庭家のガートルード・ジェキルは、ベルガモットの赤花品種を夏のハーブのボーダー花壇に彩りとして群生させることを勧めた。

寒さに弱い一年草のレモン・ベルガモット（*M. citriodora*）（ときにレモン・ミントともよばれる）は春に直まきする。砂質土壌を好み、淡緑色の葉に優しい紫色の花と白っぽい苞葉をつける。また、とくにハチやチョウを引きよせる。ベルガモットの葉はうどん粉病にかかりやすいため、土壌の湿り気を保ち、十分に腐敗した有機物でマルチングすることで、苗にストレスをあたえないようにする。品種によってはほかより抵抗力が強いものもある。ワイルド・ベルガモット（*M. fistulosa*）は生育範囲がずっと広く、アメリカの多くのガーデナーにとって貴重な品種である。ミントのような葉をもつオレガノ・デ・ラ・シエラ（*M. fistulosa* var. *menthifolia*）は、その名が示すように、オレガノに似た強い風味をもち、アメリカ南西部のシェフたちに人気である。灰緑色の葉に薄紫色の花をつける。

料理ノート
ベルガモットは目のごちそう

ベルガモットの風味はどの品種でもほぼ一定だが、その花色の幅広さは料理の彩りとして多くの選択肢をあたえてくれる。イギリスのモナルダのナショナル・コレクションには87の園芸品種があり、欧米の業者によるものもふくまれている。

赤系──「アダム」は香りのよい葉に赤い花をつけ、耐乾性にすぐれている。草丈90センチに生長。

「ケンブリッジ・スカーレット」は信頼できる古くからの品種。

「ファイアーボール」は濃緑色の香りのよい葉に深紅の球形の花をつける。35センチ×60センチとコンパクト。

「ジェーコブ・クライン」は大ぶりで印象的な赤い花をつけ、花期が長い。香りのよい葉はうどん粉病にとくに強い。二番花を咲かせるには、初夏に摘心か切り戻しを行なう。草丈120センチに生長。

ピンク・紫系──人気品種の「ビューティー・オヴ・コバム」は淡いピンク色の花をつけ、「クロフトウェー・ピンク」はより花色が濃い。

「ブラオシュトルンプフ」もしくは「ブルー・ストッキング」は、香りのよい葉に赤みがかった濃い藤色や紫色の花をつける。草丈150センチに生長。

「パープル・ルースター」はアメリカの園芸品種で、うどん粉病に強く、鮮やかな葉に大きな紫色の花をつける。草丈90センチに生長。

白系──「シュネーヴィットヒェン」もしくは「スノー・メイデン」は、緑色の苞葉に白い房状の花が輪のようにつき、花期が長い。

スウィート・シスリー
Myrrhis odorata

別名：スウィート・チャーヴィル、ミルラ、スウィート・ハムリック、スウィート・ブラッケン、スウィート・ファーン

種類：多年草

生育環境：耐寒性（非常に寒い冬に耐える）

草丈：60センチ〜1.2メートル

原産地：欧州

歴史：属名の*Myrrhis*は、聖書に出てくるミルラ（没薬）（*Commiphora myrrha*）を意味するギリシア語に由来する。ローマの作家コルメラはそれが喜びや満足をもたらすと書いた。彼はこれをカエロフィルム（*Chaerophyllum*）と名づけ、あの根チャーヴィルと同じ部類に入れたが、「喜びをあたえる葉」を意味するその名はまさにぴったりだ。以来、ニンジンの仲間に属してきた。

栽培：スウィート・シスリーは新鮮な種子から発芽させるのがいちばんで、いったん根づくと毎年、自然に種子を落として育つ。袋入りの種子を使う場合は、かならず層積貯蔵を行なう——すなわち冬の低温にさらす期間をもたせる（p.37を参照）。腐植質に富んだ湿った土壌を好むが、砂利地でも自然播種で広がる。株間は60センチで。

　もし独特のアニスの香りがなければ、それはドクゼリかドクニンジンの苗かもしれない。どちらも有毒なので口にしてはならない——これらの苗は軍手をして引き抜くこと。

上：生長した葉は天然の甘味料として、とくにルバーブといっしょに使用できるが、茎は食卓へ出す前にとりのぞく。

保存：茎を冷凍し、ルバーブや果物のタルトに天然の甘味料としてくわえる。種子を乾燥させ、煮こんだフルーツやカスタードに入れてもいい。

調理：生長した葉には綿毛があるので、サラダには小さめの若葉を使う。みずみずしいアニスの香りをもつ緑色の種子もサラダに使えるが、小さな青虫のようにも見えるので、食べる人を驚かせないように注意する。葉はしだいに乾いてすじっぽくなるため、若葉が出たらすぐに食べる。若い根は掘り上げ、軟らかくなるまでゆで、きざんでサラダに入れる。生長した葉は飾りに使えるので、マヨネーズベースのサラダと鶏肉、魚、ジャガイモ、あるいは淡いグリーンのオリーヴ油をたらした前菜の皿にちらす。若い茎はきざんでルバーブやグーズベリー（スグリ）といっしょに煮こむと、酸味が中和される。

「それはオランダの人々のあいだで、ウォーマスとよばれる濃厚な粥の一種に使われる。スウィート・チャーヴィルの葉は、アニシードの風味をもち、ほかのサラダ向きハーブのなかでもとくにすばらしく、健康的で好ましい」

『本草書、または一般植物誌』（1633年）、
ジョン・ジェラード

スウィート・シスリーは昔からすべての部分が食され、それはいまも変わらない。アニスの風味は葉でも、ゆでた根でも、新鮮な種子でも味わうことができる。上に引用されたジョン・ジェラードは、その新鮮な種子が「冷えて弱った胃によく効く」としてこれをたたえた。根は蛇や犬の咬み傷に対する消毒薬として用いられた。

白い散形花は、土壌が乾ききらないかぎり、庭の日陰を明るく照らしてくれる。スウィート・シスリーにはもうひとつの特徴があり、ときどき漂白されたかのような白い葉がみられる。イギリスのヨークシャーに残る伝説によれば、これは「白い貴婦人」という幽霊にふれられたからだという。スウィート・シスリーはアンジェリカやラヴィッジとほとんど同じ生育条件を好み、保湿力のある土壌では、そのさまざまな草丈や葉の形が互いを引き立てあう。シダのような繊細な葉と乳白色の散形花は、植えはじめのボーダー花壇を魅力的に飾ってくれるが、どの植物も1メートル四方のスペースは必要なので注意する。また、若い苗は容易に識別できるので、不適切な場所に生えている場合は引き抜いて食用にする。花後に切り戻すと、晩夏にふたたび生長して初霜の時期まで葉を茂らせるので、秋から初冬にかけてサラダにくわえてもいい。

栄養素

この甘いアニスの風味をもつハーブは消化を助け、果物を甘くするのに必要な砂糖の量を減らせることから、肥満にも役立つ。グラウンド・エルダーと同じく、スウィート・シスリーは痛風をやわらげるともいわれる。

上：スウィート・シスリーは全草にはっきりとしたアニスの芳香がある。種子は庭仕事の際のおやつにもなる。

スウィート・シスリー 125

季節のハーブ──旬を味わう

　お気に入りのハーブがはじめて旬の季節を迎えるとき、ガーデナーならだれでも期待に胸をふくらませる。ただ、新鮮なハーブが年中スーパーで手軽に買えるとあっては、そんな楽しみもちょっぴりそこなわれるかもしれない。一方、本書に登場するハーブのなかには、その地味な印象から、あまりおいしくなさそうとの評判をもつものもある。だが、そうしたハーブにもささやかな旬の季節はあるもので、そのときこそ彼らの本来の味が楽しめる。おいしくなさそうといった評判は、しばしばそのハーブが「賞味期限」をとっくにすぎてから使われたことによる不当なものなのだ。

　本書にはジョン・イーヴリンの『アケタリア──サラダ論』（1699年）からの引用がいくつもあるが、それは彼が、ほんの1、2週間でいかにサラダの味が変わるかということをよく理解していたからだ。ハーブの収穫に慣れた人なら、日光や雪、雨や日照りといった天候の要因がいかに重要で、それがハーブの旬を早めたり、遅らせたりすることを知っている。イーヴリンの原書はインターネットで手に入る。やや独断的ながらも人を引きつけるこの本は、いま読んでもじつに興味深く、勉強になる。彼がこの本を書いたのは、新鮮な葉の風味やその使い方にかんする緻密な観察が、人の命をつなぐため、そして知的な刺激を得るために非常に重要だった時代である。

　ほとんどの多年生ハーブの風味は季節によって変化する。原則として、香りがもっともよくなるのは開花時であり、多くの場合、それは精油量が最大になる夏の数か月間である。ただ、もし料理に使うには旬をすぎてしまったとしても、身近な場所に植えれば、目や鼻でそのハーブを楽しむことができる。

春

　春はハーブを料理に使うにはもっとも重要な季節である。若葉が萌えるのを目にし、ビタミンたっぷりの新鮮なハーブをふたたび摘みに出られたとき、わたしたちの祖先がどれほど安堵したかを想像してみよう。

　アスパラガスは昔からぜいたくな野菜だったため、エリンギウムの若い茎など手軽に収穫できる代用品が使われ、人々はそれがすじっぽくなる前に味わった。本書で最初に登場するグラウンド・エルダーは、緑の葉が出てから茎に花がつくまでが旬である。盛りの時期のグラウンド・エルダーは、強健で体によいハーブとしてホウレンソウのかわりになり、開花が近づいてもその風味がそこなわれない一方、強力な下剤にもなる。これとほとんど同じことが、副作用を除いて、グッド・キング・ヘンリーにもいえる──つまり、どちらも若葉以外は収穫するなということだ。

右：ジョン・イーヴリンのサラダ論は、本書よりもはるかに多くのハーブを網羅している。彼の論説は、ひとりの熱心な美食家による実体験からにじみ出たものだ。

「どの家の家長にとっても、ハーブはまず料理に使い、それから薬に使うことが目的だった。やがて、ハーブが必要になるたびに、あてもなく森や草地、山を探すより、それを手近なところに置くほうが便利だと考えられるようになった。大地がこうした野生のぜいたく品を自然に提供することをやめ、栽培が必要になったとき、ハーブを育てるための独立した囲い地が生まれた」

『近代の園芸について（On Modern Gardening）』（1770年）、ホレス・ウォルポール

サラダ・バーネットの繊細な葉をサラダに入れて楽しめるのは、春に葉が出てから最初の２、３週間だけだ。それは微妙な風味をもち、ほかの青葉のなかにあっても可愛らしい。フランシス・ベーコンはサラダ・バーネットをハーブ・ガーデンの縁どりに薦めた。しかし、ひと月もしないうちに、その葉は乾いて紙のようになるため、こうなるとワインカップ（ワインをベースに香料などをくわえたポンチのような飲み物）にしか使えない。

ネトルは何度か切り戻して収穫できるが、最初に出た葉茎の風味は二度目のものとは比較にならないほどおいしい。いまでもそうだが、ネトルのスープは昔から春の強壮剤として知られる。そして春もなかばになったら、スウィート・ウッドラフでお祝いする。その密集した花は、浸出液やワインカップにかぐわしい風味をそえてくれる。

夏

寒さに弱いレモン・ヴァーベナの葉は、夏にもっともその柑橘の香りが強くなる。苗を気軽にふれられる場所に置いておけば、葉を摘みとってお茶に使ったり、手にこすりつけたりできる。アンジェリカの茎は、すじっぽくなる前の初夏に収穫して砂糖漬けにする。サラダに向くのはごく若い葉だけで、暑さと乾燥が増すにつれてまずくなる。ラヴィッジの若葉と茎は春から夏にかけてセロリの強い風味を楽しめるが、

上：ネトルの葉が料理に使うには旬をすぎたことは、すぐにわかる。古い葉で作ったスープは美しい緑色ではなく、地味な茶色になるからだ。

その後は乾燥して苦みが出る。湿った土壌で育てれば、こまめな切り戻しによって軟らかい若茎が何度も出てくる。オラーチェの紫色や緑色の若葉を収穫しそこねた場合は、そのまま飾りとして使えばいい。

上：サフランはもっとも可愛らしいハーブのひとつである。サフラン糸を生み出す花は秋に咲き、葉もそれと同時か、その直後に出る。

ビートン夫人はこう助言した——「7月から9月末までは、ハーブを冬に向けて保存するのに最適な時期である」。『ビートン夫人の家政読本』でハーブの乾燥について書かれた第445番の項目は、当時と同様、今日でも通用する内容だ——ハーブはかならず乾燥した日に採集すること。ヴィクトリア朝時代の厳格さをもって、彼女はこう記している——「こうした小さな事柄にこそ注意をはらう必要がある。というのも、些事の積み重ねが完璧につながるからだ。適切に乾燥させたハーブは、霜や雪の降る季節にそのありがたさを実感させる」。これはつまり、新鮮なハーブほど風味豊かなものはないという彼女の見解であり、これには料理人のだれもが同意するはずだ。

秋

　サラダ・ロケットの葉が旬を迎えるのは日が短くなる頃なので、収穫期が9月から4月か5月までになるように種まきする。真冬は手に入る量が減るか、まったくなくなる。サフランが開花し、黄金色の糸を生み出すのは秋である。伝統的に、イギリスのホースラディッシュは旬を迎える10月か11月に掘り上げられ、砂中で保存されたり、酢漬けにされたりした。エルダーの花は、成熟させるとビタミンCをたっぷりふくんだ実をつけるので、ヴィネガーにくわえたり、シロップを作ったり、芳醇なポートワインのように醸造したりする。ローズヒップはいくらか収穫してジャムやシロップを作り、残りは彩りとしてそのまま置いておく。

冬

　ローレルやローズマリーのような常緑のハーブはありがたい存在だ。枝が雪の重さで折れたりしないように注意しよう。その一方で、雪は多くのハーブにとって毛布のような保温の役割も果たしてくれる。マートルの実は冬の初めまで枝についている。ベルガモット（*Monarda*）の白花品種「シュネーヴィットヒェン」もしくは「スノー・メイデン」は、冬には開花こそしないものの、残されたまっすぐな茎が霜に縁どられて建築物のように見え、太陽があたると優しい芳香を放つ。このほか、バードックやフェンネル、マジョラムの花をつけた細長い茎も、霜に縁どられ、冬の庭に趣と立体感をもたらす。

マートル
（ギンバイカ）
Myrtus communis

別名：スウィート・マートル

種類：常緑低木

生育環境：耐寒性
（平均的な冬に耐える）

樹高：２〜３メートル

右：マートルはオールスパイスの木と近縁で、その黒い実は代用品として使える一方、花と葉はスパイシーな香りを放つテーブルの飾りにもなる。

原産地：地中海、北アフリカ

歴史：伝説によれば、アダムとイヴは楽園を追放されたとき、神から３つの植物をもち出すことを許された。彼らは小麦、ナツメヤシ、そしてその芳香からマートル（ミルト）を選んだ。古代ギリシア・ローマの時代から、マートルは平和や愛、不滅の命と結びつけられてきた。

栽培：マートルの苗は霜が終わった後の春に植えつける。水はけのよい、中性からアルカリ性の適度に肥沃な土壌と、日あたりのよい、風などを避けられる場所を好む。新鮮なマートルの種子を秋に直まきしてもいい。最終的に高さ2.5メートルに生長する。

保存：実を収穫して乾燥させ、殺菌消毒した密閉容器に入れて保存する。

調理：葉はバーベキューなどの肉に軽く香味をつけるのに使える。甘くスパイシーな香りの黒い果実は、生か乾燥させたものをジビエといっしょに使う。イタリア南部のサルデーニャ島やコルシカ島では、ミルト・ロッソとよばれる暗赤色のかぐわしいリキュールが作られている。これよりさっぱりとしたミルト・ビアンコというリキュールには、葉が使われる。自家製ミルトは、マートルの実をつぶしてガラス瓶に入れ、ウォッカをそそいで半年置き、濾して飲む。

　神々の酒ネクタルと神々の食べ物アンブロシアをあたえられて育ったアポロの息子アリスタイオスは、マートルの精霊から養蜂やチーズ作り、野生のオリーヴの結実法といった役立つ技術や秘法を教わった。マートルの黒い果実はローマ人によって香辛料として珍重され、アピキウスのレシピにもたびたび登場する。マートル（*Myrtus*）は、同じフトモモ科のオールスパイス

（*Pimenta dioica*）と近縁であるため、オールスパイスの実がより風味の強い代用品として使われる。言い伝えによれば、1585年、イギリスの探検家ウォルター・ローリーとフランシス・ケアリーがスペインからオレンジの木とともにマートルをあらためて紹介した。ローレルと同じく、その常緑の葉と適度な樹高は、オランジェリーのなかやその周辺に箱植えされたオレンジの木とよくつりあった。また、キノット（*Citrus myrtifolia*）とよばれる果樹もマートルに似た葉をもち、小さな果実をつける。花をつけたマートルの小枝は女性らしさを象徴し、幸福の到来を告げるものとして、花嫁のブーケにも使われた。ヴィクトリア女王の結婚式で使われたブーケの挿し木で根づいたマートルの木は、いまもワイト島のオズボーン・ハウスで生きている。

より寒冷な地域では、マートルは朝日のあたらない南向きか西向きの面に植える。そうすることで、早朝の日光で霜が急速に解けることによる悪影響を防げる。乾燥した風や冷たい風もマートルの葉を傷め、茶色いしみや胴枯れ病の原因となる。晩春か秋にとった半木質化した挿し穂（半熟枝挿し）でよく根づく。そのまま十分な根系を形成させ、春に移植する。

マートルはどの品種も刈りこみや枯れ枝の剪定、終霜後の整形に耐える。とくにトピアリーには最適の植物で（p.108を参照）、晩夏に金色の葯がついた幅2センチほどの繊細な白い花を咲かせる。継続的に日光があたれば、やがて小さな黒い果実をつける。ローレル（*Laurus nobilis*）と同じく、寒さの厳しい冬には地上部が枯れることもあるが、夏までにはふたたび新芽を出して根づく。

最後にとっておきのことをふたつ教えよう。ひとつはマートルを玄関の両側に置くと、なかに住む人々に愛と平和が訪れるという。もうひとつは、ローマの美食家アピキウスによるソレルの保存法で、ソレルの葉と茎を摘んで洗い、釉薬のかかった鉢に入れ、マートルの実をくわえて蜂蜜と酢で満たすと、ウースターソースの原型ができる。

料理ノート
マートルのさまざまな品種

花が終わると、これらの品種は固く乾いた青黒い実をつける。それをオールスパイスにくわえて、料理やマリネに使う。

「フローレ・プレノ」——名前が示すように八重咲き。1640年、ジョン・パーキンソンによってはじめてその名がイギリスに紹介された。

「ヴァリエガータ」——葉に細い乳白色の縁どりが入っている。花はふつうのマートルと同じだが、1.5メートルにしか生長しない。

「ドワーフ・マートル」（Subsp. *tarentina*）——イギリスの博物学者で庭師のジョン・トラデスカント（息子）によってイギリスへ紹介された。1〜1.5メートルにしか生長しないため、トピアリーやコンテナに最適で、より温暖な地域では常緑の生垣にもなる。ピンクがかった蕾が魅力的。「タレンタム・マートル」としても知られ、ときに次のような名前で売られている——「ジェニー・ライテンバッハ」、「ミクロフィラ」、「ナナ」、矮性種として「ミクロフィラ」および「タレンティナ」。

バジル（メボウキ）
Ocimum basilicum

別名：スウィート・バジル、ジェノヴェーゼ・バジル

種類：多年草、しばしば一年草として栽培

生育環境：半耐寒性（温暖な冬に耐える、無加温ハウス）

草丈：20～60センチ

原産地：旧世界の熱帯

歴史：属名の*Ocimum*は、紀元前300年頃のギリシアの哲学者で植物学の祖とされるテオフラストスがつけた名前*okimon*に由来する。その豊かな薬効や芳香から、「王者」や「王侯にふさわしい」を意味する*basilicus*と表現された。

栽培：寒さに弱い多年草だが、ほとんどは温室で一年草として栽培される。初夏までは温室などの保護下で種子をまばらにまき、土か培養土で軽く覆う。霜の心配がなくなったら、ひき続き直まきをはじめる。バジルは鉢でもよく育つ。実生が手で扱えるほどの大きさになったら、直径7.5センチの鉢へ移植し、寒さに慣れさせ、完全に根づいたら最終的なコンテナへ移す。

保存：茎を冷凍するか乾燥させ、必要量をその都度使う。油分が豊富なバジルの葉は、オイルやヴィネガーに漬けこむのに最適である（p.74-5を参照）。

調理：茎と花はとくに風味が強いので、料理に使ったり、細かくきざんでバジルソースにしたりす

上：バジルはイタリア料理、とくにナポリ料理の代名詞である。その香りと風味は、盛夏にもっとも豊かになる。

る。定番のソースはペスト（*pesto*）で、バジルとガーリック、松の実をすりつぶしてオリーヴ油と合わせ、好みで塩をくわえてパスタやリゾットにかける。ピストゥ（*pistou*）は、バジルを油とガーリック、下ろしたてのパルメザンかグリュイエールチーズといっしょにすりつぶし、かき混ぜながら温かいスープに入れる。温製サラダにするなら、バジルオイルで黄色と赤のパプリカを軽くソテーし、松の実をいくつか入れ、少し冷ましてからレモン汁と細かくきざんだバジルをくわえる。温製でも冷製でも、バジルとトマトは相性ばつぐんで、太陽をたっぷり浴びた夏らしい組みあわせになる。あるいは、皮なしの鶏肉（皮をとりのぞくと香りが染みこみやすい）かアンコウに軽く油を塗り、バジルの生葉で包んで焼く。新鮮なトマトベースのソースといっしょに温かいうちに食卓へ出す。

ローマ時代の農民たちは発情期の馬やロバに催淫剤としてバジルを食べさせた。興味深いことに、その「王者」にちなんだ名前にもかかわらず、バジルは貧困や憎悪、不運を象徴するようにもなった。そのためバジルの種をまくときは、貧しさを追いはらうために種を罵倒しながら行なわれた。バジルの種まきは、これを思い出して、晩春の汗ばむような時期に行なう——最適なのはこの時期なのだ。

　バジルは簡単に発芽するが、低温の湿った土壌で夜をすごすと、しばしば実生に取り返しのつかないダメージが生じる。そのため、晩春の暖かさが土に浸透するまで待ってから種まきをする。より確実なのは、まず育苗トレーにまいて暖かい窓辺や温室に置いておくことだ。発芽後はできるだけ乾燥を保ち、一晩で土が乾くように水やりは午前中にする。水のやりすぎ——水枯れを心配するあまりの失敗——には注意する。株を充実させるため、新芽は摘心し、花をつけた茎は収穫する。

バジルのさまざまな品種

　バジルを種子から育てるなら、入手できる品種は数多くある。2014年に紹介された「ブリティッシュ・バジル」はより寒さに強く、「耐候性バジル」ともよばれる。その濃緑色の光沢のある葉はクローヴのような強い風味と芳香をもち、耐寒性にすぐれ、軽い霜にも耐えるとされる。昔ながらの「ナポリターノ」は、その名が示すようにナポリ産の品種で、非常に甘い香りと大きな薄緑色の葉をもつ。前菜やピザのトッピングには欠かせないものだが、ジョルジオ・ロカテッリのようなイタリア人シェフによれば、高く評価されるのはその大きな「レタスのような葉」よりも風味のほうである。ただ、ナポリターノの葉は小さなレタスの葉ほどあるので、細かくきざんだトマトを油とガーリックであえたり、ちょっとしたニース風サラダに仕立てたり、燻製のモツァレラチーズといっしょに出したりするのに最適だ。皮なしの鶏肉や魚を包んで調理するときにも使われる。「クリスパム」はバジルらしい風味をもちながら、名前が示すように縁がフリル状になっている——サラダ用に細かくちぎると青虫のようにもみえるので注意する。バジルは窓辺に置いておくには格好のハーブだが、なかでもすばらしいのはブッシュ・バジル（*O. minimum*）で、これはグリーク・バジルともよばれる。葉が非常に小さいコン

上：ダークオパール・バジル（var. *purpurascens*）やグリーク・バジル（*Ocimum minimum*）など、バジルのさまざまな品種を描いた絵。

パクトな品種だが、よく茂り、育てやすいバジルのひとつである。地植えにすれば、丈の低い一年草の縁どりハーブとして魅力的なアクセントにもなる。「ミネット」はさらにコンパクトな品種である。

柑橘の風味が効いた品種もいくつかある。レモンの香りを特徴とするのが寒さに弱いレモン・バジル（O. × africanum もしくは O. × citriodorum）で、淡緑色の葉にレモンのような香りをもつが、夜の寒さでしおれやすい。鮮緑色の細い葉にライムの香りをもつタイライム・バジル（O. americanum）もあり、その小さな乳白色の花穂は非常に花つきがいい。

艶消しの紫色からピンクのすじ入りまでさまざまな色調をもち、シナモン、リコリス、アニスといったスパイシーな魅力にあふれた品種もある。原種のパープル・バジル（var. purpurascens）はもともと香水生産向けに栽培された。なめらかな濃いインクのような紫色の葉は香りがよく、パスタやサラダの彩りになる。「パープルラッフルズ」は、濃いインクのような紫色のちぢれ葉をもち、シソのように縁に切れこみがある（まろやかなアニスの風味をもつ「グリーンラッフルズ」もある）。「ダークオパール」も同じく紫葉の品種である。料理において、こうした紫葉は黄色いトマトやソテーした黄色いパプリカと美しいコントラストを生む。庭の淡緑色や黄金色の植物の引き立て役として育てるのもいい。「レッドルビン」は風味がよく、飾りとしても美しい。

「シナモン」は、緑と紫を色調とした卵形の葉にシナモンの香りがあり、小さなピンク色の花穂をつける。メキシコ産の品種で、もっとも魅力的なバジルのひとつであり、炒めものにくわえてもいい。「ホラパ」はアニス・バジルとして知られ、赤みがかった紫色の葉と花にアニスの風味をもち、タイ料理やインド料理でよく使われる。矮性種の「ホラパ・ナナム」もある。最後がタイ・バジル（var. thrysiflorum）で、シナモン・バジルと

料理ノート
3色カナッペ

このレシピはイタリア国旗の赤、緑、白の3色からヒントを得たものである。

下ごしらえ：10分
できあがり：8人分（各2個ずつ）

- プチトマト　8個
- モツァレラチーズの塊　大1個
- バジルの葉　ひとつかみ

モツァレラチーズを小さな角切りにする。

プチトマトをそれぞれ半分に切る。

楊枝にプチトマトの半切りを刺し、次にバジルの葉、次にモツァレラチーズを刺す。

この作業をくりかえす。

リコリス・バジルをかけあわせたような風味をもつ。

バジルは鉢植えでもさまざまな種類を手に入れることができる。初夏に地植えすればすぐに根づくが、より大きな観賞用の鉢に移してもいい。多くのスーパーでバジルの苗が売られており、その種類もますます増えている。つねに鉢植えや地植えとして栽培し、継続的に収穫できるようにすると便利である。また、バジルはトマトの生育を助けるともいわれているので、ぜひトマトの近くに植えてみよう——トマトはつねに湿気を必要とすることから、バジルはけっして過湿にならない。もしさまざまな品種の種子が余分にあるなら、それらを混ぜて、スプラウトやベビーリーフとして育てるのもいい。

マジョラム（マヨラナ）

Origanum majorana

別名：ワイルド・マジョラム、オレガノ、ポット・マジョラム

種類：多年草

生育環境：耐寒性（非常に寒い冬に耐える）

草丈：45センチ

原産地：欧州

歴史：古代ギリシアやエジプト、ローマのオレガノよりも耐寒性がある北方品種として、この自生のマジョラムはイギリスで「オーガン」や「オーガニー」、サマセットでは「ジョイ・オヴ・マウンテン」として知られた。寒さに強いマジョラムの種子は北米へも伝えられ、そこで万病に効くとされるお茶にして飲まれた。

栽培：乾燥した土壌でよく育つ強耐寒性のハーブ。種子は春まきか夏まきにする。いったん根づいて開花を許せば、自然播種で自由に育つ。株分けは春か秋。オレガノ（*O. vulgare*）と同じく、苗を買ってもいいし、挿し木を求めてもいいが、香りのよい株であることを確認するため、事前に葉の匂いをかいでみること。

保存：葉を乾燥させ、殺菌消毒した密閉容器で保存する。ヴィネガーやオイルに漬けてもいい（p.74-5を参照）。

調理：エルブ・ド・プロヴァンス（p.138を参照）のひとつでもあるマジョラムは、イギリスの伝統的なハーブとして、パセリ、タイム、レモンとともにパン粉と混ぜ、鶏肉のフォースミートに使われる。鶏肉の身に新鮮な葉（と花）をつめてローストすれば、消化が促進されて胃に優しい。茎から葉をとってピザのトッピングにしたり、若葉をサラダにちらしてもいい。ゆでた芽キャベツを水きりし、バターとマジョラムであえてもいい。「地中海」料理のほとんどに使われる。

下：健康維持にかんする論文でスウィート・マジョラムを収穫する女性たちを描いた14世紀の絵。ポット・マジョラムともよばれるこのハーブは、勝手口のそばでよく育つ。

イギリスの植物学者でハーバリストのジョン・ジェラードは、マジョラムをワインに入れて飲めば、有毒動物による咬み傷や刺し傷の特効薬になり、アヘンやドクニンジンの解毒剤にもなると記した。ホップが伝えられるまで、マジョラムはビールの香味づけや防腐剤として用いられていた。体内から毒を排出して体を守るとも信じられていた。『釣魚大全』（1653年）のなかで、イギリスの作家アイザック・ウォルトンは釣ったばかりの魚をマジョラムとともに料理することを勧めた——おそらくマジョラムが近くの乾いた川岸に自生していたのだろう。また、雷鳴がとどろくと、マジョラムとタイムが採集され、貯蔵庫のミルクが腐らないようにそのそばに置かれた。20世紀に入るまで、とくにケント州では田舎のお茶として親しまれた。

　群生させると、マジョラムはとくに秋雨の後や肌寒い夜に続いて日光が射したとき、芳香を発する。オレガノ（*O. vulgare*）よりもチモールを多くふくむため、その風味はむしろタイムに近い——マジョラムを必要とするレシピではどちらも使える。ほとんどは自然播種で十分に育つが、厳密に同じ株を保持したいなら挿し木や株分け、取り木で増やすのがいちばんだ。多くの点で、マジョラムとオレガノの性質はほとんど同じなので、フランス料理やイタリア料理、ギリシア料理などにおいて、どちらも互いに代用品として使うことができる。

右：ピンク色の花をつけるワイルド・マジョラムのかぐわしい葉は、獣脂やパイ生地のほか、ポタージュの風味を豊かにするためにも使われた。油を引いてズッキーニとともにオーブンで焼いたり、バターで炒めたりしてもいい。

オレガノ
（ハナハッカ）
Origanum vulgare

別名：グリーク・オレガノ、ポット・マジョラム、クレタン・オレガノ、ターキッシュ・オレガノ、リガニ

種類：多年草

生育環境：耐寒性（非常に寒い冬に耐える）

草丈：60センチ

原産地：地中海

歴史：料理のほかにも、オレガノの独特の芳香を好んだローマ人はそれを花冠にしたり、床にまいたりして楽しんだ。古代エジプトで最初に栽培されたのち、ローマ帝国各地へ伝えられ、ディオスコリデスによってその多くの薬効が記録された。

栽培：オレガノは日あたりと水はけのよい土壌でよく育つ。湿気にさらされなければ、冬の寒さにも強い。種子は春に直まきし、30～40センチ間隔に間引く。寒冷な地域では一年草として扱う。苗を買ってもいいし、挿し木を求めてもいいが、香りのよい株であることを確認するため、事前に葉の匂いをかいでみること。

保存：開花直前の茎を収穫して乾燥させる。ヴィネガーやオイルに漬けて保存してもいい（p.74-5を参照）。

調理：エルブ・ド・プロヴァンス（p.138を参照）のひとつであるオレガノは、その独特の強い芳香が夏を感じさせ、トマトやガーリック、タマネギをベースにしたイタリア料理やギリシア料理でよく使われる。とくにムサカのミートソースの風味づけには欠かせない。手軽な夏のスープなら、皮をむいて種を抜いたトマト、ガーリックとともにフードプロセッサーにかけ、冷やしてから食卓へ出す。あきらかに香りが強く、寒さに弱い点を除けば、オレガノはマジョラム（*Origanum majorana*）と互いに代用品として使える。

右：1822年、フリードリヒ・ゴトロープ・ハイネ博士の『薬草学（Medical Botany）』より手彩色の銅板画。オレガノは花をつけると、茎によりかぐわしい風味が出る。肉などといっしょに丸ごとオーブンでローストし、食卓へ出す前にとりのぞく。

オリガナム属（*Origanum*）には多くの種や変種、自然発生による交配種がふくまれる。ほとんどは自然播種で十分に育つが、厳密に同じ株を保持したいなら挿し木や株分け、取り木で増やすのがいちばんだ。多くの点で、オレガノと先のマジョラム（*O. majorana*）の性質はよく似ているため、フランス料理やイタリア料理、ギリシア料理で使う場合、どちらも互いに代用品として使える。ただし、マジョラムはノッテッド・マジョラムやスウィート・マジョラム、オレガノはワイルド・マジョラムとよばれて区別されることもある。南ヨーロッパ原産でイタリアン・オレガノとよばれることもあるポット・マジョラム（*O. onites*）は香りがより強く、ポルトガルや北アフリカの料理に用いられる。伝説によれば、ポット・マジョラムは人々に幸運と健康をもたらすという。どの種がもっとも風味がよいかについては意見が分かれる。

1631年10月、大型船ライオンズ・ウェルプ号が大西洋をぶじ横断し、ボストンの港へ入港した。その乗客のなかにウィンスロップ一家の姿もあった。彼らは59種類の植物の種子をたずさえていたが、そのうちの29種類はハーブで、オレガノ、マジョラム、ポット・マジョラムがふくまれていた。それから200年以上して、ビートン夫人はヴィクトリア朝時代の料理本のなかで、スウィート・マジョラムもしくはノッテッド・マジョラムをとくに薦める一方、どの品種もスープや詰めものに適したハーブだと述べた。第2次世界大戦まで、オレガノはチュニジアで栽培され、ラヴェンダーを意味する *Khezama* という名でマルセイユへ輸出されていた。このことは驚くにはあたらない。というのも、プロヴァンスのハーブには独特の芳香があり、自生地では空気がその香りでいっぱいになるからだ——これがガリーグとよばれるものであり、テロワール（*terroir*、気候風土）の匂いである。こうした野生のハーブは家畜の餌となり、その香りはブドウの木々にも染みこむ。それが地元の料理やワインに乾いた風と強い

料理ノート
オレガノのさまざまな品種

オレガノやマジョラムの香りは強い香気から芳香、微香まで多岐にわたる。ほのかに香る春の若葉はたっぷり使うことができる。指でこすって匂いをかぎ、どのくらいの量が自分の好みに合うかを確かめよう。下にいくつかの品種を紹介する。

グリーク・オレガノ（Subsp. *hirtum*）——昔ながらの辛みの効いた風味をもつ。ウィンター・スウィート・マジョラムともよばれる。匍匐性で約20センチ×30センチに生長し、夏、香りの強い濃緑色の葉に小さな白い花をつける。

「コンパクタム」——小さな球体を形成する。葉も小さめで、鉢植えに最適。

ロシアン・オレガノ（Subsp. *gracile*）——料理向きでもあり、夏から秋にかけて多くの花をつける。不規則に広がる習性があり、濃緑色の葉は開花直前がもっとも風味がいい。

アルジェリアン・オレガノ（Subsp. *glandulosum*）——チュニジア北部原産で、料理にも使える。

日射しを感じさせ、うっとりするような風味をあたえるのである。

オレガノは日あたりのよい場所だと香りがいっそう強くなる。葉が密になりすぎた場合は、切り戻して株を充実させる。花がしおれるにつれ、先端が濃い紫色をおび、陶然たる芳香を発する。

エルブ・ド・プロヴァンス───地中海の味

プロヴァンスといえば、ハーブの香る丘陵地、乾いた風と強い日射し、そして風味豊かな食材といったイメージが思い浮かぶ。プロヴァンス地方とは、内陸の伝統的な田舎の山麓地帯から、畑や果樹園が広がるローヌ川流域、そして紺碧の海を見わたす地中海沿岸までのフランス南東部の地域をさす。場所によって味が変わるチーズと異なり、ハーブはどんな環境でもすばらしい芳香を放つ。

ワイルド・タイムとローズマリーは水はけのよい痩せた土壌を好み、そのとがった葉は夏が終わるにつれて香りのよい精油をたくわえる。ガーリックとバジルは驚くほど旺盛に育つ。この4つのハーブは夏のバーベキューやありふれたピザ、オイルの滴をグルメなごちそうに変える。繊細で調和のとれたローレルの葉（生でも乾燥させたものでも）、オレガノ（プロヴァンスではワイルド・マジョラムとよばれる）、フェンネルをくわえてもいい。フェンネルの茎は魚料理に欠かせない一方、ジュニパーベリーはテリーヌや牛肉、ジビエと相性がいい。ローズマリーやタイムと同じく、グリーン・セージや

左と下：ガーリックとバジルは驚くほど旺盛に育ち、多くの料理のベースとなる。

料理ノート
エルブ・ド・プロヴァンス
（プロヴァンスのハーブ）

Allium sativum　ガーリック

Ocimum basilicum　バジル──紫葉の品種は彩りと香りをそえる。

Laurus nobilis　ローレル

Foeniculum vulgare　フェンネル──プロヴァンス料理では茎がおもに使われる。

Hyssopus officinalis　ヒソップ──優しい樹脂の香りをもたらす。

Juniperus communis　ジュニパーベリー

Lavandula angustifolia　ラヴェンダー──葉と花

Origanum vulgare　グリーク・オレガノか一年草のスウィート・マジョラム（*O. majorana*）

Rosmarinus officinalis　ローズマリー

Salvia officinalis　セージ──晩春に

Satureja hortensis　セヴォリー──一年草のサマー・セヴォリーが最適。

Thymus　タイム──プロヴァンスのワイルド・タイムはファリグール（*farigole*）やフリゴレ（*frigolet*）として知られる。

パープル・セージもプロヴァンスに自生している。ただ、これらは夏になると葉に油分が蓄積され、風味が強調されすぎるため、晩春に使うのがいちばんだ。バジルと同じく、一年草のサマー・セヴォリーは伝統的にソラマメのそばで栽培され、暑い夏によく育つ。ウィンター・セヴォリーは寒さに強い品種だが、香りの繊細さに欠ける。ヒソップやラヴェンダーの芳香もプロヴァンスのハーブにふさわしく、それぞれフルーツタルトやアイスクリーム、ソルベのような冷たいデザートの風味づけに使われる。ガーリックは例外だが、これらのハーブの乾燥させた茎や小枝は、真冬の台所で明るい夏の日射しを思い出させてくれる。

栽培

もし住んでいる場所が地中海性気候の地域でないならば、とにかく日あたりと水はけのよい場所を選ぶこと。これは冬場にこそ重要なことで、プロヴァンスのハーブにとって水浸しになることは霜よりも致命的である。彼らの自然な生育環境からすれば、大きなテラコッタの鉢に植えて日あたりのよい場所に置くか、ウィンドーボックスに植えるのが理想である。ローズマリーとセージはいっしょに植えると非常によく育つ。ラヴェンダーの銀色とヒソップの緑色を組みあわせると、夏に美しいコントラストがみられる。銀色葉のオレンジバルサム・タイム（*Thymus fragrantissimus*）をくわえたり、これらを隣りあった鉢に植えたりしてもいい。株立ちのブッシュ・バジル（*Ocimum minimum*）とポット・マジョラム（*Origanum onites*）は球型に刈りこむのに向いている。ローレルとジュニパー、フェンネルは、それぞれのニーズに応じて別個の鉢で育てるのがいちばんだ。最初のふたつは低木なので、ウィンドーボックスには向かない。フェンネルは、茎が目的なら丈のあるコンテナに植える。

料理ノート
ガーリックを丸ごと使った鶏肉の料理法

「これはシンプルな料理だが、うまく作るのはむずかしい。鶏肉とともに、ヘーゼルナッツと同じくらいの大きさと丸みのあるガーリックの鱗片を料理する。鱗片は『リソレ』のように汁に十分浸し、新ジャガイモと同じくらいの軟らかさと甘みを出さなければならない（ここが肝心）。こんな奇跡を起こすには、プロヴァンス産のガーリックが必要だ。それらは成熟が速いため、その独特の香りが染みこみすぎていない」

「ラ・フランス・ア・ターブル（La France à Table）」誌、ポール＝ルイ・クーシュー

ヒソップ

ラヴェンダー

ローズマリー

セージ

レモンセンテッド・ゼラニウム
（ニオイテンジクアオイ）

Pelargonium crispum

別名：レモン・ゼラニウム、センテッド・ペラルゴニウム

種類：多年草

生育環境：霜に弱い（加温ハウス）

草丈：30〜45センチ以上

原産地：南アフリカ

歴史：16世紀、ポルトガルとオランダの冒険商人たちがこのハーブを南アフリカからヨーロッパへもち帰った。やがて、それらは南北アメリカやオーストラリアへ伝えられた。

栽培：南アフリカ原産のため、日あたりがよくて湿度の低い場所を好む。気温21度で種子から育てられる。有名な園芸品種は晩春から初夏、あるいは初秋に天挿しで根づく。気温21度を保つこと。鉢植えは干上がらせてはならないが、けっして水浸しにしないように注意する。

保存：砂糖に入れる（下を参照）。年間をとおして収穫できるように苗を霜が避けられる場所に置く。新鮮な葉はより香りがいい。

調理：レモンセンテッドやローズセンテッド・ゼラニウムは、ケーキを焼くときに金属型の底に敷くと、ほのかに香りづけができる——食卓へ出す前にケーキの底からとりのぞく。新鮮な若葉は、きざんで魚や豚肉のあらゆるソースにくわえられる。1、2枚の葉をお茶やシロップに用いて香りをつけてもいいし、ひとつかみの葉を白砂糖と混ぜ、保存してラヴェンダー・シュガーのかわりとして使ってもいい。葉のざらざらした感触と香りはフィンガーボウルにも最適である。

左：「クリスパム」という品種は、縁が細かくちぎれた葉にレモンの強い香りをもつ。ケーキ生地の下に敷いて焼けば、柑橘の香りづけができる。

センテッド・ゼラニウムの人気が高まったのは、一般庶民にもガラスが安く手に入るようになった19世紀なかばで、人々は専用の温室を造ったり、自宅にコンサヴァトリーを設けたりした。こうした温かい室内では、スペースさえ許せば、センテッド・ゼラニウムをテーブルなどのセンターピースとして飾り、香りを楽しむことができた。2006年、米国ハーブソサエティはレモンセンテッド・ゼラニウムを「今年の花」に選んだ。その幅広い品種と用途をたたえ、添付のリストでは料理に向くものだけで23品種が認定された。

センテッド・ゼラニウムは地植えにも鉢植えにも適しており、霜の心配がなければ、温暖な時期は屋外に置くこともできる。

左：ペパーミント・ゼラニウムのざらざらした葉は、強いペパーミントの香りを発する。「チョコレートミント」とよばれる品種は、甘いデザートにぴったりだ。

料理向きの風味をもったペラルゴニウム

かぐわしい葉をもつペラルゴニウムには幅広い品種があり、とくにシンプルなトピアリーに仕立てることもできる。日あたりのよい場所を好むレモンセンテッド・ゼラニウム（P. crispum）とその斑入りの「ヴァリエガータ」種（P. c. 'Variegatum'）は直立性で、縁がちぢれた葉に可憐なピンク色の花をつける。その強いレモンの香りはソースや揚げものの衣、サラダ、つけあわせの風味づけに使える。大ぶりの花をつける「スウィート・ミモザ」のような装飾性の高い品種もある。また、軟毛に覆われた濃緑色の大きな葉をつけ、柑橘系の香りのなかに胡椒のような辛みをもつ「オーセット」という品種もある。レモンの香りはレモンセンテッド・ゼラニウムにかぎられたものではない。「フレンシャム」という園芸品種は穀物や魚、鳥肉、リキュール、サラダにぴったりの強いレモン風味をもつ。美しいピンク色や藤色の花をつける「ビター・レモン」もこれとよく似ている。

ペラルゴニウムには、バラ、ライム、オレンジ、果実、ミントなどの香りをもった多くの種類があり、いずれもレモンセンテッドと同じように使える。一般にローズセンテッド・ゼラニウムとして知られるものは、「グラヴェオレンズ（P. 'Graveolens'）」や「ロバーズ・レモンローズ」といった品種で、バラとレモンの香りが甘い料理や風味の効いた料理に向いている。バラというよりレモンの香りが強い「レディー・プリマス」は、斑入りの葉と1800年にさかのぼる歴史をもち、個人的にもお気に入りである。大きな鉢に植え、ガーデンベンチの脇に置いてもいい。夜になると、その葉の乳白色の斑と薄紫色の花が目を引き、芳香とともに見る人の感動をより高めてくれる。夏はボーダー花壇でよく育つ。ただ、香りは主観的なものなので、「レディー・プリマス」にかんする説明はさまざまである——レモンの香りのほか、バラやミントの香りがすると書いている苗木店もある。オレンジの香りなら、「プリンス・オヴ・オレンジ」がある。ペパーミントの強い香りと風味をもつペパーミント・ゼラニウム（P. tomentosum）は、お菓子やソース、お茶に使われる。よく枝分かれした茎をもち、軟毛に覆われた鮮緑色の葉はベルベットのように軟らかく、ほのかに香りをただよわせ、小さな白い花をつける。「チョコレートミント」種はペパーミントの香りの、チョコレート色の斑入りの葉をもつ。

レモンセンテッド・ゼラニウム 141

シソ（紫蘇）
Perilla frutescens

別名：ジャパニーズ・バジル、ビーフステーキ・プラント

種類：一年草

生育環境：半耐寒性（温暖な冬に耐える、無加温ハウス）

草丈：60センチ～1.2メートル

原産地：インドから日本

歴史：ヒマラヤ山脈と東アジアを原産とするシソは、その葉と種子が免疫力を高めるとして紀元500年頃から漢方医学で用いられてきた。日本料理でも古くから使われており、とくにその葉で生魚を包むことにより、食中毒の危険を防いだ。

栽培：晩春に保護下で、あるいは土が暖かくなってきたら種まきする。水はけのよい有機質に富んだ土壌を好み、日照りでも生きのびるが、風味はそこなわれる。日光が好きな一年草で、夏の晴天を受けて自然播種で育つ。

栄養素

シソの葉の精油にはペリルアルデヒドがふくまれている。研究によれば、それは砂糖の2000倍の甘さがあり、サッカリンの最大8倍の甘さがある。また、オメガ3脂肪酸のα-リノレン酸が豊富である。葉はビタミンAとC、リボフラビン、カルシウム、鉄、カリウムの貴重な供給源でもある。

保存：種子は汚れを落とし、乾燥保存できる。葉は丸ごと冷凍し、必要量をその都度使う。

調理：生魚や刺身、寿司をシソで包む――蕾や花穂を飾りにそえれば、スパイシーな風味が楽しめる。葉を細かくちぎり、サラダの彩りや辛みとしてくわえてもいい。葉と花は風味を最大限に生かすため、食卓へ出す直前にスープに入れる。葉をニンニクとショウガ、あるいはそのいずれかとともに油で揚げてもいい。葉を米酢に漬ければ、シソ・ヴィネガーが作れる。葉を梅干しにくわえ、赤色に染めることもできる。カラシの種子と同じく、シソの種子は薬味にもなる――炒って塩とトウガラシ、トマトといっしょにすりつぶせば、新鮮なチャツネができる。

シソはバジルやコリウスと近縁である。シナモンを思わせるスパイシーな香りで古くから珍重され、葉にはショウガのような後味がある。赤ジソ（var. *crispa* f. *purpurea*）は、その血のように濃い赤紫色の葉が、ビーフステーキ・プラントという別名の由来になった。日本食のメニューにある「梅じそ」には、この赤ジソが使われている。葉が緑色の青ジソ（var. *crispa* f. *viridis*）は「大葉」ともよばれる。シソの種子から抽出される黄色いシソ油は、亜麻仁油の代用品として使われてきたが、合成皮革の製造でも使われる。

種子のほかにも、シソはセル苗としてさまざまな品種が簡単に手に入る。晩夏から開花するため、花が必要ない場合は花芽を摘心し、株を充実させる。草丈60センチ～1.2メートル、幅30～45センチに生長する。鉢植えにして保護すれば、短命の多年草として扱うこともでき、より温暖な地域では挿し木で増やせる。黄緑色や暗紫色の葉は、ほかの一年生の花々の引き立て役にもなるので、ぜひこれを観賞用と料理用のふたつの目的で育ててみよう。チリメンジソ（var. *crispa* f. *crispa*、もしくはvar. *nankinensis*）は、光沢のあ

「わたしはなぜシソ（赤ジソ）がその驚くべき風味のよさにもかかわらず、ほかと比べてあまり知られていないのかわからない──ミントとクミンを親にもつ、素朴だが利口な子どもを想像してほしい。それは見た目もすばらしく、ちぢれた軟らかい葉は品種によって濃い紫色であったり、鮮やかな緑色であったりする」

マーク・ディアコノ（2013年）

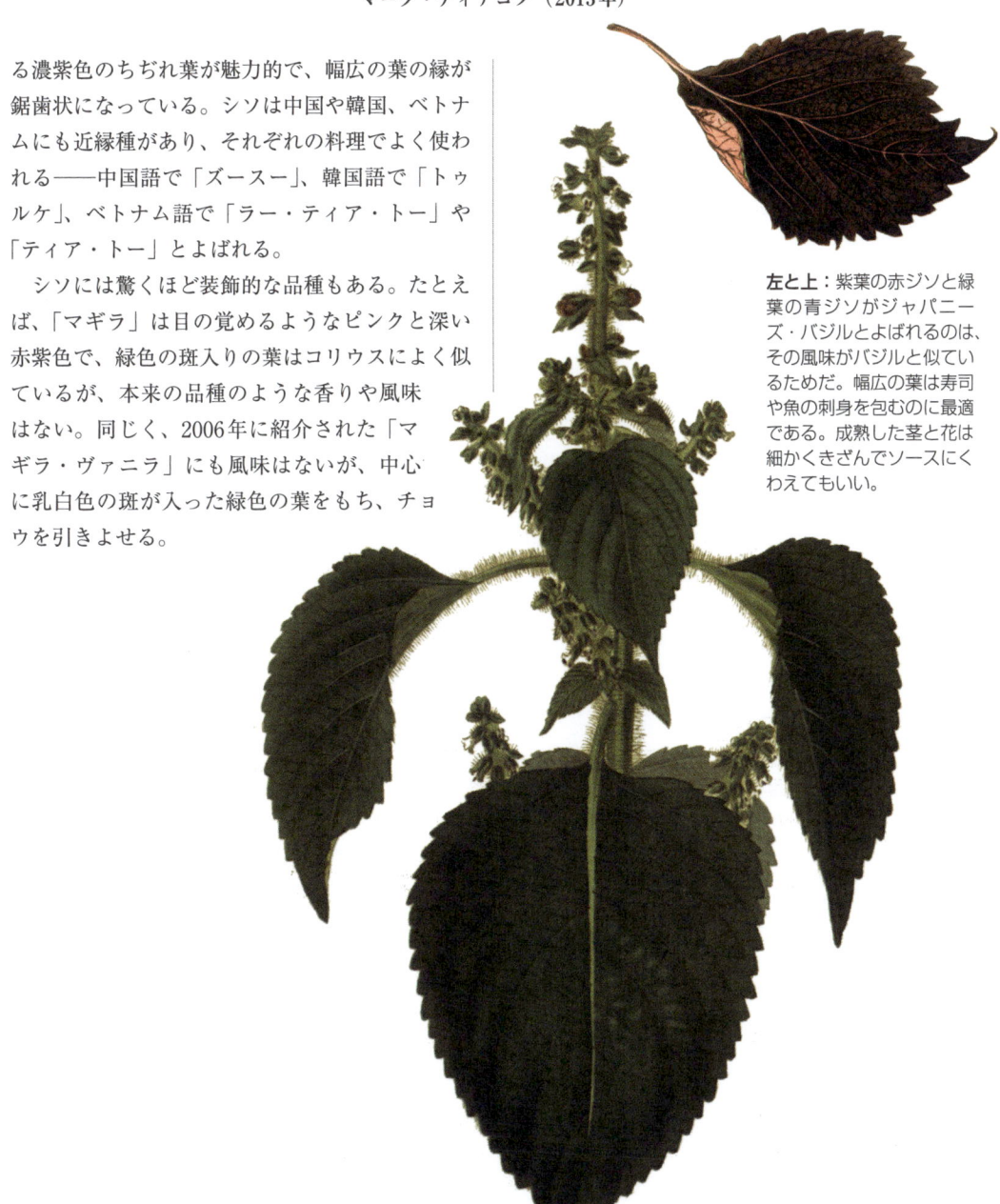

る濃紫色のちぢれ葉が魅力的で、幅広の葉の縁が鋸歯状になっている。シソは中国や韓国、ベトナムにも近縁種があり、それぞれの料理でよく使われる──中国語で「ズースー」、韓国語で「トゥルケ」、ベトナム語で「ラー・ティア・トー」や「ティア・トー」とよばれる。

シソには驚くほど装飾的な品種もある。たとえば、「マギラ」は目の覚めるようなピンクと深い赤紫色で、緑色の斑入りの葉はコリウスによく似ているが、本来の品種のような香りや風味はない。同じく、2006年に紹介された「マギラ・ヴァニラ」にも風味はないが、中心に乳白色の斑が入った緑色の葉をもち、チョウを引きよせる。

左と上：紫葉の赤ジソと緑葉の青ジソがジャパニーズ・バジルとよばれるのは、その風味がバジルと似ているためだ。幅広の葉は寿司や魚の刺身を包むのに最適である。成熟した茎と花は細かくきざんでソースにくわえてもいい。

シソ　143

ベトナミーズ・コリアンダー
Persicaria odorata または *Polygonum odorata*

別名：ベトナミーズ・シラントロ、ラウ・ラム、ベトナミーズ・ミント、ホット・ミント、アジアン・ミント、多年生コリアンダー、ラクサ・リーヴズ（旧*Persicaria odorata*）

種類：亜熱帯多年草

生育環境：非耐寒性（加温ハウス）

草丈：30〜45センチ、広がりやすい

原産地：東南アジア

栽培：0度を超える気温が必要。不稔性なので種子からは栽培できない。以前の属名*Polygonum*は、「たくさんの」を意味するギリシア語の*poly*と、同じくギリシア語で「節」を意味する*gonu*に由来する。食用の葉を次々と生み出すのはこのたくさんの節であり、低層植物として温室に植えて育てるのがいい。

保存：新鮮な若葉を冷凍し、必要量をその都度使う。

調理：葉はしだいに革のように固くなり、苦みが出るので、若葉を使う。多くのベトナム料理でコリアンダーやミントの代用品として使われる。

また、フォー・ボー（*Pho Bo*、牛肉入りの麺スープ）にくわえるハーブとしても使われる。熱いブイヨンの入った器を各人に配り、それぞれが中央の大皿から生の牛肉の細切れ、もやし、ライムの櫛切り、麺、そしてこのベトナミーズ・コリアンダーやバジル、ミント、コリアンダーといった生のハーブをとってくわえる。

メコン川と紅河のデルタ地帯は、米とベトナム料理の発展にとってのかなめである。この国

右：ベトナミーズ・コリアンダーはさまざまな風味を合わせもつため、コリアンダーやミントのかわりとしてアジア料理で広く利用されている。軟らかい若葉がもっともおいしい。

はまさに文化のるつぼであり、箸を使って食材をかき混ぜたり、油で揚げたりする中国から、隣国のラオス、カンボジア、そして平打ち卵麺や香辛料、トウガラシ、ココナッツミルクを使うタイまで、さまざまな食文化が入り混じっている。そこへ探検家や交易商人が、ジャガイモやトマト、サヤエンドウをもちこんだ。ベトナミーズ・コリアンダーはこれらの食文化のいずれにおいても使われるが、同国が植民地支配を受けたフランスや軍の介入を受けたアメリカの食文化についてはそうでもなく、両者の遺産はバゲットとアイスクリームくらいである。しかし、このベトナミーズ・コリアンダーは、アジア料理の市場拡大をとおしてフランスやアメリカへも輸出されている。

「シンガポールでは、ベトナミーズ・コリアンダーは『ラクサ・プラント（*laksa plant*）』（ラクサ・ハーブ［*laksa herb*］やラクサ・リーヴズ［*aksa leaves*］とも）として知られている。シンガポールの広東語には、同じく『ラクサ・イップ（*laksa yip*）』という名前もある。こうした名前はベトナミーズ・コリアンダーが、中華料理とマレー料理の融合による麺入りカレー『ラクサ（*laksa*）』に使われることを反映している」

『異国のスパイス（Exotic Spices）』（2011年）、ゲルノット・カッツァー

パセリ（オランダゼリ）
Petroselinum crispum

種類：二年草

生育環境：耐寒性
（平均的な冬に耐える）

草丈：25～80センチ

原産地：南ヨーロッパ

歴史：パセリは死の予言者アルケモロスの血から生まれたという伝説がある。ホメロスによれば、戦士たちは自分の戦車を引く馬たちにパセリをあたえたが、それはおそらく死よりも速く走るようにとの願いからだった。パセリの花冠は喜びと祝福の象徴としてかぶられた。

栽培：春以降、種子を連続して直まきするか、鉢にまく。実生は30センチ以上の間隔に間引く（葉は料理に使う）。必要に応じて、第二葉期に入る前に移植する――これより遅れると、薹立ちしやすくなる。肥沃な培養土と十分な水をあたえられた鉢でよく育ち、ハンギング・バスケットでも育つ。パセリはウサギの大好物だが、オウムには有害である。

保存：葉を丸ごと冷凍し、必要量をその都度使う。

調理：パセリをきざむときは、パースミント（パセリとミントをすりつぶす道具）は使わない。――これはパセリをただ引きちぎるだけで、風味をそこなう。ハサミで切ったり、包丁できざんだりするときは、葉が乾いていないとあちこちにくっつくので注意する。

　パセリをくわえると、塩が少なくてすむ。新鮮な葉はニンニクの臭いも抑えてくれるので、口臭予防にもなる。ちぢれ葉の品種は細かくきざみ、ベシャメルのようなソースに入れるとおいしい。平葉の品種はリゾットや軽食、サラダなどにちぎって入れるか、丸ごとくわえる。きざんだ茎はより風味が強く、長もちする。温かいパスタを出すときは、きざみたての葉とすり下ろしたチーズをテーブルに置く。葉はそのまま熱い油でさっと揚

左：挿し絵画家ウォルター・クレーンによって描かれた『シェイクスピアの花園――シェイクスピア劇より』（ウォルター・クレーン画、マール社）の第17図。1906年、カッセル株式会社の出版。シェークスピアはしばしばハーブに言及したが、ハーバリストのジョン・ジェラードは彼のロンドンの友人のひとりだったと思われる。

パセリ　145

げれば、サクサクして緑にも光沢が出る。

　ペルシヤードを作るなら、パセリをエシャロットかガーリックとともに細かくきざみ、仕上げにくわえて風味を出す。ペスト（バジルソース）のかわりにするなら、パセリとクルミ、ヒマワリ油をいっしょにフードプロセッサーにかけ、好みで味を調え、ライスとあえる。

栄養素

ビタミンAとCが豊富なパセリには、アレルギー反応を抑えるフラボノイドのアピゲニンがふくまれ、効果的な抗酸化作用もある。

　ローマ人はすくなくとも3つの品種のパセリを栽培していた。料理に使われたほか、パセリは病気で弱った魚を治すために池に入れられたり、葬儀の会食で死者の追悼に用いられたりした。
　カール大帝はパセリの種子で風味づけしたチーズを好んだ。緑色の食品着色剤としても使われ、1390年頃のレシピ集『ザ・フォームズ・オヴ・カリー（The Forms of Cury、料理の方法）』ではこう勧めている──「パセリを用意し、ミルクといっしょにすりつぶす。それを卵、角切りベーコンと混ぜる。終わったらミルクを用意し、さらにパセリと混ぜてさまざまな色を作る」。近代に入るまで、料理人に使用されたのは平葉種のイタリアン・パセリ（*P. crisupm* var. *neapolitanum*）の茎だけだった。
　ちぢれ葉のパセリと平葉のパセリには20を超える園芸品種があり、さらに根パセリのハンブルク・パセリ（var. *tuberosum*）もある。これらは発芽が気まぐれなことで有名なため、少量をひんぱんに種まきするしか方法はない。パセリはよく耕された、保湿力のある土壌と半日陰を好む。もし冷床や温室があるなら、冬に収穫できるように最後の種を夏の中頃にまくといい。収穫のときはつねに外側の葉から摘む。パセリは2年目の秋に自然播種で広がる。おもな園芸品種に「ブラヴール」がある。
　古代ギリシア人はパセリとヘンルーダ（*Ruta graveolens*）を庭の縁どりに使った。サセックスにあるウェスト・ディーンの壮大な庭園では、ちぢれ葉のパセリが季節の花壇の縁どりに使われている。その質感のある緑色は、オオハンゴンソウ属（*Rudbeckia*）やマツバハルシャギク属（*Helenium*）、ローマカミツレ属（*Anthemis*）のすぐれた引き立て役にもなる。

左：平葉のパセリはちぢれ葉のパセリほど風味は強くないが、そのニンジンのようなみずみずしい味は、グリーンサラダに入れるとおいしい。

146

ヴィクトリア朝のハーブ——伝統と革新

「ヴィクトリア朝風の」という言葉は、強大な大英帝国を支配したヴィクトリア女王による1837年から1901年の長きにわたる治世の遺産である。1851年、600万人を超える人々がロンドンのハイド・パークで開かれた大博覧会へおしよせ、その会場となった建物は「パンチ」誌によって水晶宮(クリスタル・パレス)と名づけられた。博覧会の目的は園芸をふくむ諸活動を紹介し、奨励することだった。ヴィクトリア朝では、キュー王立植物園をはじめ、チェルシーやエクセターのヴィーチ商会のような苗木商によって、世界各地から植物が集められ、取り引きされ、栽培された。自宅で園芸を楽しむ人々のために、専門の雑誌やクラブがいくつもあり、手ごろな価格の家庭用温室も開発された。ハーブやジンジャーのような寒さに弱い外来種は、こうした家庭園芸革命において、ささやかながらも重要な役割を果たした。

ヴィクトリア朝風の庭にふさわしいグルメなハーブを選ぶなら、『ビートン夫人の家政読本』をぜひ一読してほしい。この本では、挿し絵入りであらゆる解説がなされている。19世紀の都市部では、ひどい大気汚染が生活のさまたげとなっていたため、町に住む人びとは、青果商や薬草商から生のハーブを入手しなければならなかった。しかし、レトロなヴィクトリア朝風のハーブ園を造ろうとする現代のガーデナーにとって、車の排気ガスはさておき、大気汚染はもはやそれほど問題ではない。というわけで、都会か田舎かに関係なく、当時のカタログにのっているさまざまな建物や製品、園芸用品を参考に、ヴィクトリア朝風の庭をデザインしてみよう。タイル張りの小道やロープの縁飾りをした花壇、釉薬のかかったテラコッタの鉢やチムニーポット、さらに優雅な金属製のベンチや針

上：1845年のガラス税の廃止と1851年の大博覧会を受けて、庭の温室やガラスはどちらも改良が進み、幅広い層のガーデナーたちの手に入るようになった。

金細工の植物棚、ハンギング・バスケットなどを使えば、19世紀風のハーブ・ガーデンが演出できる。もちろん、トピアリーも欠かせない。伝統のノット・ガーデンを復活させ、天候に左右されない快適な温室でくつろぐというのもいいだろう。

ヴィクトリア朝のハーブ

ビートン夫人はタイム、セージ、ミント、マジョラム、セヴォリー、バジルといった香りの

いいハーブをソースやスープ、フォースミート（詰めもの用の味つき挽肉）の風味づけとしてあげた。挿し絵にはバジルの線画が使われた。ハーブを使ったフォースミートのレシピには、焼いたカワカマスやゆでた子牛の乳房、カメのスープなど、今日ではあまりお目にかからないメニューもある。ただ、多くのレシピで、あらゆる料理に風味をそえるものとして、パセリをはじめとする香草の数々が登場する。「キッチナー博士のレシピによるインド風カレーパウダー」の項には、ジンジャーやターメリックのほか、コリアンダーやフェヌグリークの種子もふくまれている。

次に紹介するのは、ビートン夫人が田舎の菜園に薦めたおもなハーブである。残念ながら、都市部は大気汚染がひどかったため、彼女は町での野菜栽培は避けるべきだと考えていた。

ローレル——観賞用のチェリー・ローレルとこの伝統的なローレルは区別する。葉は多くのレシピで用いられ、枕の下に1枚入れて眠ると楽しい夢がみられるともいわれる。

コリアンダー——非常に香りが強く、軟らかい葉はスープやサラダに最適。種子は蒸留酒によく使われる。

フェンネル——サバ料理にかけるフェンネルソースに。これはイギリス人がフェンネルを使う唯一のソースである。

ガーリック——夫人はネギ属のなかでもっとも不快な臭いをもつとしているが、ベンガル風マンゴーチャツネのレシピでは生のガーリック150グラムが使われている。

ジンジャー——ジンジャーの線画には、卵のピクルスのレシピと、ジャマイカでのジンジャー栽培の歴史がそえられている。

ホースラディッシュ——挿し絵には根と花の部分も描かれている。ビートン夫人は、これをけっして乾燥させてはならず（精油分が失われるため）、砂のなかで保存し、温製ソースにはつねに下ろしたてを使うように勧めた。ヴィネガーやインド風ピクルス、ガーキンの漬けものの風味づけにも用いられた。

マジョラム——スープや詰めものにはオレガノやポット・マジョラムのほか、ポルトガル産のスウィート・マジョラムが好まれた。

左：香りのよいフェンネル（*Foeniculum vulgare*）は、伝統的なハーブ園や菜園、レイズド・ベッドやコンテナ、ミックス・ボーダーで栽培される一般的な植物である。

ミント——「爽やかな香りと風味をもつ」。ビートン夫人はこれを「健胃薬や抗痙攣薬」として、ピースープにくわえることを勧めた。

ナスタティウム——種子はケーパーのかわりに酢漬けに使われたり、「ミックス・ピクルス」にくわえられたりした。

パセリ——夫人のレシピの常連で、生でソースにくわえたり、油で揚げたりされた。冬にパセリの葉がないときは、種子を布で包んで風味づけに使うことを勧めている。

パースレーン——パセリの一種として分類されている。

セージ——緑や赤の品種が紹介されているが、レッド・セージかパープル・セージの葉がより好ましい。

上：ビートン夫人は、レッド・セージやパープル・セージのほうがより風味がいいと薦めた。花は澄んだブルーで、濃緑色の葉とのコントラストが美しい。

上：ビートン夫人は新鮮なミントをピースープにくわえることを勧めた。この緑色のスープは温製でも冷製でもおいしい——仕上げに少量のサワークリームをくわえる。

ソレル——花の挿し絵とともに、ビートン夫人はプリニウスやアピキウスの著作にふれ、これをマスタード、油、酢とともに煮こむことを提案している。彼女の解説によれば、ソレルはフランスで幅広い料理に用いられたが、酸味が強いという。ガチョウや子ガモ料理のグリーンソースにも薦めている。

フレンチ・タラゴン——ヴィネガーの風味づけに。

レモン・タイム——「家庭菜園のハーブコーナーにはたいていみられるハーブ」。その挿し絵には、鳥肉などのフリカッセにかけるレモン・ホワイトソースのレシピがそえられている。夫人はガーデン・タイムよりもこのレモン・タイムを好み、スープやソース、詰めものの風味づけに用いた。

アニス
Pimpinella anisum

別名：アニシード

種類：一年草

生育環境：耐寒性（平均的な冬に耐える）

草丈：45〜60センチ

原産地：ユーラシア、北アフリカ

歴史：アニスは古くからその芳香性の種子（アニシード）が珍重されてきた。古代エジプトで栽培されたものがギリシアへ伝わり、ローマ時代にはトスカーナで栽培された。カール大帝の「御料地令」にも登場する。

栽培：種子が熟すには温暖な夏の時期を長く必要とするため、種まきは日あたりがよく、軽くて水はけのよい土壌に春の中頃から行なう。花壇にまとめてばらまきすれば、かぐわしい種子が形成される前に乳白色の散形花が楽しめる。種子は茶色くなったら収穫する。

保存：乾燥させた種子は密閉容器で１年以上保存できる。

調理：種子をペストリー生地に練りこんだり、パン生地やビスケット生地にくわえたりする。フランスのロレーヌ地方では、アニスなどの種子をクリームチーズに練りこむこともある。葉は飾りにもなり、風味づけにもなるので、サラダにくわえたり、ゆでたニンジンにそえたりしてもいい。ニンジンやキャベツをゆでるときは、火がとおる直前に水きりし、少量のバターとアニシードで仕上げる。種子のハーブティーは口臭予防になるばかりか、腹部膨満感や消化不良、胸やけにも効果があり、「整腸剤」として伝えられている。

かつてローマでは豪華な食事の最後に、消化を助けるものとしてアニシードやクミンで風味づけされたムスタカエ（*Mustacae*）という小さなミ

左：アニスは葉も利用できるが、やはりその種子（アニシード）が有名で、パンやチーズ、アルコールに独特な風味をあたえる――アニシードボールというイギリスのお菓子のなかにも入っていた。

ールケーキが出された。これはウエディングケーキの先駆けともいわれている。もとはパンの底皮の一部として焼かれたもので、イタリアのピッツェル(pizzelle)やノルウェーのノット(knotts)へと発展した。アニスは中世に中央ヨーロッパで広く知られるようになり、その地域の温暖な夏の気候は種子の成熟を助けた。また、香味キャンディーの元祖、アニシードボールのなかにも本物の種子が入っていた。アニシードはボルドーで生産されるアニゼット酒の風味づけにも使われる。一方、中国原産のトウシキミ(*Illicium verum*)の種子は、アニスに似た香りをもつことからスターアニスとよばれるが、これと日本原産のシキミ(*I. anisatum*)は、ここでとりあげるアニス(*P. anisum*)と混同しないこと。シキミ属(*Illicium*)は栽培がより簡単なため、精油の商業生産ではスターアニスがアニシードの代用品として使われている。しかし、多くのアルコール飲料はいまも本物のアニシードで風味づけされており、中東のアラック(*arak*)やコロンビアのアグアルディエンテ(*aguardiente*)をはじめ、フランスのパスティス(*pastis*)、トルコのラキ(*raki*)、ドイツのイェーガーマイスター(*Jagermeister*)、ブルガリアのマスティカ(*mastika*)などがある。

　アニスの種子を育苗トレーにまいた場合、実生が手で扱えるほどの大きさになったらすぐ、主根が形成される前に移植する。適切な環境であれば、草丈1メートル以上に生長する。白い散形花はボーダー花壇や夜の庭を美しく演出してくれる。アニスは野菜との混植も可能で、マメ類やコリアンダーにはお薦めだが、ニンジンには薦められない。また、アニスはスズメバチなどを誘う一方、アブラムシをよせつけない。

料理ノート
アニス・クッキー

　このレシピは、オーストラリアの料理作家ローズマリー・ヘンフィルによるもので、アニス・クッキーはそれ自体が十分な食事になる。

下ごしらえ：15分
調理：12～15分
できあがり：クッキー12～15枚

- ソフトバター　120g
- デメララ糖　180g
- 卵　1個
- 全粒小麦粉　120g
- ベーキングパウダー　小さじ1
- 塩　ひとつまみ
- 押しオーツ麦　85g
- 乾燥ココナッツ　120g
- アニシード　小さじ2

　オーブンを180℃に予熱する。

　バターと砂糖を混ぜてクリーム状にする。

　卵をくわえ、よくかき混ぜる。

　ふるった小麦粉、ベーキングパウダー、塩を混ぜ、押しオーツ麦、ココナッツ、アニシードをくわえる。

　生地をいくつかに丸めて平らにし、油を引いた天板にならべて12～15分焼く。

　そのまま冷ます——保存は密閉容器に入れるか、冷凍する。

パースレーン（スベリヒユ）
Purtulaca oleracea

別名：グリーン・パースレーン、パスリー、リトル・ホッグウィード——黄金葉の品種はゴールデン・パースレーン（var. *aurea*）として知られる。

種類：一年草

生育環境：半耐寒性（温暖な冬に耐える、無加温ハウス）

草丈：20〜45センチ

原産地：インド

栽培：晩春に土が暖かくなってきたら、風などを避けられる場所に点まきし、20〜25センチ間隔に間引く。軽いが保湿力のある土壌を好む。小さな葉は多肉質でぬめりがあり、茎も料理に向いている。

大きな花をつける観賞用の園芸品種が数多くあるが、苦みがあるので料理には向かない。近縁のハナスベリヒユ（*P. umbraticola*）と同じく、痩せて乾燥した土壌でよく育つ。残念ながら、パースレーンは世界の多くの地域で「食用に適さない雑草」と考えられている。

保存：生で食べるのがいちばんなので、連続して種まきする。冷凍保存はあまりきかないが、古い茎はサムファイアのように酢漬けにしてもいい。

調理：サラダにくわえれば彩りと食感が増す——シャキシャキとしたキュウリのような歯ごたえがある。イタリアの美食家ジャコモ・カステルヴェトロは、黒コショウと細かくきざんだタマネギをくわえて、「そのひんやりした食感を中和する」ように勧めた。チャイヴの葉や花といっしょにすれば、魅力的なつけあわせとなり、口なおしのおいしいサラダになる。旬を迎える夏には、その爽快な歯ごたえがサラダに最適である。熱をくわえた料理として、パースレーンはスープ・ボンヌ・ファム（*Soupe Bonne Femme*、フランスの素朴で家庭的なスープ）に欠かせない材料であり、オクラのかわりとして炒めものに使ってもいい。

栄養素
パースレーンにはオメガ3脂肪酸と鉄が豊富にふくまれている。

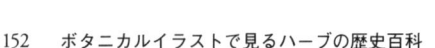

右：パースレーンの緑葉と黄金葉の品種は、どちらもシャキシャキとした歯ごたえの多肉質の葉をもち、サラダに食感とみずみずしさをあたえる。若茎は炒めものにも使える。

「パースレーンはガーデン・ハーブのひとつで、油と酢、塩少々とともにサラダにされ、上流階級だけでなく、下層階級の食卓にも最初に出される。実際、これは冬場の食卓に最初に出されるごちそうとして欠かせないもので、そのために保存もされた」

『庭師の迷宮』（1577年）、トマス・ヒル

パースレーン　153

パースレーンの記述が最初にみられたのは紀元前500年頃の中国の文献だった。ローマ人はこれをサラダ菜として用い、同時に歯痛をやわらげ、治す効果があると考えた。プリニウスはさらにふたつの奇妙な効能をつけくわえた――ひとつはパースレーンが欲望や淫らな夢を抑制するというもの、もうひとつはパースレーンで頭をぬぐうと、その年は粘膜の炎症に悩まされないというものだった。これらの効能はいずれもパースレーンのひんやりとした爽やかな性質を裏づけるものだ。こうした古くからの料理や薬としての利用のほか、ヨーロッパではパースレーンが眠っている人を邪悪な魔力から守るとしてベッドのまわりにまかれた。中世のハーバリストは、淋病患者にこれを食べるように勧めた。さらにもうひとつの薬効が、「落雷による衰弱や火薬による熱傷」に対するものだった。

パースレーンはイギリスの台所では人気がなく、ジャーナリストのウィリアム・コベットの著書『イギリスの園芸家（The English Gardener）』（1833年）もこれを助けるものではなかった――「有害な雑草で、豚とフランス人はほかになにも手に入らないときにこれを食べる。どちらもサラダとして、すなわち生で食べる」。別名のリトル・ホッグウィード（小さなブタクサ）の由来はここにある。ただ、パースレーンはフランスではホウレンソウのように使われ、グラタンに入れたりする一方、南部では伝統的なスープの材料でもあった。

パースレーンはレタスと同じ生育環境を好み、いっしょに植えるとよく育つ――黄金葉種は種子からでも栽培できる。薄い黄金色の多肉質の葉と赤い茎は非常に魅力的で、サラダやオムレツ、炒めものに入れると彩りが増す。

料理ノート
モモとパースレーンのサラダ

果物はパースレーンと相性がよく、薄切りにしてサラダに入れるとおいしい。

下ごしらえ：10分
できあがり：1人分

- モモかネクタリン（皮つき）　1個
- 生のパースレーンの葉　ひとつかみ
- ヘーゼルナッツ　3～4個
- 挽きたてのコリアンダーの種子　小さじ1/4
- ヘーゼルナッツ油　小さじ1

モモの皮をむき、薄くスライスして、皿に2列の半円を描くようにならべる。

パースレーンの葉（できれば黄金葉）を曲線に沿ってならべ、サラダの円を完成させる。小さな葉はモモの薄切りのあいだを埋めるように飾る。

フライパンに油を引き、ヘーゼルナッツがこんがりとキツネ色になるまで炒り、粗くきざむ。

サラダ全体にオイルをかけ、上にヘーゼルナッツをちらす。

ローズ（バラ）
Rosa

別名：アポセカリー・ローズ、ガリカ・ローズ

種類：低木

生育環境：耐寒性（寒い冬から非常に寒い冬に耐える）

草丈：1〜2メートルかそれ以上

原産地：北半球

歴史：カルデアで発掘された粘土板には、シュメール王サルゴン（紀元前2350–前2300）が戦争からブドウとイチジク、そしてバラを意気揚々ともち帰ったと記されているらしい。古代エジプト人はバラを大量に商業栽培し、クレオパトラは自分の船の帆にバラの香りを染みこませた。

栽培：バラは鉢苗でも裸苗でも販売されている。理想としては、すでにバラの栽培に使われた土壌には植えず、前もって十分な土作りをしておく。深く掘り返し、腐植土か培養土、そして骨粉をくわえてよく耕す──新しい肥料が根にふれないようにする。裸苗の場合、根に水分を吸わせるため、植えつけの前に株を1時間ほど水に浸す。

保存：花びらを乾燥させるか、砂糖と交互に重ね、密閉容器で保存する。花びらのヴィネガーやオイルを作るなら、p.74–5を参照。

調理：香りのよいバラを選ぶ。花びらをつけ根の部分からむしり、ラヴェンダー・シュガーのときのように（p.111を参照）、上白糖と交互に重ねて瓶に入れる。花びらは砂糖漬けにしたり、ジャムやゼリー、プディングに入れたり、ただ飾りに使ったりすることもできる。ジャムにするなら、次のページの引用に従い、花びら450グラムと砂糖450グラム、これに大さじ2の水と中さじ1のローズ水をくわえる。ローズ水は新鮮なザクロの種子にかけて香りのいいプディングにしたり、濃厚なフルーツクリームやスポンジケーキにそえたりする。ローズヒップ（バラの実）はできれば無傷であることを確認し、そうでなければ中身の繊維質をとりのぞく。

バラの香りのジャムを作るなら、ローズヒップ450グラムを約750ccの水に入れて2時間煮る。そして皮をむいたリンゴ450グラムをくわえ、軟らかくなるまで煮て、砂糖20グラムとともに凝固するまで煮つめる。あとは通常のジャムと同じように瓶づめし、密封する。

上：ロサ・アルバ（*Rosa × alba*）系の品種は歴史が古く、ヴィネガーやノンアルコール飲料に入れて浸出するのに最適な芳香をもつ。花びらを白のスパークリングワインに浸してみよう。

「バラの花びらで美しいジャムが作れる。もっとも香りがいいのはダマスク・ローズだ。できるだけ少量の水を熱し、砂糖1ポンド（約450グラム）に対して花びら1ポンド（約450グラム）をくわえ、通常のジャムと同じように仕上げる。好みでリンゴのゼリーとバラの花びらを半量ずつ『組みあわせ』てもいいが、これだとあまり日もちしない」

『イギリスの食べ物（Food in England）』（1954年）、ドロシー・ハートリー

古代エジプト人はナイル川の氾濫原に沿って、豊かで美しい庭を造った。そこでは灌漑水路によって乾季もつねに水が引かれていた。エジプト人の園芸技術は、バラのうっとりするような香気やその精油、花びらの発見とともに、ローマ人によって伝えられた。バラはその美しさと香りのほか、薬効のある精油をとるためにも栽培された。

　最古の園芸品種とされるのが、年代順にガリカ・ローズ、ダマスク・ローズ、アルバ・ローズで、いずれも花びらを料理に使うことができる。アポセカリー・ローズ（*R. gallica* var. *officinalis*）はもっとも古くから知られる品種で、14世紀初めに近東からフランスへ伝えられた。やがてフランスの薬剤師たちがローズ水とローズ油を開発し、これらはヴィネガーやジャムの風味づけにも使われた。ガリカ・ローズ（*R. gallica*）は、ダマスク・ローズ（*R. × damascena*）を生んだ交配親のひとつだった。アルバ・ローズ（*Rosa × alba*）はヨーロッパの庭園で生まれた古代の交雑種で、これにもっとも近いとされる品種が「メイデンズ・ブラッシュ」（次のページを参照）と「アルバ・セミプレナ」（薔薇戦争でヨーク家の紋章だった白いバラ）である。

　耐寒性にすぐれたルゴサ・ローズ（*R. rugosa*、ハマナス）は19世紀にアジアから伝えられた。香り豊かな花と大きなローズヒップをつけ、美食ガーデナーにとっては貴重な品種である。ローズヒップはかつて「シュラウト」や「ローズ・シュラウト」ともよばれた。ビタミンCたっぷりのローズヒップを使った子ども用シロップのレシピは1730年にまでさかのぼり、約200年後の第2次世界大戦中から戦後にかけて一般に広まった。

　植えつけのときは、バラが根を張れるだけの大きな穴を掘り、傷んだ根はすっぱりと切り落とす。スペースがかぎられている場合は、別の場所に植えることを考えるか、あるいは最後の手段として、根が生長できるだけの空間をもち、新たな根系がしっかり形成されるように古い根を整理する。穴はその直径と同じ深さに掘り、苗の接ぎ口が地面より上になるように植え、土をふみ固める。最初の生育期には十分に水やりし、マルチングをほどこす。

　バラは開花していない時期にとった木質化した

料理ノート
ローマ風ローズワイン

　このレシピはローマの食通アピキウスによるものだが、このローズワインとスミレのワインはいずれも下剤として使われた。

下ごしらえ：21日間
できあがり：4〜6人分

- バラの花びら　ふたつかみ
- 蜂蜜　好みで
- 辛口の白ワイン　1リットル

　花びらのつけ根の白い部分をとりのぞく。

　麻袋に縫いこみ、ワインにくわえて7日間置く。

　古い花びらを取り出し、新しい花びらと交換する。さらに7日間置き、これをくりかえす。

　ワインを水きりボウルで濾す。

　蜂蜜で甘みをくわえてから食卓へ出す。

左：ロサ・ガリカは、薔薇戦争のランカスター家と結びつきのある最古のバラのひとつ。その濃いピンクがかった赤色は、砂糖漬けにするといっそう映える。実が必要な場合は摘花しない。

挿し穂（熟枝挿し）で増やせる。晩冬か早春に剪定し、ローズヒップが必要ない場合は、さらなる開花をうながすために枯れた頭花をこまめに摘みとる（くりかえし咲きの品種にかぎる）。もし大きな庭があるなら、ルゴサ・ローズ（R. rugosa）はハーブ・ガーデンに最適だ。香り豊かな花と肉厚で大きな赤い実をつけ、寒さにも非常に強い。

さまざまなバラ

　バラをハーブとして考えたとき、その利用の歴史はガリカ系、ダマスク系、アルバ系のオールドローズにはじまる。これらはほとんど一季咲きであるため、実の収穫に向いている。ルゴサ・ローズはモダンな香りのくりかえし咲きで、耐寒性にすぐれ、良質な実をつけるという長所をもつ。蔓性のバラは壁やトレリス、東屋に這わせるのに最適だ。

　ガリカ・ローズ系のバラは、南ヨーロッパや中央ヨーロッパ、小アジア、中東を原産とする野生種のロサ・ガリカ（*Rosa Gallica*）の子孫である。アポセカリー・ローズのほか、香りのよい品種として検討すべきものがいくつもある。たとえば、「アガサ」の淡いピンク色の花は中心部がやや濃く、花びらはフルーツサラダにちらすと美しい。「カルディナル・ド・リシリュー（リシリュー枢機卿）」は、高位聖職者にふさわしい上質なベルベットを思わせる紫色の花をつけ、砂糖漬けにすると扇情的にさえみえる。華やかで香り豊かな「タスカニー・スパーブ」もお薦めのガリカ・ローズで、半八重咲きで深い赤紫色の大輪の花をつける。

　ダマスク・ローズは十字軍によってダマスカスからヨーロッパへもち帰られたといわれている。まず思い浮かぶのはカザンリク（*R.* × *damascena* 'Trigintipetala'）で、バラの香水生産のためにブルガリアで広く栽培されている。あの「バラ油」の原料となる香りの強いバラで、暖かみのあるピンク色の花をつける。「ブラッシュ・ダマスク」も同じく香りが強く、淡いピンク色の小ぶりな花をつける――花の蕾は飾りにしたり、乾燥させたりする。「セルシアナ」は古風なアンティークローズで、灰緑色の葉に半八重咲きのピンク色の花を鈴なりにつける。これは鉢植えでも痩せた土でもよく育ち、生垣として刈りこむこともできる。香り高い「マダム・アルディ」は見事な純白の八重咲きの花をつけ、エレガントな趣がある――屋外のベンチのそばに植えるといい。

　アルバ系の品種には独特の芳香があり、次に紹介するバラの香りはどれもすばらしい。最古の品種に数えられる「メイデンズ・ブラッシュ（乙女の恥じらい）」は、馥郁とした甘い香りで、薄紅色の八重咲きの花をつける。フランスではキュイス・ド・ナンフ（*cuisse de nymphe*）とよばれ、妖精の太ももを意味するが、これはフランスとイギリスの文化の違いによるものだろう。ジャコバイト・ローズとしても知られる「アルバ・マキシマ」は、立派な実をつける。「アメリア」は灰緑色の葉に大きなピンク色の半八重咲きの花をつけ、黄金色の蘂が目を引く。これは用途の広い万能品種で、鉢植えにして木陰に置いても、痩せた土壌に植えてもよく育ち、低い生垣として刈りこむこともできる。「ケニギン・フォン・デンマーク」はアルバ系らしい豊かな芳香をもち、鮮やかなピンク色の花をつける。

ロサ・ルゴサ（ハマナス）

　ルゴサ・ローズは多目的に使えるすばらしいバラである。うっとりするような香りを楽しめるほか、ほとんど入るすきまもないような生垣として育てることもでき、魅力的な大きな実も役に立つ。水はけのよい湿った土壌に植え、冬に更新剪定を行ない、古い茎の3分の1を根もとまで切り戻す。これによって新しい茎が次々と形成される。草丈2メートルまで生長し、黒斑病やうどん粉病にきわめて強く、沿岸部などの厳しい気候にもよく耐える。いくつかの品種があるが、なかで

もすぐれているのが「アルバ」と「ハンザ」のふたつである。前者は鮮緑色の葉が秋になると美しい黄色に変わり、かぐわしい一重の白花をつける——遅れ咲きの花は大きな赤いローズヒップと見事なコントラストを生む。1905年に紹介された「ハンザ」は、クローヴのような強い香りをもつ中輪の赤花を咲かせ、くりかえし咲きで、豊富に実をつける。

アーチや東屋、壁やトレリスに向く蔓バラ

蔓バラの多くは、かぐわしいハニーサックルといっしょに育てることにより、二重に香る花のスクリーンを作ることができ、花期もより長く楽しめる。蔓性のすぐれた品種として、強健な「クリムゾン・グローリー」があり、形のよいベルベットのような濃い鮮赤色の花を咲かせ、4.5メートルの高さまで伸びる。えび茶がかった濃赤色の花をつける「ギネー」は、蔓性のハイブリッド・ティー・ローズで、痩せた土壌でもよく育ち、同じく4.5メートルの高さまで伸びる。作庭家ガートルード・ジェキルのお気に入りだった「マダム・イザック・ペレール」は、ブルボン系のオールドローズで、その八重咲きの花は濃い紫がかったピンク色である。日あたりのよい壁に這わせるのがいちばんで、1.5メートルの高さまで伸びる。

蔓バラと同じく、木バラの多くも壁やトレリス、東屋に枝を誘引することができる。外側に向いている芽はすべて切り戻し、枝を結びあわせる。ほとんどのバラは日あたりのよい面を好むので、南向きか西向きの壁やフェンスを背に植える。ただ、ほかより日陰に強く、北向きや東向きの場所に耐えられるバラもある。自信がない場合は、専門の苗木店からバラを購入すれば、適切なアドバイスをもらえるはずだ。サフォ

ークにあるヘルミンガム・ホールの庭園で考案された方法は、バラを中央の支柱にからませて上へと誘引するもので、先端にとりつけられた複数のワイヤーが傘のように地面に向かってアーチ状に開いている。バラの生長に応じて枝を結べば、開花もおおいに促進される。これはバラの噴水のような造形を楽しめるうえ、棘だらけの枝から身を守ることにもなる。

上：ここに描かれた紫色のベルベット・ローズ（ガリカ系オールドローズ）のように、香り高いバラの花びらはいずれも料理に使うことができる。バラの花びらを浮かべたフィンガーボウルがあれば、手づかみの食事も優雅なものになる。

ローズ　159

ローズマリー（マンネンロウ）
Rosmarinus officinalis

別名：デュー・オヴ・ザ・シー、シー・デュー、エルフ・リーフ、ガードローブ、アンサンシエ、コンパス・ウィード、ポーラー・プラント

種類：低木

生育環境：耐寒性
（平均的な冬に耐える）

草丈：45センチ〜1.5メートル

原産地：地中海

歴史：海辺のハーブとして、属名の*Rosmarinus*は「滴」や「海のバラ」を意味し、その灰緑色の葉は野生でも庭でも海岸沿いでよく育つ。「ローズマリーは女性が支配するところに繁茂する」という言い習わしがあるが、これは権力とは関係がなく、領地が必要としているものを把握するという意味での支配である。

栽培：ローズマリーは種子から栽培できるが、苗からのほうがよく育ち、品種も確認できる。温暖な気候と水はけのよい土壌を好み、壁を背にして、あるいは壁から垂れるように育つ——後者を望むなら、匍匐性の品種を選ぶ。ローズマリーとセージは同じ生育環境を好むため、大きなテラコッタの鉢に寄せ植えすることもできる。ただ、鉢植えのローズマリーは根腐れしやすいので、水のやりすぎには注意する。コンテナ栽培のものはクリスマスに室内に入れ、飾りつけをしてもいい。

栄養素

最近の研究によれば、ローズマリーには代謝性変化をうながし、これを助けるとともに、認識能力を高める作用があるという。

保存：常緑なのであまり必要ないが、小枝を何本か乾燥させ、使う分だけ葉をとり、ほぐしてから使用する。必要なら冷凍する。

調理：エルブ・ド・プロヴァンス（p.138を参照）のひとつであるローズマリーは、真の常緑ハーブであり、年間を通じて生を収穫できる。葉は細長くとがっているので、かならず細かくきざむかほぐして使う。レシピでは、きざんだ生葉大さじ3は乾燥葉大さじ1に相当する。

ガーリックと合わせてラム肉に使うのが定番で、ともに細かくきざみ、ラムの脚や肩の切れこみにつめる——これはラヴェンダーの葉でもいい。ラムの肉片や鶏肉の下にローズマリーの葉を敷いてローストし、いったん葉を取り出してから、ハーブの風味がついた肉汁でグレーヴィーソースを作る。

きざんだ葉はショートブレッドにくわえ、冷たいプディングやクレーム・ブリュレにそえて出してもいい。ハサミで先端や花を細かく切ってサラダに入れてもいい——トマトやヴィネグレットソースとの相性はばつぐんである。木質化した枝から葉をむしり、ケバブの焼き串として使えば、肉に木のかぐわしい風味がくわわる。小枝はオリーヴを刺して、カクテルのスティックがわりにも使える。ローズマリーはハーブティーにしてもおいしい。

ローマ人はローズマリーが観賞用として美しいばかりか、薬草や香草としても重要なハーブであることを認識していた。それは地位や名声のある人々の豪華な海辺の別荘で生垣として利用され、カール大帝の「御料地令」でもリストにあげられた。フランスの中世の病院では、ローズマリーが伝染病予防のためにジュニパーとともに焚かれ、これが別名のアンサンシエ（incensier、香木）の由来となった。最終的にイギリスへあらためて紹介されたのは14世紀前半、イングランド王エドワード3世の妃フィリッパ・オヴ・エノーによってだった。ローマと同じく、中世やテューダー朝時代には家庭の主婦たちによって栽培されたが、それは彼らの社会の健康がローズマリーの安定した生育にかかっていたからである。イギリスの思想家で政治家のトマス・モアも、チェルシー・マナーの壁一面にローズマリーを茂らせたが、それはハチを引きよせるためでもあり、ローズマリーが記憶と友情の象徴だったためでもある。

イギリスの詩人で翻訳者のバーナビー・グージは、1578年の訳書『農業大全（The Whole Art and Trade of Husbandry）』のなかでこう記している——「［ローズマリーは］女性たちの楽しみのために植えられ、荷車やクジャクなど、彼女たちの好きな形にさまざまな大きさで育てられた」。歴史的文献にも数多くの記述がみられ、その価値や風味、象徴的な意味あいが高く評価されている。シェークスピアの『ハムレット』に出てくるオフィーリアの台詞にこんなものがある——「これは記憶のしるしのマンネンロウですの。どうか、恋しいお方、忘れないでね」［『ハムレット』、本多顕彰訳、角川書店］。ローズマリーは、食べると血行が改善され、さらに記憶力を高めるともいわれているため、二重の意味で記憶と結びついている。

栽培するときは、地中海の丘陵地帯を考え、温暖で乾燥した生育環境と水はけのよい土壌を再現する。ローズマリーはより北方の沿岸地域でも

下：ローズマリーは青い花をつけるものが多いが、魅力的な白い花を咲かせる品種もいくつかある。それらはラム肉と合わせてもいいし、細かくきざんでサラダやビスケットにくわえてもいい。

ローズマリー　161

耐寒性をもち、潮風にも耐えるが、冬の湿気や凍えるような寒さが続くと生きのびられない。温暖で乾燥した環境なら、ローズマリーは生垣やノット・ガーデンの一部として刈りこむこともできる。前のページのグージの引用にあるほど大がかりなものではないにせよ、トピアリーにも向いている。初夏に新枝からとった先端部の挿し穂（天挿し）（p.203を参照）ですぐに根づくが、秋により大きな踵挿しの挿し穂をとってもいい。晩春に花が終わったら、新芽の上まで切り戻し、枯れた木質部は切り落として、形を整える。主要な種に、スペイン南東部のエリオカリクス種（*R. eriocalyx*）とスペイン南部のトメントサス種（*R. tomentosus*）がある。

ローズマリーのさまざまな品種

　キリスト教の伝説によれば、ローズマリーはけっして1.8メートルより高くはならないとされ、それはイエス・キリストの身長と関係があるようだ。また、青い花はイエスの母マリアが迫害をのがれてエジプトへ向かう途中、そのマントをローズマリーの茂みにかけて身を隠したことに由来する。しかし、実際には1.8メートルより高い品種も低い品種もあり、花色もピンクや白のほか、さまざま色あいの青がある。灰緑色の斑入りのローズマリーはもう栽培されていないが、黄金色のすじが入った品種はやや気むずかしい性質ながら、ふたたび流通している。壁一面に茂らせたローズマリーは、石やレンガが日光を受けて暖まると芳香を発する。

　「セヴァン・シー」は、濃緑色の密な葉に魅力的な濃いブルーの花をつける。葉は標準種より軟らかいため、生できざむのに向いている。「トスカナ・ブルー」と同じく、壁に這わせることもできる。「トスカナ・ブルー」はより軟らかくて細長い葉に濃いブルーの花をつけ、精油にふくまれるピネンやカンファー（樟脳）の成分が少ないことから、料理によく使われる。経験上、ローズマリーのなかでもっとも花つきがいいのは、軟らかい緑色の葉に鮮青色の花を密生させる「サドバリ

上：ホワイト・ローズマリー（*F. albiflorus*）など、成熟したローズマリーの若枝はケバブの焼き串に使える。食卓へ出すときに料理が映えるし、ハーブの風味も楽しめる。

ー・ブルー」で、これは1970年代にイギリスのサフォーク・ハーブス社によって品種改良されたものだ。「ベネンデン・ブルー」は草丈約1メートルで密に茂るため、生垣やトピアリーに最適である。晩春から初夏に濃い青紫色の花をつけ、秋にくりかえし咲きすることもある。同じく興味深いのが、淡青色の花をつける「グリーン・ジンジャー」で、草丈60センチに生長し、美しい魅力的な株になる。

　一方、アメリカの品種で興味深いのが、「アープ」と「シェーディー・エーカーズ」のふたつである。「アープ」はもっとも耐寒性にすぐれ、氷

点下28度の低温でも生きのびる。直立性で生垣や小さなトピアリーに向いており、風味がよく、澄んだブルーの花をつける。「シェーディー・エーカーズ」は草丈1.7メートルまで生長し、1999年に、アメリカはミネソタ州のシェーディー・エーカーズ・ハーブファームによって紹介された。花はめったにつけないが、最長2センチほどの濃緑色の葉が茎に密生する。

「マジョルカ・ピンク」は、その名が示すように紫がかったピンク色の花をつけ、しばしば冬を通じて開花する。草丈1.5メートルに生長する直立性の小さな低木で、スタンダード仕立てにすることもできる。水はけのよい乾燥した土壌なら、耐寒性がさらに増す。ホワイト・ローズマリー（$F.\ albiflorus$）は春と夏に白い花を咲かせる。小さな濃緑色の針葉をもち、草丈約80センチに生長する。「レディー・イン・ホワイト」も同じく魅力的な白花品種である。

めずらしい品種を試してみたいという熱心なローズマリー栽培者には、黄金葉のものがお薦めだ。「アウレウス」は葉全体に黄金色の斑が入った品種で、ゴールデン・ヴァリエガーテッド・ローズマリーともよばれる。小さな淡青色の花をつけ、草丈約80センチに生長する。「ゴールデン・ダスト」は縁が黄色の鮮緑色の葉をもち、暑さに非常に強い。最後が「ジョイス・デバッジオ」で、「ゴールデン・レイン」ともよばれる。

匍匐性の品種

匍匐性のローズマリーは簡単に手に入り、壁から垂らしたり、グラウンドカバーとして這わせたりできるので人気も高い。匍匐性品種には「カプリ」、「フリーダ」、「ゲッセマネ」、「ジャックマンズ・プロストレート」、「ランパント・ブール」などがある。下垂性の「カプリ」の変種とされる「ウィルマズ・ゴールド」は、最初は明るい黄金色の葉が時間とともに濃くなり、淡青色の花をつける。「フォタ・ブルー」はもっとも小さな匍匐性ローズマリーのひとつで、草丈40センチにしかならず、青紫色の花をつける。うねるように這う習性をもち、小さな鉢植えには最適だが、短命に終わる傾向がある。保険として毎年、挿し穂をとっておくといい。

料理ノート
焼きクルミ

グルメにふさわしい塩味のスナックで、ローズマリーとセージがクルミと塩の両方に風味をそえる。残りはリゾットに混ぜてもいい。

下ごしらえ：10分
調理：20～30分
できあがり：10人分（おやつとして）

- オリーヴ油　大さじ1
- バター　大さじ1
- 生のローズマリー
  大さじ2（細かくきざんで）
- セージ　大さじ1（細かくきざんで）
- パプリカ（香辛料）　小さじ1
- 塩　小さじ3/4
- クルミ　245グラム

オーブンを160度に予熱する。

フライパンに油とバターを熱し、ハーブと香辛料、塩を混ぜ入れる。

クルミをくわえ、よくあえる。

天板に広げ、20～30分焼く。

殺菌消毒した密閉容器に入れて保存する。

ビタミンとミネラル――食用ハーブの付加価値

　有史以前の農耕では、穀物のあいだに生えた雑草も穀物といっしょに刈りとられ、収穫された。これにはいくつかのメリットがある。第一に、雑草は穀物よりも丈夫なので、穀物が不作のときもあてにすることができた。第二に、雑草の大きな種子は、粗くすりつぶせば、それ自体が貴重な食料となった。第三に、雑草の種子は野生のハーブと同じく、肉や魚が不足した場合に天然のタンパク源となった。そしてこの最後のポイントは、さまざまな理由から塩分摂取をひかえようとしている人々にとって、当時と同じように重要である。つまり、食べられる雑草やハーブは、栄養補助食であったほか、香味料としても価値があった。

　第2次世界大戦中、イギリス政府は「勝利のために耕そう」というスローガンを掲げ、人々に自宅の庭などでの野菜栽培を奨励し、「野菜を食べよう」と指導した。これは野菜類にはビタミンやミネラルが豊富にふくまれていることをあらためて示すもので、パセリをはじめ、ほとんどのハーブにもあてはまる。このほかにも、エルダーベリーやガーリックで免疫力が高まるとか、食事のカロリーを抑えられるなど、ハーブには健康面でのメリットがたくさんある。また、ダイエットで重要なカギをにぎるのは、口寂しさをどうまぎらわせるかということだ。このために昔もいまも利用されているのがフェンネルの種子で、かつては断食の時期に空腹をやわらげるためにかまれた。フェンネルの種子は味蕾を効果的に麻痺させ、アニスのような甘い香りで息を爽やかにする――スウィート・シスリーもほとんど同じ働きをする。ガーリックはその健康増進作用で知られるが、鱗片の皮をむき、15〜20分置いてから調理すると、免疫力を高める酵素がさらに増す。

　ハーブは、心身のあらゆる働きを円滑にする数々の微量元素やミネラルを供給してくれる。一方、ローズマリーやセージなど、ハーブ由来の薬やハーブの精油が市場に出まわったことにより、多くの健康上の不安や禁忌が生じたが、そもそもハーブは効き目が強いため、内服であれ外用であれ、慎重に使われるべきである。ただ、現実問題として、本書に出てくる約60種類のハーブのいずれにかんしても、生で食べて過剰摂取になることはほとんどなく、乾燥させたものならその危険性はさらに減る。たしかに、ダンデライオンの葉に強い利尿作用があることはよく知られている。しかし、多くの利尿薬が体内から必要なカリウムまで排出させてしまうという副作用をもつのに対し、ダンデライオンの葉にはそのカリウムが豊富にふくまれている。

　というわけで、ハーブを食べるときは、それぞれ旬はいつかといった季節的な知識や、料理上のアドバイスに従うことが大切だ。ローズマリーが記憶力を高めるとか、グラウンド・エルダーが痛風をやわらげるといった先人の知恵を生かし、5月にセージを食べて長生きしようとか、新鮮なタイムを食べて老化を遅らせようとかいったことをぜひ実践してみよう。オランダの人文主義者エラスムスはこう書いている――「愚かさは喜びの調味料である」。

右：第2次世界大戦中の「勝利のために耕そう」というスローガンの下では、ジャガイモやタマネギが砲弾や弾丸に値する戦争の武器だった。戦時中のイギリスでも、パセリやミント、タイムが栽培された。ローズヒップやエルダーフラワー、ベリーなどは野生のものが採集された。

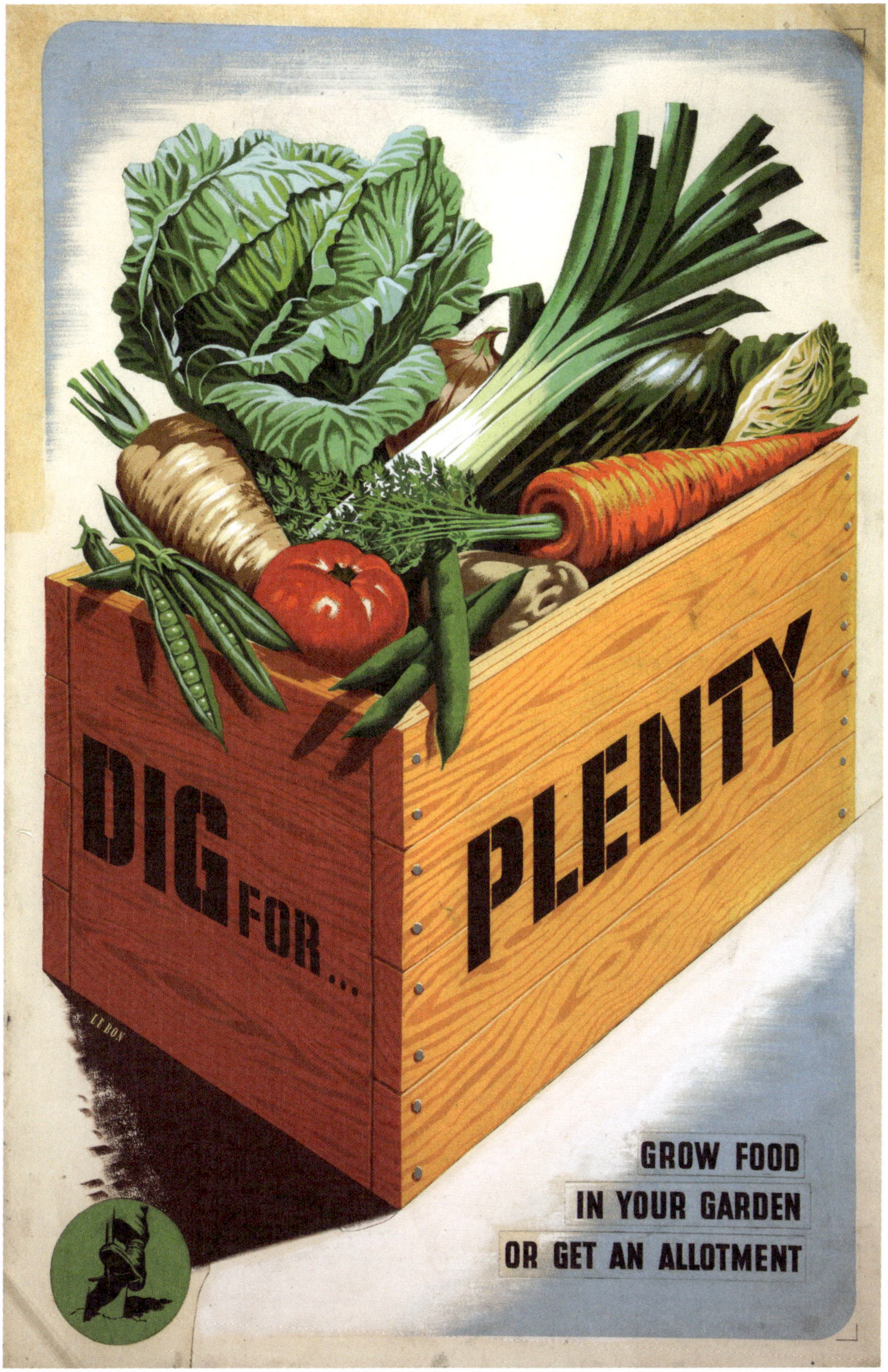
DIG FOR...
PLENTY
GROW FOOD
IN YOUR GARDEN
OR GET AN ALLOTMENT

ハーブにふくまれるビタミンなどの成分

ハーブを薬として継続的に摂取するつもりなら、医師に相談する必要がある。しかし、バランスのとれた食事の一部として適量を生で食べる程度なら、健康増進に役立つ。

ビタミンA——クミン（*Cuminum cyminum*）

ビタミンB$_1$——エリンギウム（*Eryngium foetidum*）、クミン（*Cuminum cyminum*）

ビタミンB$_2$——エリンギウム（*Eryngium foetidum*）、クミン（*Cuminum cyminum*）

ビタミンB$_6$——ホースラディッシュ（*Armoracia rusticana*）、エルダー・ツリー（*Sambucus fruit*）、クミン（*Cuminum cyminum*）

ビタミンC ——グラウンド・エルダー（*Aegopodium podagraria*）、チャーヴィル（*Anthriscus Cerefolium*）、ホースラディッシュ（*Armoracia rusticana*）、クミン（*Cuminum cyminum*）、サラダ・ロケット（*Eruca vesicaria* subsp. *sativa*）、エリンギウム（*Eryngium foetidum*）、シソ（*Perilla frutescens*）、パセリ（*Petroselenium*）、ローズヒップ、エルダー・ツリー（*Sambucus fruit*）、ダンデライオン（*Taraxacum officinale*）、ナスタティウム（*Tropaeolum majus*）、ネトル（*Urtica dioica*）

ビタミンE——クミン（*Cuminum cyminum*）、ダンデライオン（*Taraxacum officinale*）

ビタミンD——チャーヴィル（*Anthriscus cerefolium*）

ビタミンK——サラダ・ロケット（*Eruca vesicaria* subsp. *sativa*）

鉄——クミン（*Cuminum cyminum*）、サラダ・ロケット（*Eruca vesicaria* subsp. *sativa*）、エリンギウム（*Eryngium foetidum*）、シソ（*Perilla frutescens*）、パースレーン（*Portulaca oleracea*）、ダンデライオン（*Taraxacum officinale*）、ナスタティウム（*Tropaeolum majus*）、ネトル（*Urtica dioica*）

カルシウム——ホースラディッシュ（*Armoracia rusticana*）、クミン（*Cuminum cyminum*）、サラダ・ロケット（*Eruca vesicaria* subsp. *sativa*）、エリンギウム（*Eryngium foetidum*）、シソ（*Perilla frutescens*）、ダンデライオン（*Taraxacum officinale*）、タイム（*Thymus*）、ネトル（*Urtica dioica*）

銅——クミン（*Cuminum cyminum*）

マンガン——クミン（*Cuminum cyminum*）

マグネシウム——ホースラディッシュ（*Armoracia rusticana*）、クミン（*Cuminum cyminum*）、ダンデライオン（*Taraxacum officinale*）

リン ——ホースラディッシュ（*Armoracia rusticana*）、ダンデライオン（*Taraxacum officinale*）、タイム（*Thymus*）

カリウム——ホースラディッシュ（*Armoracia rusticana*）、クミン（*Cuminum cyminum*）、サラダ・ロケット（*Eruca vesicaria* subsp. *sativa*）、シソ（*Perilla frutescens*）、ダンデライオン（*Taraxacum officinale*）、タイム（*Thymus*）、ネトル（*Urtica dioica*）

亜鉛——クミン（*Cuminum cyminum*）

オメガ３脂肪酸——パースレーン（*Portulaca oleracea*）、ダンデライオン（*Taraxacum officinale*）

「ハーブも雑草もない。神はそれらに人の助けとなる力をあたえた。…すぐれた料理人は半分医者でもある」

アンドルー・ボード（1490頃-1549）

　左のページの表は、多くのハーブにビタミンC、鉄、カルシウム、カリウムがふくまれていることを示し、これらは健康な体を作るために欠かせない4つの栄養素である。この4つだけで、髪や肌がきれいになり、気分がよくなり、結果としてそれが健康につながるという連鎖を生み出す。クミン、シソ、ダンデライオン、ネトルにはこの4つがすべてふくまれている。

　第一に、ビタミンCは水溶性であるため、わたしたちの体はそれをたくわえることができない。ビタミンCは年間を通じて生のハーブから毎日摂取できるが、加熱しすぎないように注意する。実際、ビタミンCはきわめて重要な働きを担っている——細胞を守り、それを健康に保ち、皮膚や骨、血管といった組織や器官の構造を支え、傷の回復を助ける。さらに、わたしたちの体が植物性食品から鉄分を吸収する際にも大きな助けとなるため、鉄を多くふくむハーブと組みあわせるとなおいい。鉄分はあらゆる臓器に生命のもととなる酸素を供給するため、丈夫で健やかな体には欠かせない栄養素だ。また、疲労や不眠を軽減し、免疫力を強化するばかりか、集中力や筋機能を高め、体温調整を助ける。

　カルシウムはわたしたちの骨や歯を強くし、子どもや閉経後の女性にとって重要な栄養素である。最近の研究によれば、カルシウムは脂肪の燃焼をうながし、吸収を抑えることにより、代謝を改善し、減量効果をもたらすという。一方、サーモン、鶏肉、牛乳、アーモンドなどはカリウムの供給源なので、これらをカリウムが豊富なハーブといっしょに調理すれば摂取量が二倍になる——ホースラディッシュのマヨネーズとサーモン、サラダ・ロケットと赤ジソ、ダンデライオンの若葉のミックスサラダとクミンの種子で焼いた鶏肉など。タイムと牛乳で煮こんだウサギの肉も、香りがよくて消化にいい。めずらしい前菜を求めるなら、ネトルの若葉をアーモンド、黒オリーヴといっしょにヴァージン・オリーヴ油で炒め、温製か冷製で出す。

上：ダンデライオンは栄養の宝庫だ。これにはビタミンC、鉄、カルシウム、カリウムがふくまれている。

ソレル（スイバ）
Rumex acetosa または *R. scutatus*

別名：サワー・ドック、グリーン・ソース、フレンチ・ソレル、バックラーリーフ・ソレル

種類：多年草

生育環境：耐寒性（非常に寒い冬に耐える）

草丈：60センチ、30センチ

原産地：欧州

歴史：プリニウスは野生のソレルの葉を収穫し、精麦といっしょに食べることを勧めた。イギリスの作家で博物学者のジェフリー・グリグソンは、『イギリス人の植物誌』のなかでソレル（*R. acetosa*）の別名を36もあげ、その最後が「トムサムズ・サウザンドフィンガーズ（親指トムの千の指）」というケント州でのよび名で、特徴をよく示していた。

栽培：春、半日陰で、適度に肥えた水はけのよい土壌に直まきする。10〜25センチ間隔に間引く。自然播種ですぐに広がるので、これを防ぐために花穂を切り落とす。耐寒性にすぐれたソレルは北極地方でも育つ。

保存：葉は冷凍できるが、ほとんど年間を通じて生を収穫できる。

調理：洗って葉についた水分で調理する。ソレルのスープはフランスの伝統的な定番料理で、しばしばジャガイモでとろみをつける――レタスと組みあわせてもいい。フランスでは、蒸したソレルの葉の上にコイをねかせて出したり、ソレルのピ

上：ソレルはなるべく開花・結実させないようにするべきで、むしろ葉の形成をうながすために茎を切り戻す。

ューレに卵黄2個、フレンチ・タラゴンのマスタード小さじ1、フレンチ・タラゴンの生葉を合わせ、これにメルルーサをのせて出したりする。ソレルをリンゴといっしょに細かくきざみ、バターで炒め、リンゴ酒をくわえて、フルーティーでやや辛みのあるソースを作り、ガチョウのローストにかけてもいい。プロヴァンスでは、ソレルをホウレンソウと混ぜてグリーン・ニョッキを作る。ソレルの葉を細かくきざんで魚や子牛肉のホワイトソースに入れてもいい――より濃厚な味にするにはクリームと卵をくわえる。ソレルはいろいろな具を組みあわせたスープでホウレンソウのかわりに使うこともできる。小さな盾形葉のバックラーリーフ・ソレル（*Rumex scutatus*）はグリ

「ソレルはその爽やかな酸味でよく知られ、旬の時期にはもっともそれがきわだつが、早春はほとんど味がない。カッコウがこの草を食べてのどの調子を整えたとされたことから『カッコウのごはん』ともよばれる」

『モダン・ハーバル』（1931年）、モード・グリーヴ夫人

ーンサラダにレモンのような酸味をあたえ、サラダ・ロケットのようにピザやパスタにちらすこともできる。

　レモンが簡単に手に入るようになるまで、ソレルのすっきりとした酸味は魚料理によく使われた。イギリスの植物学者でハーバリストのジョン・ジェラードはこれが胃を冷やすと記した。ソレルはじっくりと火をとおし、濾してから石の壺につめられ、澄ました牛脂で密閉されて冬まで保存された。イギリスの園芸作家エレノア・シンクレア・ロードは、『料理用ハーブとサラダ用ハーブ（Culinary and Salad Herbs）』のなかで、カモのローストを作るときは、ソレルの葉約125ccと同量の肉汁、さらにグーズベリー（スグリ）6個を混ぜていっしょに煮こみ、好みで砂糖をくわえて、温かいうちに出すように提案した。

　ソレルはほとんどどこででも育つが、乾燥した環境だと、古い葉と同じように葉の酸味がいっそう強くなる。これを防ぐには、新鮮な葉が一定して供給されるようにこまめな収穫を行なうことだ。より温暖な地域では、葉が年間をとおして手に入る。早春に収穫できるように、晩夏に種をまいてみ

料理ノート
ソレルのさまざまな品種

ソレルの葉にはレモンと酢を合わせたような独特の「酸味」があり、食欲をそそられる。

「アバンダンス」（*R. acetosa* 'Abundance'）——花はつけないが、サラダに使える葉を豊かに茂らせる。スープにもお薦め。

「ブロンド・ド・リヨン」（*R. acetosa* 'Blonde de Lyon'）——葉がもっとも大きい。耐寒性はあるが、5年ごとにまきなおしや植えなおしをするのが理想。

レッド・ソレル（*R. sanguineus*）——より装飾的な「赤すじソレル」も食べられる。茎が赤く、鮮緑色の葉にも同じく赤いすじが入り、ベルベットのような質感をもつ。

バックラーリーフ・ソレル（*R. scutatus*）——小さな丸い盾のような形をした葉が魅力的。すっきりとしたレモンの風味をもち、より日照りに強い。

「シルバー・シールド」（*R. scutatus* 'Silver Shield'）——メタリックな光沢をもつ魅力的な品種。

よう。野生のヒメスイバ（*R. acetosella*）も食べられるが、走根によって無秩序に広がる雑草なので、庭からは遠ざけておくこと。

左：こぢんまりした盾形葉のバックラーリーフ・ソレルはサラダに最適である。また、レモンと酢の繊細な風味を必要とするホワイトソースにくわえ、魚料理にかけてもいい。

セージ
（ヤクヨウサルビア）
Salvia officinalis

別名：コモン・セージ

種類：多年草

生育環境：耐寒性（平均的な冬から寒い冬に耐える）

草丈：30〜80センチ

原産地：地中海、北アフリカ

歴史：プリニウスによれば、属名の*Salvia*は「癒す」や「救う」を意味するラテン語の*salvere*に由来する。ローマ人はセージをなんらかの儀式とともに採集した。また、鉄塩がセージにふくまれる化学物質と反応することから、彼らはけっして鉄製の刀では収穫しなかった。セージは紀元816年頃のザンクト・ガレン修道院の庭園設計図（現存する最古の庭園図面）や、カール大帝の「御料地令」にも登場する。

栽培：春まき。種子から育てたグリーン・セージは花をたくさんつけるが、最近の品種は葉を目的に改良されているため、まったく花をつけないものも多い。地中海原産のセージは、日あたりがよく、乾燥した環境を好む。
　また、テラコッタの鉢にローズマリーと寄せ植えすれば、見た目もよくて便利である。30センチ間隔で植えれば、魅力的なグラウンドカバーにもなる。

保存：葉を丸ごと乾燥させ、密閉容器に入れて保存する。1年以上は置いておかないこと。

調理：新鮮なセージの葉はタマネギやチーズ、豚肉、カモ、子牛、鶏肉と非常に相性がいい。衣をつけ、たっぷりの油で揚げてもおいしい。あるいは、セージ入りのバターをラムや子牛、焼きトマトの上で溶かすのもいい──セージの葉12枚とバター75グラムを混ぜ、すりつぶして、レモン汁小さじ2と好みで塩・コショウをくわえる。芯を抜いたリンゴにきざんだセージとタマネギをつめ、ローストポークといっしょに焼けば、セージとタマネギを肉につめるよりも軽めのつけあわせになる。パンを作るなら、とくにオリーヴ油を混ぜてこねるイタリア風のパンの場合、精白小麦粉450グラムに対してグリーン・セージかパープル・セージの生葉12枚、あるいは乾燥葉小さじ2をくわえる。花はサラダにちらす。

　セージは古くからその健康増進作用が高く評価され、「庭にセージのある者がどうして死ねようか」というアラブのことわざや、「長生きしたい者は5月にセージを食べるべし」というイギリスのことわざを生んだ。サーモンやマスにかけるジェノヴェーゼソースについて説明したビートン夫人のレシピには、セージの線画がそえてあり、イギリスの庭で古くから栽培されてきたと記されている。彼女はレッド・セージかパープル・セージが料理にもっとも向いており、その次がグリーン・セージだとし、セージとタマネギをつめた豚肉やカモの伝統的なイギリ

右：セージの葉は細かくきざむと風味がもっとも引き出される。伝統的なローストポークやローストダックのほかにも、製パン用のミックス粉にくわえたり、チーズベースの料理に使ったりできる。

ス料理を紹介した。ピーターラビットで有名なビアトリクス・ポターの絵本『あひるのジマイマのおはなし』（1908年）は、まぬけなアヒルの不運な物語で、彼女は「うすちゃいろのひげのしんし」のためにセージとタマネギを集める［『あひるのジマイマのおはなし』、いしいももこ訳、福音館書店］。じつは彼はジマイマを食べようとたくらむ狡猾なキツネで、セージとタマネギがアヒルの丸焼きにぴったりの香味料になることを知っている（読者の子どもたちもそうだろう）。これは子ども向けの物語なので、最後は賢いコリー犬のケップがジマイマをおそろしい結末から救ってくれる。

　セージは日あたりのよい場所ならすぐに根づき、緑や紫、あるいは斑入りの魅力的なグラウンドカバーや縁どりになる。ブロックにまとめても、幾何学的な花壇でも、敷石のあいだでも育ち、夏に青紫色や薄紫色の花をつける。春に枯れた枝を整理して切り戻し、夏をとおして新芽をこまめに摘心すれば、株が充実し、広がりを抑えられる。増やす場合は、初夏か秋に挿し木で簡単に根づく。また、日あたりのよい花壇に植えた低木の彩りにもなるが、3、4年もすると徒長しがちになるので、そうなったら株を掘り上げる。セージを増やし、株を更新するための簡単な方法として、秋に軽い培養土で葉までマルチングする。翌春、マルチングをとりはらえば、いくつかの茎から根が出ているはずだ。その株を掘り上げ、すぐにでも根づきそうな挿し穂を切りとり、植えなおす。ほかのセージが徒長している場合は、その挿し穂を使って株の更新をすることもできる。

　寒さに弱いサルヴィアのなかでも、パイナップル・セージ（*Salvia elegans*）はパイナップルのような甘酸っぱい香りの葉をもち、フルーティー

な風味を出すのに使われる。ただ、残念ながら、これは食べてもおいしくない。

さまざまなセージ

　サルヴィア属（*Salvia*）には900を超える種があり、多くは芳香性の葉や花をもっているが、なかでも料理に最適なのはコモン・セージ（*S. officinalis*）の品種である。この種だけでも、葉の形や花色、斑入りかどうかなどによって多くのヴァリエーションがある。

セージ　171

下：セージの花は美しいブルーだが、最近の品種は葉を目的に改良されているため、めったに花をつけない。

「パープラセンス」は紫葉のパープル・セージで、その風味の強さから長く料理向きとされてきた。寒さにもより強い。その紫葉は春にもっとも色が濃くなり、しだいに藤色がかった緑色へと変化する。花は青紫色である。ある程度の日陰にも耐えるが、日あたりのよい場所をもっとも好む。斑入りの「パープラセンス・ヴァリエガータ」という品種には、葉にピンクや乳白色の模様がある。もっとも装飾的なのが、同じく斑入りの「トリカラー」というセージで、灰緑色の葉に白と紫の模様があり、ピンク色や青紫色の花をつける。これらのセージのなかではもっとも寒さに弱いが、鉢植えでよく育つ。

一方、多くの料理人が好むのは紫葉よりも緑葉のセージである。もっとも大きな葉をもつ品種のひとつが、めったに花をつけない「ベルクガルテン」で、マウンテン・ガーデン・セージやジャイアント・ジャーマン・セージともよばれる。その大きな卵形の葉は縁が鋸歯状で、成熟するにつれておちついた灰色に変わるが、日光不足だと紫がかった色になる。葉は乾燥に適している。「エクストラクタ」は種子から栽培できる改良品種で、もともと商業向けに開発され、油分を多くふくむので乾燥させても香りが保たれる。「アルビフローラ」の上品な葉はまさにセージらしい緑色で、白い花は晩春から初夏まで咲きつづける。現在、その抗酸化作用の可能性について研究が進められている。

セージには黄金葉の園芸品種もあり、紫葉や緑葉の品種に対して鮮やかな色のコントラストをもたらし、鉢植えにしても映える。「アウレア」は金色の縁どりが入った明緑色のかぐわしい葉をもち、多くの花をつける。草丈・幅ともに60センチとコンパクトに育つ。ゴールデン・セージともよばれる「イクテリナ」は、香りのよい灰緑色の葉に黄色の斑が入っている。半日陰でよく育ち、庭の明るい彩りにもなる。「キュー・ゴールド」の葉はほぼ全体が黄金色である。初夏に淡い青紫色の花をつけるが、コンパクトな矮性の習性により、草丈30センチにしか育たない。

最後に紹介するのが観賞用のセージだが、セージが大好きな人にとっては料理用にもなる。スパニッシュ・セージもしくはラヴェンダー・セージ（$S.\ lavandulifolia$）は、コモン・セージの葉と同じような風味をもつ。気温の高い岩礫地を原産とするため、日あたりのよい場所か石垣に植えるのが理想である。その名前が示すように、ラヴェンダーにそっくりの細長い葉をもつ。果物のような名前のアップルベアリング・セージ（$S.\ pomifera$）の葉は、コモン・セージの代用品として使われたり、グリーク・セージ（$S.\ fruticosa$）といっしょに淹れて、ファスコミグリアという香りのよいお茶に使われたりする。グリーク・セージの葉は、チャノミリアというキプロスのお茶を作るのにも使われる。このセージは毛に覆われたこぶを作る習性でも知られ、これらは「アップル」とよばれ、ギリシアでは砂糖漬けのお菓子にされる。

気温の高い地域では観賞用として栽培されることがほとんどだが、チアとよばれるセージ（$S.\ hispanica$）の種子は、水をふくむと栄養価の高いゼリー状の膜を作り、メキシコではそれが果汁飲料やトニックの風味づけに使われる。このメキシコと地理的に近いカリフォルニアを原産とするのがホワイト・セージ（$S.\ apiana$）で、これは十分な量が栽培されると、花にハチが集まり、透きとおるように淡い極上の蜂蜜ができる。また、はっとするほど見事な彩りとなるのが一年草のペインテッド・セージ（$S.\ viridis$ var. $comata$）で、これは「トリカラー」と似ているが混同してはならない。その印象的な赤、青、ピンク、そしてときに白みがかった緑色の苞葉は、いずれも料理に使えるが、ほかのコモン・セージの品種にはおとる。

エルダー
(セイヨウニワトコ)
Sambucus nigra

別名：コモン・エルダー、エルダーフラワー、ボアツリー

種類：落葉樹

生育環境：耐寒性（非常に寒い冬に耐える）

樹高：6メートル

原産地：欧州、北アフリカ、南西アジア

歴史：イギリスの民間伝承では、エルダーの花が咲くと夏がはじまり、実が熟すと夏が終わるといわれる。スコットランドでは、古くからの慣習として、悪霊や魔力を追いはらうためにエルダーの木を家の裏に植え、ナナカマド（*Sorbus aucuparia*）を家の前に植えた。樹皮と葉はハリスツイードの製造で染料として使われた一方、実はローマ人によって毛染め剤として利用された。

栽培：森林地帯や低木がならぶ生垣に自生するエルダーは、新鮮な種子を秋まきすることで簡単に育てられる。夏に半熟枝挿しの挿し穂をとる。エルダーはほとんど土壌を選ばない。古い枝は切り戻し、不必要な実生は引き抜いて広がりを抑える。

保存：花を柄からとって乾燥させるか、冷凍する。実は丸ごとでも、果汁としてでも冷凍できる。花や実を酢に漬ければ、風味豊かなヴィネガーができる（p.74を参照）。

調理：花にはマスカットのような芳香がある。新鮮なものをシロップに浸し、レモンの汁と細かくすり下ろした皮をくわえれば、爽やかなコーディアルやソルベのベースができる。フールやパイ、クランブルのためにグーズベリー（スグリ）を煮るときや、グーズベリーのワインを作るときにくわえてもいい。乾燥させた花を白ワインやリンゴ酢に入れて浸出したり、熱湯に入れてハーブティーにしてもいい。花と実はそれぞれ発酵させ、前者はシャンパン風の酒として、後者はポートワインのような酒精強化酒として醸造することもできる。もっとも簡単な方法は、実を少なくとも2か月ウォッカに浸し、好みで砂糖をくわえ、液を濾せば、濃い紫色のポートワインのような酒ができる。また、エルダーベリー（エルダーの実）とシナモンのシロップは、とっておきの冬の一杯になる。ごく若い茎は皮をむき、たっぷりのバターで45分ほど炒め、レモンのしぼり汁をくわえて食卓へ出す。

実はかならず熟したものを加熱するか加工して食べること。そのほうがおいしいからでもあるが、生では加熱によって破壊されるべき低濃度の有毒化学物質が残ったままになる。葉は有毒である。

エルダーは悲しみと死の象徴として重要なものだった。パレスティナ原産ではないが、イエスを裏切ったイスカリオテのユダが首をつった木と信じられていた。エルダーが生み出す恐怖は非常に大きかったため、その木はごくかぎられた目的にしか利用されず、薪にさえ使われなかった。一方、スカンディナヴィアの伝説はこれとは異なり、エルダーの木の根もとには善良な妖精たちの母ハルダが住んでいるとされた。また、エルダーの花と実はさまざまな薬効をもち、風味豊かなうえに栄養価も高い。「エスノメディカ」と名づけられた研究プロジェクトは、キュー王立植物園と英国メディカルハーバリスト協会、チェルシー薬草園、ニールズヤード、エデン・プロジェクト、

右：エルダーフラワーを摘むときは、花を支える柄の部分は残すこと——花のマスカットのような香りをそこなう苦みがある。

「春の終わりに向けて、エルダーの花が咲きはじめたら、それですばらしいフリッターができる。花をリコッタ、パルメザン、卵、シナモンの粉末と混ぜ、小さな三日月型をいくつか作る。これに軽く小麦粉をまぶし、バターで揚げ、砂糖をちらしてテーブルへ運ぶ」

『イタリアの果物、ハーブ、野菜（The Fruits, Herbs and Vegetables of Italy）』（1614年）、
ジャコモ・カステルヴェトロ

176　ボタニカルイラストで見るハーブの歴史百科

料理ノート
エルダーベリーのソース

このソースはイギリスの作家ドロシー・ハートリーのレシピによるものだ。リンゴ、タマネギ、レーズンといっしょに煮こんだ赤キャベツにくわえるとおいしい。

下ごしらえ：1時間
調理：3〜4時間
できあがり：ガラス瓶に280グラム

- エルダーの実
  450グラム（柄から摘みとって）
- 酢　600ミリリットル
- エシャロット　1個（細かくきざんで）
- 根ショウガ　ひとかけら（つぶして）
- クローブ（丁子）　小さじ1
- コショウの実　小さじ2

オーブンを160度に予熱する。

エルダーの実を半量の酢とともにオーブン用の耐熱容器に入れ、蓋をしてじっくり焼く。

そのまま冷まし、汁を濾して鍋に入れる。

エシャロット、根ショウガ、クローヴ、コショウの実をくわえ、残りの酢とともに煮たたせる。

殺菌消毒したガラス瓶に入れて密封する。

自然史博物館による共同事業で、植物を使ったイギリスの民間療法についての情報収集を目的とし

左：エルダーは小さな庭にぴったりの魅力的な園芸品種を数多くもつ低木だ。スーパーフードとよばれる実がほしい場合は、花をいくらか残しておくこと。

ている。エルダーの花や実を咳止めや風邪薬として用いることは、上位10種の療法のひとつに入っていた。

エルダーは用途の広い木で、多くの観賞用園芸品種をもつ。これには葉が斑入りのものや鋸歯状のもの、黄金色のものや紫色のもの、さらに下垂性のものや矮性のもの、花が八重咲きのものなどがある。乾燥種子から育てる場合は層積貯蔵が必要となる（p.37を参照）。庭においては、エルダーは慎重な剪定によって形を維持すれば、大きなボーダー花壇を引き立てる魅力的な低木になる。ミックス・ヘッジ（複数の種類の木を混ぜた生垣）としても、スタンダード仕立ての木としても育てられる。鹿除けになるともいわれる。晩春から初夏にかけて、マスカットのような香りの白い花が散房花序につき、晩夏に濃い紫色の実が熟す。

エルダー（$S.\ nigra$）には40の園芸品種があり、次のようなものがふくまれる。

「エヴァ」（「ブラック・レース」）——イースト・モーリング研究所の交配種で、深い切れこみの入ったベルベットのような黒い葉をもつ。

「ゲルダ」（「ブラック・ビューティー」）——イギリスの園芸品種で、濃紫色の葉にピンク色の花をつける。

「グインチョ・パープル」——春に濃い紫がかった緑色の葉をつけ、しだいにそれが緑色に変わる。

栄養素

エルダーベリーは抗酸化作用をもち、ビタミン A、B、C が豊富で、コレステロールを下げ、視力を改善し、免疫力を高める。

サラダ・バーネット（オランダワレモコウ）
Sanguisorba minor または *Poterium sanguisorba*

別名：ガーデン・バーネット、ピンパーネル、ドラム・スティックス、オールドマンズ・ペッパー、レッド・ノブズ、ゴッズ・リトルバーズ

種類：根茎多年草

生育環境：耐寒性（非常に寒い冬に耐える）

草丈：60〜90センチ

原産地：欧州、北アフリカ、南西および中央アジア

歴史：石灰質の草地が続くイングランドの丘陵地帯に自生し、冬を通じて羊に青葉を提供した。初期の入植者がこれを北米へもちこんだ。

栽培：収穫したばかりの新鮮な種子を秋まきする。実生や苗は春に30センチ間隔で移植。

保存：開花前に葉を収穫して乾燥させ、飲料にくわえる。ヴィネガーについてはp.74を参照。

調理：繊細な葉をサラダにくわえたいなら、チャンスは春のごくかぎられた時期だけで、それをすぎると乾燥して紙のようになる。飲料には、年間をとおして生葉や乾燥させた葉が使える。

　サラダ・バーネットは乾燥した場所を好み、シダのようなほぼ常緑の縁どり植物として花壇を飾る。ラテン語名の*Sanguisorba*は、「血」を意味する*sanguis*と「吸収する」を意味する*sorbeo*に由来し、古くから止血作用があるとされ、赤痢による出血を止めるための浸出液として使われた。

　右のページの引用や別名からもわかるように、このハーブはそのピリッとした辛みとキュウリのような爽やかな風味が珍重され、浸出して飲料にされた。16世紀の博物学者でハーバリストのウィリアム・ターナーは、これをワインやビールにくわえて痛風やリューマチの治療薬にすることを勧めた。「ゴッズ・リトルバーズ（*God's little birds*、神の小鳥たち）」という別名は、萼片に赤い房のような花がついているようすが小鳥に似ていることから、同じく「神の小鳥たち」を意味するオランダ語の*Hergottes berdlen*に由来する。

上：サラダ・バーネットのキュウリのような風味は、古くから赤ワインに漬けてストレートで飲んだり、ポンチにしたりして味わわれてきた。

サラダ・バーネットはバラなどの落葉性低木の下に群生する。若葉は根もとから叢生し、茎は成熟するにつれて角張ってくる。丸みのある幼葉は、縁にフリルのような切れこみが入った皮針形の葉へと変化し、放射状に広がる株から花茎が伸びてくる。小鳥のように見える花はじつは四角い萼の集まりで、最初に赤い雌しべが現れ、数週間後に頭花の下部から雄しべが現れる。サラダ・バーネットはカップ（ワインなどをベースに香料などをくわえたポンチのような飲み物）に入れるハーブというだけでなく、その構造によってわずかな水分も吸収できるため、乾燥した夏でも生きのびられる強いハーブだ。

左：サラダ・バーネットは可愛らしいハーブで、乾燥した環境なら寒さにも非常に強い。切れこみのある若葉はサラダに入れると魅力的だが、それが収穫できる時期は年に2、3週間しかない。

「非常に貴重なハーブであり、…これを継続的に用いることで健康な体と活力に満ちた精神が維持できる。…葉のついた柄を2、3本、とくにクラレットのようなワインで作るカップにくわえると、精神が活気づき、気分がすっきりし、憂鬱が吹きとぶとされる」

『薬草大全（Complete Herbal）』（1653年）、ニコラス・カルペパー

セヴォリー

Satureja montana
およびS. hortensis

別名：ウィンター・セヴォリー、マウンテン・セヴォリー、同じく一年草のサマー・セヴォリー（キダチハッカ）

種類：亜低木（S. montana）、一年草（S. hortensis）

生育環境：耐寒性（寒い冬に耐える）

草丈：15〜38センチ

原産地：地中海

歴史：属名の*Satureja*は古代のラテン語名に由来する。ウェルギリウスは『農耕詩（Georgics）』のなかで、これをもっともかぐわしいハーブに数え、ミツバチの巣箱のそばで栽培することを勧めた。ローマ人はこれをヴィネガーの風味づけに使った。サマー・セヴォリーは、イギリスの詩人で農民のトマス・タッサーによる『家政の百の心得（A Hundreth Good Pointes of Husbandrie）』（1557年）における「料理用の種子とハーブ（Seedes and Herbes for the Kitchen）」の項目で、ハーブのひとつとしてとりあげられた。

栽培：どちらのセヴォリーも種子から栽培できるが、発芽が遅いので種まきは春以降に行なう。草丈30センチに生長。ウィンター・セヴォリーは痩せた土壌でよく育ち、挿し木で増やせる。サマー・セヴォリーはより肥沃なローム土壌を必要とし、サヤマメやインゲンマメといっしょに植えるとよく育つ。

保存：ウィンター・セヴォリーは年間をとおして生を収穫できるが、乾燥保存もできる。
　サマー・セヴォリーは冷凍するのがいちばんで、

左：名前が示すように、ウィンター・セヴォリーのとがった葉は寒い季節のシチューやスープに最適で、サマー・セヴォリーのみずみずしい風味は新鮮なサヤマメと相性がいい。

茎を切って生豆や乾燥豆の料理にくわえたり、ヴィネガーに使ったりする（p.74を参照）。

調理：名前が示すように、このハーブは料理に香り豊かな風味をくわえる。木質性のウィンター・セヴォリー（S. montana）はとがった葉をもち、カスレ（白インゲンと肉などを煮こんだフランスの伝統的なシチュー）など、時間をかけた料理に向いている。パセリとともに葉をきざみ、ダンプリング（ゆで団子）に入れてもいい。セヴォリーは「豆のハーブ」とよばれるほど豆類との相性がいい。サマー・セヴォリー（S. hortensis）の軟らかい茎やかぐわしい花は生豆の料理にちらしたり、インゲンマメのサラダとあえたりする。風味の効いたハーブ・バターにもなり、無塩食にもお薦めである。

トマス・ヒルは1568年の『有益な園芸術（Proffitable Arte of Gardening）』のなかで、ウィンター・セヴォリーをコモン・タイムといっしょに使い、低く刈りこんだノットを作るように勧めた。イギリスのハーバリストで植物学者のジョン・パーキンソンは、1629年の著書『太陽の園の地上の園（Paradisi in Sole Paradisus Terrestris）』のなかで、ウィンター・セヴォリーのきざんだ葉をパン粉にくわえ、肉や魚の衣にすることを勧めた。ウィンター・セヴォリーとサマー・セヴォリーは、どちらもイギリスの旅行家ジョン・ジョスリンが1638年と1666年に北米のニューイングランドへもっていったハーブにふくまれていた（囲み記事を参照）。

ウィンター・セヴォリーは日あたりがよく、水はけのよい痩せた土壌に、25センチ間隔で植える。粘土製の鉢や木箱でもよく育つ。夏に淡いピンク色の小花が細長い枝を美しく覆う。春か秋にそれぞれ天挿しか踵挿しの挿し穂をとる（p.205を参照）。花後に切り戻し、徒長しないように剪定して形を整える。4年から5年ごとに発根した挿し木苗で株を更新する。種小名の*montana*が示しているように、ウィンター・セヴォリーは*mountainsides*（山腹）に自生する植物のため、寒さにきわめて強い。ヒルはこれをタイムとともにノットに使うことを提案したが、ウィンター・セヴォリーは敷石や小道のまわりの乾いた場所に縁どりとして植えても可愛らしい。

サマー・セヴォリーの種子は、すじまきではなくばらまきにしたほうが、ピンク色の小花のかすみがただようように咲いて美しい。このハーブは伝統的に豆と相性がよく、サヤマメのそばの肥沃な土壌に種まきするとよく育つ。

古いハーブと新しい世界

ジョン・ジョスリンはエセックスのウィリンゲール・ドーに生まれ、おそらく外科医か内科医としての訓練を受けた。彼は兄弟のヘンリーに会うために北米のメインへ旅し、そこに1638年から39年まで住み、その後、ふたたび同地を訪れて1663年から71年まで住んだ。そして翌年の1672年に『ニューイングランドで発見されためずらしい植物（New England's Rarities Discovered）』を、その2年後に『ニューイングランドへの二度の航海（An Account of Two Voyages to New England）』を出版した。

これらの本には、彼が船酔いを防ぐために持参した生のショウガやバラの砂糖漬けのほか、園芸用のセヴォリーやスペアミントのようなハーブがいくつも登場する。彼はまた、ジョン・ジェラードの『本草書、または一般植物誌』の1633年版もたずさえていった。これはトマス・ジョンソンによる改訂増補版で、刷り上がったばかりの新刊だった。それにはバナナにかんするはじめての解説がのっていた。

栄養素

精油を多くふくむセヴォリーは、消化を助けるハーブのひとつである。ミツバチやスズメバチなどによる刺し傷の痛みをやわらげるともいわれる。

「サマー・セヴォリーとウィンター・セヴォリーはどちらも非常に風味豊かであるにもかかわらず、あまり栽培されていないというのはおかしい。東インドの香辛料が一般に利用されるようになるまで、このふたつのハーブは料理に使われるもっとも風味の強いハーブだった」

『ハーブとハーブ栽培（Herbs and Herb Gardening）』（1936年）、エレノア・シンクレア・ロード

セヴォリー 181

ハーブの飲み物――ハーブティー、ワイン、コーディアル、カクテル

　ハーブの精油や芳香成分は多くの飲料のベースになっており、気分をすっきりさせたり、おちつかせたり、あるいは風味を楽しんだりするのに役立っている。庭仕事をするにせよ、料理をするにせよ、1日のはじまりに新鮮なレモン風味のハーブかフェンネルを冷たい水の入ったジャグに浸そう。蓋をして、ハーブの風味がつくまで置けば、爽やかな息抜きの1杯になる。

　生のハーブや乾燥させたハーブ、あるいは芳香性の種子に熱湯をそそぎ、5〜15分蒸らせば、もうハーブティーのできあがりだ。ハーブを水から煮たたせ、より風味の濃い煎じ薬を作るより、ずっと手軽で飲みやすい。一方、コーディアルはもともと強心剤として作られた。今日、それは香りと風味をつけた甘いシロップとなり、清涼飲料として水や炭酸水で薄めて飲まれる。ちょっと手をくわえれば、これはソルベのベースにもなり、コース料理の口なおしとしても、トマトやフルーツのサラダにそえる前菜としてもぴったりだ。

　ステアではなく、シェークで作るカクテルも、アルコール度の高い本格的なものから、甘くフルーティーなノンアルコールのものまで、さまざまな種類が作れる。ハーブ油はアルコールには溶けるが水には溶けないため、アルコールに浸せばずっと香り豊かな浸出液になる。楊枝のかわりに、ローズマリーの小枝に刺したオリーヴの実をそえて、ハーブのカクテルを出すのもいい。

ハーブティー

　ハーブティーを作るには、熱湯600ミリリットルに対して、生のハーブ大さじ1か乾燥ハーブ小さじ1、および（あるいは）砕いた芳香性の種子小さじ1を用意する。それをガラスか陶器のティーポットに入れ、熱湯をそそぎ、5分以上蒸らす。ティーポットを使ったほうがいいのは、熱湯によって放出される揮発性の油分がしっかり閉じこめられるからである。蓋つきのカップなら、必要なのはハーブの小枝1本だけだ。

　香り豊かで爽やかで、しばしば甘いハーブティーはモロッコのものが有名で、ペパーミントの葉を砂糖といっしょにつぶして淹れるミントティーが代表的だ。モロッコのハーブティーには、レモン・ヴァーベナの葉やサフラン糸を使ったものもあり、くすんだピンク色のお茶ができる。さらにカモミールとローズマリーという

左：ポット・マリーゴールドの伝統的な橙色の花びらは、ハーブティーに最適だ。ミントやタイムといったほかのハーブと混ぜてもいいし、定番のブレンドにアレンジをくわえてもいい。

ふたつのハーブが、それぞれ単独で、あるいは合わせて用いられ、これにかぐわしいローズ水がくわえられる。多くのハーブティーは冷やして出してもおいしい。

　ハーブティーに使うのにもっとよいハーブは右にあげてある。とくに記載がなければ葉を使う——アンジェリカ、カモミール、ディルの種子、フェンネルの茎、ローズセンテッド・ゼラニウム、ヒソップ、ラヴェンダーの花、レモンバーム、リンデンの花、マリーゴールドの花、ミント（とくにアップル・ミント、オーデコロン・ミント、ジンジャー・ミント、ペパーミント、パイナップル・ミント）、ローズヒップ、ローズマリー、セージ、スウィート・シスリー、ヴァーベナ、ヴァーヴェイン、スミレの花。香りはもちろん、ハーブティーはその薬効のためにも飲まれる。

ワイン風醸造酒

　自家製ワインがふたたび注目を集めている。ダンデライオン&バードッグ（タンポポの根とゴボ

料理ノート
ハーブティー

消化促進——カモミールの花（*Chamaemelum nobile*）とペパーミント（*Mentha × piperita*）がもっともよく知られる。

気分爽快——レモン・ヴァーベナ（*Aloysia citriodora*）、レモンバーム（*Melissa officinalis*）、レモングラス（*Cymbopogon citratus*）——細かい話だが、レモングラスの小枝でポンチを混ぜるとおしゃれだ。ラヴェンダー（*Lavandula*）とバジル（*Ocimum*）を合わせて淹れ、粗熱をとり、レモネードを足し、新鮮なレモンの薄切りとともに冷やして出す。

鎮静効果——カモミールの花（*Chamaemelum*）、リンデンの花（*Tilia*）、ヴァーヴェイン（*Verbena officinalis*）

元気回復——ラヴェンダーの花（*Lavandula*）、レモンバーム（*Melissa officinalis*）、ローズマリー（*Rosmarinus*）、セージ（*Salvia*）、タイム（*Thymus*）

旅行の友——ジンジャーの根（*Zingiber*）。P.214のストーン・ジンジャービアも参照。爽やかなペパーミントを熱いミルクに浸して飲めば、体力回復に役立つ。

左：ペパーミント・ティーの香りと淡い緑色は、モロッコ料理と切っても切れない関係で、どんな食事の後でもすっきり爽快な気分にしてくれる。

ウの根から作るイギリスの伝統的な飲料）のような濃厚なものだけでなく、エルダーフラワーの醸造酒にグーズベリーの風味をくわえ、微妙な変化を出したものなどもある。エルダーベリーはイギリスのブドウと表現され、うまく醸造すればポートワインとほとんど区別がつかないほどの酒になる。つぶした根ショウガも伝統的なレシピの多くに登場する。温かいワインカップ（ワインをベースに香料などをくわえたポンチのような飲み物）は、冬の寒さをしのぐために北ヨーロッパの人々のあいだで古くから親しまれてきた。これにローレルの葉をくわえ、スモーキーな香りをつけたものがイギリス風のワインカップだった。

コーディアルとカクテル

簡単なコーディアルなら、煮たたせたシロップをハーブの花や葉、根や種子にそそぎ、そのまま2時間置くか、あるいは冷ましたシロップにハーブ類を一晩浸せばできあがりだ。ベースとなるシロップは、水900ミリリットルに上白糖350グラムをくわえて煮つめたものだ。こうしたコーディアルは水氷やソルベに使うこともできる。

料理ノート
基本のソルベ

このレシピはコース料理の口なおしとしても、新鮮なフルーツといっしょに出しても、しゃれたフィナーレとして出しても、同じく爽やかな風味が楽しめる。

下ごしらえ：10分＋浸出時間と冷凍時間
できあがり：4人分

- 上白糖　350グラム
- 水　900ミリリットル
- レモン　2個（果汁と皮）
- エルダーフラワーの頭花　16個　もしくはミント（パイナップル、オーデコロン）の小枝　16本、あるいはレモン・ヴァーベナの葉　20枚
- 卵白　2個（任意で）

火にかけた水に砂糖とレモンの皮1きれをくわえ、シロップを作る。

レモン汁をそそぐ。

頭花か小枝、葉をくわえて2時間浸出し、濾す。

アイスクリーム・メーカーをもっていない場合は、このシロップを半冷凍させる。

シロップを不透明になるまでかき混ぜる。

角が立つまで泡立てた卵白をくわえて混ぜ、ふたたび冷凍する。

混成酒

ジュニパーベリーは、そのみずみずしい風味と薬効の両方が珍重された。しばしばエリザベス朝時代の火酒（aqua vitae もしくは aqua composite、ブランデーやウィスキーなど）に使われた一方、オランダではジンの原型であるジュネヴァを生み出したことで知られる。17世紀には、水1に対して標準強度のアルコール飲料4、これに風味づけのアニシードをくわえて、シンプルな火酒（aqua vitae）が作られた。より強く風味づけされたアニシード水も、「健胃効果のあるすぐれた水」として作られた。この浸出液は砂糖やシュガーシロップで甘くされ、赤いバラなどのチンキで色づけされた。

アンジェリカ水──実際にはアンジェリカの根や葉茎、芳香性の種子、水ととも再蒸留された標準強度のアルコール飲料──は、すぐれた強心剤として知られた。同じようにして作られたローズマリー水も「すぐれた頭痛薬、健胃薬」とされたほか、キャラウェイ、マジョラム、サフラン、スペアミントの水も（アルコール性の）健康増進水とされた。これらは蒸留酒製造業者や医師、薬剤師によってコーディアルとして市場に出され、ドラム単位（1ドラムは約4ミリリットル）で売られた一方、家庭用蒸留装置を使って主婦たちによっても作られた。自家製の蒸留酒はおそらく混ぜものをふくまず、より体にいいものだったと思われるが、17世紀末のイギリスではアルコール依存症を増やす原因にもなった。蒸留酒が安く手に入るようになると、居酒屋には「1ペニーでほろ酔い、2ペンスで泥酔い、ただできれいな藁の床」といったジンの看板まで出された。

ジンは多くのカクテルのベースになるが、そこにボリジの葉と花をくわえれば、爽やかなキュウリのような風味と可愛らしい見た目が楽しめる。

右：コリアンダーの小さな種子には風味がつまっている。収穫したら保存しておき、コーディアルなどの飲料に入れてみよう。

料理ノート
コリアンダーのコーディアル

このコーディアルは香り豊かなアルコール飲料である。

下ごしらえ：5分
調理：10〜15分
できあがり：600ミリリットル

- コリアンダーの種子　小さじ15
- キャラウェイの種子　小さじ4
- シナモンスティック
- ジンかブランデー　600ミリリットル
- 上白糖　250グラム

スパイス類をジンかブランデーに浸して3週間置く。

水に砂糖を入れて火にかけ、600ミリリットルになるまで煮つめてシロップを作る。

スパイス類を濾しとり、アルコール液をシロップにそそぐ。

殺菌消毒した瓶に入れて保存する。

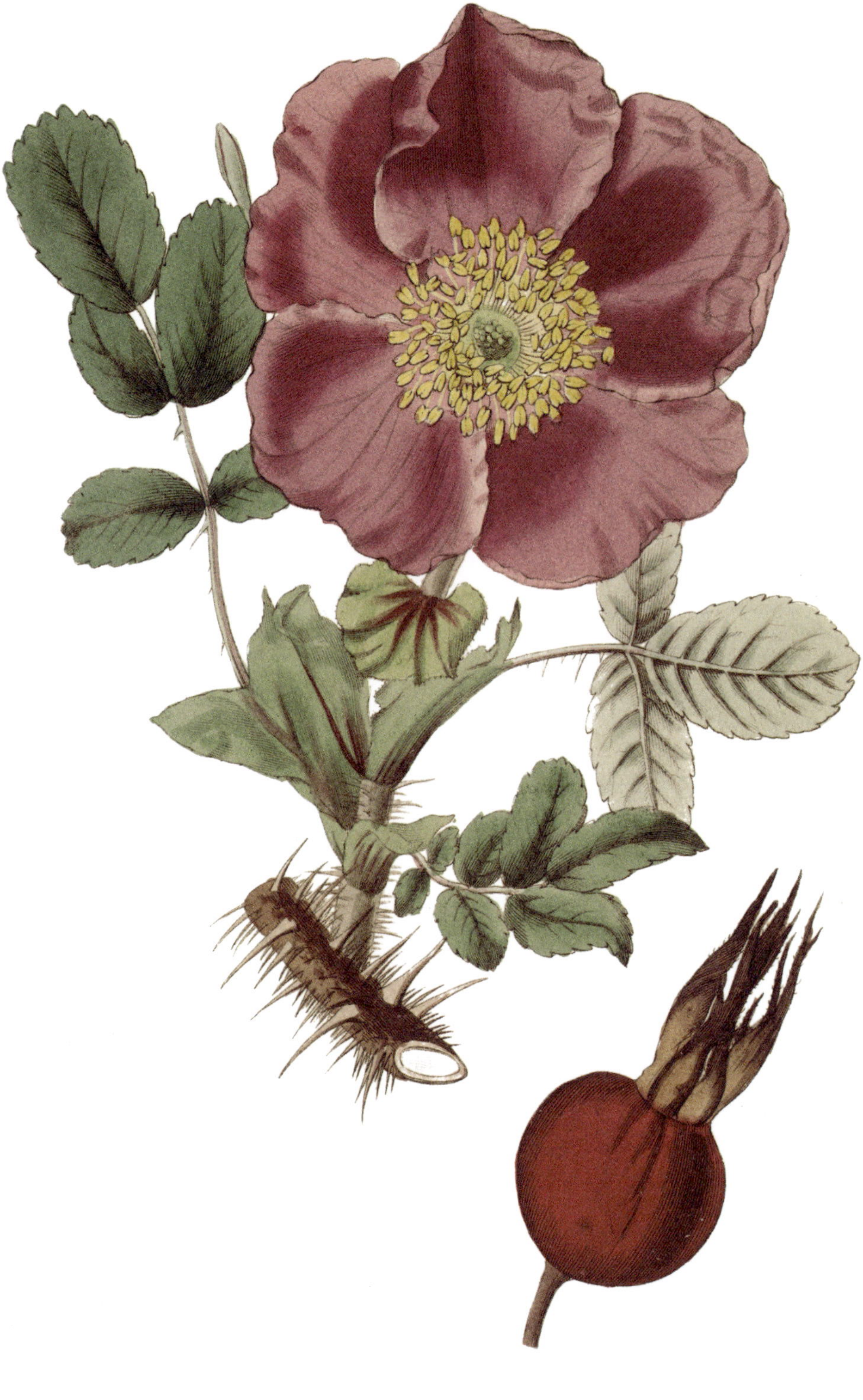

1840年、ロンドン中心部のポウルトリー通りでオイスターバーを経営していたジェームズ・ピムは、店で出すための特別なリキュールを考案した。この秘密の混成酒はピムズ・ナンバー1・カップとして知られるようになり、パイント容器（1パイントは約500cc）に入れて売られた。それはジンをベースに、キニーネと秘伝のハーブを調合して作られていた。会社はそれから何度か所有者が変わったが、第2次世界大戦後、ピムズ・ナンバー2からナンバー6がくわわり、それぞれスコッチやブランデー、ライ・ウイスキー、ウォッカをベースとしていた。結局はピムズ・ナンバー1、ナンバー3、ナンバー6がよく選ばれるが、どのナンバーが混ぜられているにせよ、これらはミントのつぶした葉やボリジの葉、ボリジの花のいずれか、あるいはそのすべてと相性がいい。

　ハーブを浸出するのに最適な蒸留酒はウォッカだが、それはウォッカ自体に目立った風味がなく、ブランデーやジンよりも安いからである。芳香性の種子やアンジェリカ、フェンネル、ラヴィッジの茎などで試してみよう。瓶か広口のガラス容器にハーブを入れ、ウォッカで満たして1か月置く。イギリスの作家で野生の食べ物を探し歩いているジョン・ライトは、バラの花びらやバラの実をウォッカに入れて浸出したが、彼がこのためにまず選んだのがルゴサ・ローズ（ハマナス）(*Rosa rugosa*) である。花びらを使ったレシピはごく簡単だ——殺菌消毒したガラス容器に花びらをつめ、ウォッカを足して一晩置く。翌日、液を濾し、花びらの最後の一滴までしぼりとれば、かぐわしいピンク色のウォッカのできあがりだ。バラの実を使ったレシピはもっと時間がかかり、香りも花びらほど豊かではないが、ビタミンCをふくんだ酒になる。

左：ロサ・ルゴサの花びらや実は、ウォッカにかぐわしい香りと繊細なピンク色をもたらす。週末に作っておけば、翌週末には食卓へ出せる。

料理ノート
ブラッディーホース・カクテル

　この魅惑的でおいしいカクテルは、ディナーの客をあっと驚かせるはずだ。

下ごしらえ：5分
できあがり：1.5リットル

- ホースラディッシュ　大さじ1と1/2（薄く角切りにして）
- ウースターソース　小さじ3/4
- トマトジュース　1300ミリリットル
- タバスコ　好みで
- ウォッカ　200ミリリットル
- 粗塩　飾りに

　材料をすべて混ぜあわせる——シェークかステアで。

　グラスの縁に粗塩をつけて出す。

　（飾りにラヴィッジの小枝をそえてもいい）

ダンデライオン（セイヨウタンポポ）
Taraxacum officinale agg.

別名：ブローボールズ、ピスアベッド、プリーツ・クラウン、スワインズ・スナウト

種類：多年草

生育環境：耐寒性（非常に寒い冬に耐える）

草丈：30センチ

原産地：北半球

歴史：「苦い草」を意味するペルシア語名の *talkh chakok* がアラビア語で *tarakhshagog* となり、これが中世ラテン語 *tarasacon* の語源であることから属名を *Taraxacum* という。10世紀以降、その薬効がアラブの医師たちによって記録された。

栽培：野生のダンデライオンは非常に広がりやすいため、有害な雑草とみなされることが多い。すぐれた薬効をもつが、強い苦みがある。ただ、食用に適した園芸品種もたくさんある。春まきにして、苗を35センチ間隔に間引く。

保存：葉は生で食べるのがいちばんだ。根は地中に残し、必要なときに掘り上げて、洗って食べる。丸ごと乾燥でき、適切に保存するか、すりつぶして粉末にする。

調理：新鮮な葉にはチコリに似た風味がある。ダンデライオンの若葉と炒めたベーコンをあえたものは、フランスで春のサラダとして親しまれている。ロケットやパースレーン、ディルといった緑葉のハーブと合わせると、風味の強いグリーンサラダになる。根はきれいに洗って乾燥させ、オーブンでコーヒー色にローストする。これをすり下ろし、熱湯をそそげば、ノンカフェインのタンポポ・コーヒーができる。

上：葉はダンデライオンのもっとも食べやすい部分で、できれば若葉が望ましい。純粋な健康志向をもつ人々は軟白栽培（p.190を参照）に反対するが、そのほうが葉も大きく、風味もよくなる。
右：ダンデライオンには寒さに強い改良品種が数多くあり、強壮剤となる葉を春先から茂らせる。

栄養素

ダンデライオンの苦みは体に強壮効果をもたらすため、その消化強壮作用を十分に生かすためには、果物などで甘くするべきではない。ダンデライオンはどの植物源よりもレシチンの含有量が高い。レシチンは細胞膜の保護や修復に欠かせない成分で、コレステロールを下げ、脂肪をエネルギーに変え、脳卒中や心臓発作を防ぐ。ダンデライオンにはビタミンCとE、さらに微量のビタミン B_1、B_2、B_6、B_9 のほか、カリウム、カルシウム、鉄もふくまれる。

ダンデライオン

料理ノート
ダンデライオンのさまざまな品種

ダンデライオンの葉には、野菜のエンダイヴとチコリのあいだのような辛みがある。改良園芸品種には次のようなものがあるが、実際に調達するのはむずかしいかもしれない。

「クル・プラン」——もっとも栄養価が高いとされる。軟白栽培向き。ミネラルとビタミンが非常に豊富。
「アメリオール・ジャン」——密に重なった葉は切れこみが目立ち、その生え方はエンダイヴを思わせる。
「アーリントン」——エンダイヴに似たまろやかな風味をもつ。
「メイズス・トリーブ」——促成栽培には最適な品種
「テープリー」——斑入りの葉

13世紀、ウェールズのミドファイの医師たちは *Dant y Llew*（ダンデライオン）を全身性の刺激剤として推奨し、とくに黄疸に対しては、パセリといっしょにすりつぶして度数の高い良質のエールに入れ、「卵の殻4個分」から1パイント（約500cc）までの用量で飲むことを勧めた。「デント・ド・ライオン（dent de lion）」、すなわち「ライオンの歯」の形をしたその葉は、雨を自然に根へと導くようになっている。別名のピスアベッド（おねしょ）が示すように、緋紅タンポポ（*Taraxacum pseudoroseum*）は利尿剤として有名なので、午後からは口にしないほうが賢明だ。ノーフォークにあるイースト・ラストン・オールド・ヴィカレージには、女王のダイヤモンド・ジュビリー（即位60周年）を祝うためにダイヤモンド型に壁で囲まれた庭が造られた——中央の小道には、その亀甲型を引き立てるためにピンク色の花を咲かせるダンデライオンが植えられている。

ダンデライオンを日陰で育てると、若葉を収穫した場合と同じく、葉の苦みがやわらぐ。中肋とよばれる中央の白い葉脈がもっとも苦いので、緑の部分だけをちぎってサラダに入れる。ただし、この苦みは軟白栽培によってやわらげることができる（囲み記事を参照）。

庭でダンデライオンを見かけたら、葉を根もとの部分から切りとって収穫する。自然播種で広がるのを防ぐため、花は摘みとる。ダンデライオンはワイン作りにも使われる。

軟白栽培

苗を砂で囲んだり、茎まで覆土したりすることで日光をさえぎり、より繊細に生育させる。

春、ダンデライオンの種子を溝にすじまきし、30センチ間隔に間引く。夏のあいだに根付かせ、葉は収穫するが、花穂は切り落とす。そして晩秋、葉の周囲に土寄せをはじめる。生育中は、葉の先端だけが地上に出ているようにする。こうすることで葉の軟白化と保護がなされ、冬から春にかけてサラダ向きの葉がより多く収穫できる。

タイム（ジャコウソウ）

Thymus

種類：亜低木

生育環境：耐寒性（寒い冬に耐える）

草丈：10〜30センチ

原産地：ユーラシア

歴史：名前は「香らせる」という意味のギリシア語のthyoに由来する。タイムの匂いをかぐだけで勇気と強さが得られると信じられていた。英語のtime（タイム）と同音異義語であることから、言葉遊びの例が無数にある。詩人のウィリアム・シェンストーンは、タイムに「語呂あわせを思いつかせる」という形容をあたえた。庭造りに語呂あわせをとりいれた例として、タイムが日時計のまわりに植えられた。

栽培：多くの品種が春まきか秋まきで栽培できるが、種子は発芽に日光を必要とするため覆土はしない。株を充実させるために、実生の先端を摘心する。日あたりがよく、水はけのよい石灰質の土壌を好む。

保存：タイムは乾燥に適したハーブで、夏の香りがそのまま閉じこめられる。開花直前に収穫し、乾燥後は湿気とほこりのない場所で保存する。ヴィネガーやオイルに入れて浸出してもいい（p.74−5を参照）。

調理：ブーケ・ガルニ（p.99を参照）の代表的なハーブのひとつで、木質化する品種は風味豊かな芳香を放ち、とくにピザやラタトゥイユ、鶏肉と相性がいい。カボチャやパースニップのような冬のスープに使うと、爽やかな夏の思い出がよみがえる。庭のクッションとなるタイムの軟らかい葉は、サラダにちらしたり、きざんでドレッシングやサルサに入れたりするのに最適。細かくきざんでキッシュのパイ生地やパン生地、ピザ生地に練りこんでもいい。

どの品種も花をハサミで切りとり、飾りやサラダに使うことができる。

右：ディオスコリデスの『薬草書（Tractatus de herbis）』のラテン語の写本に描かれた15世紀のタイム売り。乾燥させたハーブは冷暗所に保存し、使うときに必要な分だけくずしとるということをよく知っている。

ヨーロッパでは、クリーピング・タイム（T. serpyllum）がその薬効から珍重され、羊の肉の風味をよくすることでも知られた。このことは次のページのバーズウェルの引用にもあり、タイムのフォースミート（詰めもの用の味つき挽肉）は羊肉料理の定番だった。ちなみに、より一般的なミントソースも、もとはロムニー湿地で野生のミントを食んでいた羊の肉にそえるために生み出された。クリーピング・タイムは葉が固く、非常にざらざらしているので料理には向かないが、丈夫なコモン・タイムやレモン・タイムなら最適である。また、カラフルで華やかな園芸品種は葉がより軟らかく、さっと摘みとってサラダにくわえられる。タイムの花は花蜜の宝庫なので、かつてはミツバチの巣箱のそばに大量に植えられた。イギリスの作家ジャーヴァス・マーカムは、「ミツバチの巣箱をジュニパーの香りで満たし、その内側をフェンネル、ヒソップ、タイムの花で全体にぬぐい、巣箱をのせた石も同じようにする」ことを勧めた。

石の多い丘陵地に自生するタイムは、礫地や斜面でよく育つ。葉の色や形もさまざまで、花も白からピンク、紫、赤まで多岐にわたるため、そうしたさまざまな種類を選ぶことにより、タイムを庭の主役にしてもいい。これには料理に向かないグラウンドカバーの品種もふくまれるが、もし料理に使う場合はていねいに洗ってからにすること。

栄養素

ラットを使った最近の研究によれば、一定量のタイムを食べると老化のスピードが遅くなることがわかった——しわのないネズミが元気に跳ねまわる姿が思い浮かぶ。つまり、タイムには、カルシウム、リン、カリウム、ベータ・カロチンが豊富にふくまれているということで、試してみても損はない。

より身近なところでは、タイムを鉢や古い流しなどに植えると、季節に応じてさまざまな表情を楽しめる。苗の木質化を防ぐため、根もとから0.5センチ以内のところにある新枝まで切り戻す。タイムは春か秋にとった挿し穂で簡単に根づく——発根しやすい節の部分を探して茎を切りとり、4月から7月、あるいは9月か10月に、水はけのよい繊維質の培地に植えこむ。

どの品種も香りのよい葉や花をつけ、あらゆる料理と相性がいい。

ブッシュ・タイム

タイムの筆頭にあげられるコモン・タイム（T. vulgaris）は、種子から簡単に栽培でき、いったん根づけば自然播種で自由に広がる。ほどんどの料理とも相性がよく、獣肉や鶏肉を焼くときにその下に敷いたり、バーベキュー肉のマリネに使ったり、きざんで焼きトマトにかけたりしてもいい。乾燥にも適している。

数多くのさまざまな種類があり、たとえば、ポーチュギーズ・タイム（T. carnosusもしくはT. erectus）ともよばれるタイムは、コンテナ栽培にぴったりの白い花をつける直立性品種である。また、料理向きのタイムのなかでもっとも寒さに強いとされる「イングリッシュ・ウィンター」は、種子から簡単に栽培でき、濃緑色の葉をつけ、あっというまに広がる。「プロヴァンス」は、名前からもわかるようにフランスの品種で、種子から栽培でき、もっとも強くて甘い風味をもつとされる。これはオレンジバルサム・タイム（T. Fragrantissimus）にそっくりで、実際にすばらしい芳香をもち、灰緑色の葉に小さなピンク色の花をつける。鶏肉を焼くときにその茎を皮の下に入れたり、細かい葉をクリスマスのミンスパイの

右：伝統的なブッシュ・タイムは木質化する傾向があるが、ブーケ・ガルニに使うなら問題ない。葉だけが必要な場合は、指で茎をしごいてとる。

「タイム！ これについて書くこと、考えることはなんと楽しいことだろう！ レモン・タイムはじつに清潔な香りで、じつにかぐわしく、香味料としても好ましい。ワイルド・タイムは『桜草やうなだれながら咲くすみれの花』［シェークスピア『真夏の夜の夢』第2幕第1場の有名な台詞より］とともに土手にある。ヒースの丘に広がるコモン・タイムは、…丸々としたダウン種の羊たちをじつに風味豊かなマトンにしてくれる」

『ハーブ・ガーデン（The Herb Garden）』（1911年）、フランシス・バーズウェル

生地に混ぜたりしてもいい。オレンジバルサム・タイムは種子から栽培でき、こんもりとした自然な球型に茂るのでコンテナに最適である。

　キャラウェイ・タイム（T. herba-barona）は、伝統的に牛肉やジビエのバロン（後半身肉）の料理に使われてきた。大きな葉をつけ、庭のクッションになる。レモンの香りをもつ品種もある。ブロードリーフ・タイム（T. pulegioides）はラージ・タイムともよばれ、名前が示すとおり、軟かい茎に幅広の葉をつける。鶏肉やトマトと相性がよく、きざんでダンプリング（ゆで団子）に入れてもいい。ごく若い葉はサラダにくわえることもできる。大きな葉は扱いやすく、数多くの園芸品種がある（以下を参照）。

カラフルなタイム

　「コッキネウス・メジャー」や「パープル・ビューティー」といったコッキネウス群のタイムは、鮮やかな赤い花と淡色の葉をつける。料理はもちろん、若葉はサラダに入れてもいい。さまざまな品種をいっしょに育てれば、夏に色彩豊かな表情が楽しめる。

　整った草姿と斑入りの葉が印象的な黄金葉のタイムなら、「ゴールデン・ピンズ」（T. vulgaris 'Golden Pins'）か、「アウレウス」とよばれる品種がお薦めだ。どちらも非常に美しく、料理にもサラダにも使える。

レモンの香りのタイム

　レモン・タイム（T. citriodorus）はグルメなタイムの定番で、シンプルな鶏肉料理や焼き魚にぴったりの風味をもつ。ブーケ・ガルニに最適なタイムであるばかりか、ハーブティーにも向き、乾燥にも適している。

　ブロードリーフ・タイムの園芸品種にも、レモンの香りをもつものがいくつかある。コンパクトな「アーチャーズ・ゴールド」は明るい黄金色の葉をつけ、若葉はサラダに最適である。秋に気温が下がるにつれ、葉と茎が赤みをおびる。同じく黄金葉でレモンの香りをもつゴールデンラージ・タイム（T. pulegioides 'Aureus'）もそうだ。鶏肉や焼いたマグロ、サラダと相性がいい。

　個人的なお気に入りは、非常に装飾的だが短命の「シルバーポジー」で、その軟らかい若葉はトマトやキュウリ、アヴォカドのサラダに入れるとおいしい。旺盛な若苗を確保するため、毎年、挿し穂をとっておく。これとよく似た「シルバークイーン」はやや寒さに弱いが、緑色に戻る傾向がある。

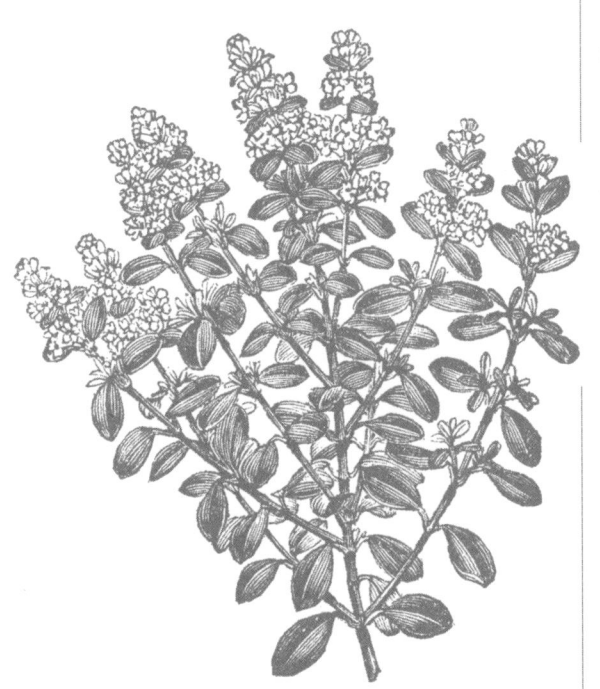

上：レモン・タイムはコモン・タイムよりも葉が大きく、ほぼ常緑で、風などを避けられる場所なら年間を通じて新枝に若葉をつける。

リンデン（フユボダイジュ）
Tilia cordata

別名：スモールリーフ・リンデン、ライム・ツリー

種類：落葉樹

生育環境：耐寒性（非常に寒い冬に耐える）

樹高：20〜40メートル

原産地：欧州

上：1552年頃、リンデンの木を囲んで陽気に踊るドイツの小作人たち。おそらく、分割農地の貸与を受ける人々に向けたもの。庭にリンデンの木を植える場合は、入念な誘引・整枝が必要である。

歴史：低地イングランドで見つかった約6000年前の花粉の沈着物は、リンデンがごく一般的な花木だったことを示している。しかし、紀元前3000年頃に気候の寒冷化がはじまると、状況が変わった。自然播種で同じ数を増やすことができなくなったリンデンは、取り木によって生きのび、広がった。中世にはその木が定期的な伐採による燃料として珍重された。

栽培：生長は遅いが、樹高40メートルにもなる。リンデン（*Tilia cordata*）は冷涼な海洋性気候の地域でほぼ完全に栄養生殖によって育ち、もっとも暑い夏にだけ種子を熟させる。根もとから吸枝を出しやすく、こうした新梢は容易に根づく。芽吹く前の早春に透かし剪定を行なう。

保存：養蜂家なら、リンデンフラワーの蜂蜜が作れる。若い花だけを収穫・利用する──乾燥保存も可能。

調理：リンデンのハーブティーが登場することで有名なのは、フランスの作家マルセル・プルーストの小説『失われた時を求めて』だ。主人公がリンデンフラワーのお茶にマドレーヌを浸した瞬間、過去の記憶がよみがえるという場面である──熱湯約500ccに対して乾燥させたリンデンフラワー4グラムを入れ、10〜15分蒸らす。リンデンには血液を浄化する働きがあるともいわれる。フランスでは、リンデンフラワーのコーディアルも作られる──エルダーフラワーの場合と同じ手順に従う（p.184を参照）。若葉、新芽、果実はいずれも食べられる──少しかじって味見をしてみよう。若葉はサラダ菜として使える。

リンデンという言葉はもともと「リンデンの木でできた」という意味の形容詞で、樹皮の裏側の繊維質はかつて庭師によってリボンやマットとして使われた。リンデンの花が満開になる7月、立ち止まって耳を澄ませると、花に群がるミツバチたちの羽音が工場のように聞こえる。若い花から

作られるお茶はティユール（*tilleul*、この木をさすフランス語）として知られ、精油には香り豊かな風味がある。興味深いことに、リンデンとカカオはじつは同じアオイ科の仲間である（APG分類体系）。リンデンの果実にはカカオに似た風味があるといわれるが、それはシナノキ属（*Tilia*）がカカオ（*Theobroma cacao*）と近縁であることを考えれば当然だ。事実、19世紀後半のフランスの化学者ミサは、リンデンの花と果実からチョコレートの代用品を作り、それで特許をとろうとした。

リンデンの木を列植し、枝葉を誘引・整枝して生垣のように仕立てるプリーチング（囲み記事を参照）は、園芸ショーや個人の庭でふたたび人気を集めている。もしこのプリーチングを積極的に

上：18世紀に出されたヨハン・S・ケルナーの『樹木図解（Beschreibung und Abbildung der Bäume und Gesträuche）』からの手彩色銅版画。リンデンの若葉はサラダやサンドウィッチに入れてもいい。リンデンは英語でライム（lime）やライム・ツリー（lime tree）とよばれるが、柑橘類のライムとは無関係なので混同しないこと。

行なわない場合、それなりの大きな庭か地域的なプロジェクト、あるいは借景が必要だ。リンデンの根もとには、スウィート・ウッドラフか斑入りの黄金葉のレモンバームを植え、四角か円形の花壇を造る。直立性の「グリーンスパイア」は先のとがった卵形の樹冠をもつ耐寒性の園芸品種で、高さ15メートルに生長する。「ウィンター・オレンジ」は若枝が美しいオレンジ色の品種で、プリーチングに向いている。

リンデンは、その木陰に座ってその花で作ったお茶を飲むことができるハーブだ。たとえほかのハーブで消化不良を起こしても、リンデンの花の鎮静作用が不安を静め、消化不良を改善し、胸の痛みもやわらげてくれる。

プリーチング

　プリーチングとは、しなやかな若枝を支えの枠組みに結びつけたり、からませたりすることにより、スティルテッド・ヘッジとよばれる高足の生垣（幹の下半分を露出させた生垣）を造るための誘引法である。リンデンはプリーチングに使われる伝統的な木で、すでに誘引されたものや、骨組みがそなわったものを買うこともできる。これらはリンデンを大きなコンテナで育てなければならない場合にお薦めだ。

　プリーチングを最初からはじめる場合、苗は1〜2年目のものを使い、1.2メートルの間隔で植える。主幹を見定め、はじめは木を強くするために側枝を残すが、徐々にそのつけ根まで切り落とす。支えとなる枠組みを作るには、まず3本の棒を用意し、1本は幹と幹の中間に、残りの2本はその左右に60センチ間隔で垂直に立てる。次に地面から1.5メートル上のところで、横木かワイヤーを3本の棒のあいだにわたして連結させ、これを30〜45センチ間隔で棒の先端までくりかえす。

　枝のプリーチングも地面から約1.5メートル上のところからはじめる。横向きの芽から出た新枝をうながし、左右均等に横木に結びつける。生育にともなって、これらの枝を隣接する木の枝とからみあわせる。前後に向いた芽は摘みとり、横向きの枝は夏中、結びつけておく。

　最初の何年かは、冬の休眠中に剪定するが、いったん根づいたら花後に切り戻す。枠組みはいずれとりはずす。

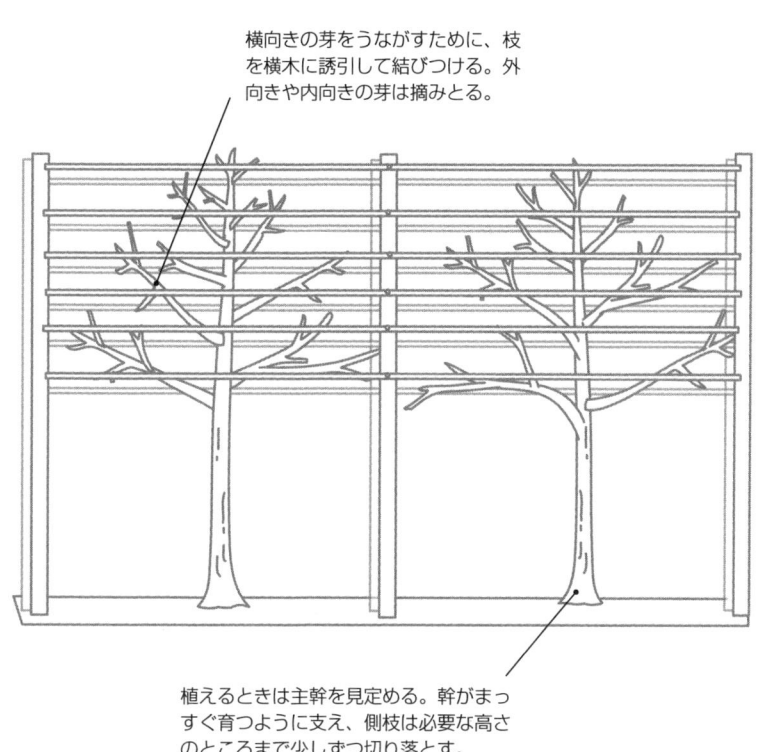

横向きの芽をうながすために、枝を横木に誘引して結びつける。外向きや内向きの芽は摘みとる。

植えるときは主幹を見定める。幹がまっすぐ育つように支え、側枝は必要な高さのところまで少しずつ切り落とす。

フェヌグリーク
(コロハ)
Trigonella foenum-graecum

別名：メティ、グリーク・クローヴァー、グリーク・ヘイ

種類：一年生

生育環境：霜に弱い（温暖な気温）

草丈：30〜60センチ

原産地：南ヨーロッパ、アジア

歴史：南ヨーロッパの乾燥した草地や丘陵地に自生し、白い花の花冠が三角にみえることが属名 *trigonos* の由来となった――*tri* は「3」、*gonu* は「継ぎ目」を意味する。一方、種小名の *foenum-graecum* はギリシアの干し草を意味する。

栽培：春、水はけのよいローム土壌にすじまきする。発芽力にすぐれ、スパイス用に乾燥させた種子でもまくことができる。生長が速く、播種後6週間で開花、16週間で成熟に達する。

保存：若葉を乾燥させ、まろやかな風味づけに使う。種子も乾燥させて保存する。

調理：種子をスプラウトとしてすぐ食べるには13〜21度の気温を必要とする。水を入れたガラス容器に種子を浸して布をかぶせ、発芽させ、その後は1日に1、2回、新鮮な水ですすぐ。2〜4日で新芽が伸びてくるので、サラダなどにくわえる。種子は一般にカレー粉に使われ、新鮮な葉はホウレンソウの代用品にもなる。

　野菜類のなかでもとくに古くから利用されてきたフェヌグリークには、解熱剤や駆風薬、媚薬、避妊薬といった多くの薬効がある。やや癖のある風味をもつ種子は、その粉末がカレーの主要なスパイスとして使われる一方、丸ごとのホールシードはピクルスやチャツネに使われる。スプラウトやベビーリーフとして年間をとおして栽培でき、スーパーフードとしても知られる。

　若い茎をあまり摘みとらずにおくと、花後、夏にクリーミーで香り豊かなサヤエンドウのような豆果をつける。しかし、料理に適しているのは若葉と軟らかい茎だけで、きざんでレンズ豆やヒヨコ豆の料理にくわえる。フェヌグリークはメティともよばれ、アル・メティやサグ・パニール、グジャラートのメティ・ムティヤといったインド料理の主要な材料である。これを食べると人間の顔色ばかりか馬の毛なみもよくなるとされ、餌としてあたえられている。

　最後に、フェヌグリークは緑肥として育てることができ、しかも生長が速くて旺盛なため、葉も楽しめる。種まきは8月まで行なえる。空気中の窒素や土壌の余剰養分を吸収するため、花をつける前に肥料としてすきこむか、鍬で刈り倒しておくと、それらが土壌に放出される。秋霜にやられると自然にこうなるので、葉はマルチングとしてそのまま残しておく。マスタードのかわりにもなり、根こぶ病が心配される場所でも役立つといわれる。

左と上：フェヌグリークの葉は料理にもガーデニングにも役立つ。発芽したら新芽を摘んで食べ、花をつける前にすきこみ、緑肥として活用する。

フェヌグリーク 199

ナスタティウム（キンレンカ）
Tropaeolum majus

別名：インディアン・クレス

種類：一年草

生育環境：半耐寒性（温暖な冬に耐える、無加温ハウス）

草丈：高さは20〜30センチだが広がりやすく、支えがあるとよじ登る。

原産地：南米（コロンビアからボリヴィア）

歴史：栽培植物としてしか知られていないナスタティウム（*T. majus*）は逸出植物とされ、1684年にペルーからヨーロッパへ伝えられた。植物学者のカール・フォン・リンネがギリシア語の*tropaion*から*Tropaeolum*という名前を作り出したのは、柱を覆ったその葉や赤い花が古代の*trophy*（トロフィー、戦勝記念碑）に似ていたことによる。

栽培：鉢に春まきするか、日なたで保湿力のある土壌に直まきする。肥料のやりすぎは、花よりも葉の生育をうながすことになるので注意する。いったん根づくと、乾燥した環境なら自然播種で広がり、生きのびる。ウィンドーボックスでもハンギング・バスケットでも栽培できる。

保存：種子はケーパーのかわりとしてピクルスに使える。

調理：若葉、花、蕾を収穫してサラダに使う——新鮮なラディッシュのような味がする。葉はソフトチーズを巻くのに使うこともできる。生長した葉はチーズの入ったバスケットにそえたり、パテを出すときに使ってもいい。種子はソースや料理でケーパーのかわりに使える。

花にはしばしばハサミムシが隠れているので、よくチェックする——サラダによけいなタンパク質が入りこまないように！

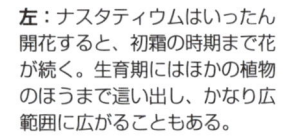

左：ナスタティウムはいったん開花すると、初霜の時期まで花が続く。生育期にはほかの植物のほうまで這い出し、かなり広範囲に広がることもある。

「*T. MAJUS*（ラージ・インディアン・クレス）。人目を引く一年草で、これほどすぐに花がつき、これほど長く咲かせるものはほとんどない。『コンパクタ』の品種は痩せた土壌でもっともよく花を咲かせる。その鮮やかな色彩は密集するとじつに見事で、最初から最後まで花が絶えない。豊かな色彩の塊を愛する人なら、これらの矮性ナスタティウムが、この時期に手に入る多くの品種のなかでいかに場にふさわしいかがわかるだろう」
『イギリスの花園（The English Flower Garden）』（1883年）、ウィリアム・ロビンソン

第3代アメリカ大統領のトマス・ジェファーソンは、ヴァージニア州モンティチェロの「35の小さな丘」にナスタティウムの種をまいた（p.49を参照）。ジャーナリストのウィリアム・コベットは『イギリスの園芸家』のなかで、ナスタティウムを家庭菜園に欠かせないハーブとし、とくに「多肉質の莢に包まれた種子は、未熟なうちに収穫すればピクルスに使える」と書いた。当初、植物学者たちはこれをインディアン・クレス（Nasturtium indicum）と名づけた――別名はこれに由来している。この名前はクレソンに似た葉の辛みをよく表している一方、ラテン語のnasturciumは「鼻をゆがませるもの」や「鼻を拷問するもの」といった意味をもつ。拷問はおおげさだが、たしかに葉は古くなるほど辛みが増す。1890年代以降、画家クロード・モネはフランス北部にあるジヴェルニーの家で、玄関へと続くグランド・アレ（大アーチ）の小道に毎年のようにナスタティウムを植え、晩夏から秋にかけて色彩の流れを生み出した。

もっと身近なところでいうと、ナスタティウムは毎年、菜園をカラフルに縁どってくれる。種まきから70日以内に開花し、数メートルにわたって広がる。いったん根づくと、自然播種で自由に育つ。放っておけば春に芽を出し、実生もすぐに識別できる。

庭の絵の具箱

ナスタティウムには無数の園芸品種があり、目と胃袋の両方を満足させてくれる。よじ登り性の交配種は、モネのジヴェルニーの庭のように足もとを覆わせることもできるし、堆肥の山のような庭の見苦しい部分を隠すこともできる。矮性品種は殺風景な場所に彩りをあたえ、とくにスペース

> **栄養素**
>
> 硫黄が豊富で、鉄やビタミンCも多くふくまれる。

上：ナスタティウムの花色は乳白色から黄色系、オレンジ系、赤系までさまざまで、サラダを華やかに彩ってくれる。

がかぎられている場合は重宝する。

ナスタティウムはその豊かな色彩でわたしたちを楽しませてくれる。アラスカ・シリーズは乳白色の斑が入った淡緑色の葉をもち、花色はクリーム色から黄色、オレンジ色と多岐にわたる。整った草姿で、小さなコーナーにもぴったりである。また、鮮やかな赤い花をつける「エンプレス・オヴ・インディア」も多くの人々に愛されており、とくに濃い青緑色から紫に近い葉色の深みが印象的だ。アラスカ・シリーズより広がりやすいが、草姿は整っている。広がりの少ないタイプはハンギング・バスケットに最適で、縁から垂れ下がった感じが魅力的である。「ムーンライト」のバターのような黄色の花は、月光に照らされるとじつに美しい。より旺盛な品種の場合は、岩や壁、木の切り株を這わせたり、モネの庭のように足もとを覆わせたりしてもいい。「トール・シングル・ミックス」は、大きくて香りのよいオレンジ色や黄金色、赤色の花をつける強健種で、2メートル以上に広がることもある。濃い赤色の花をつける「ファイアリー・フェスティヴァル」は生育が豊かで香りもいい。「ダージリン・ダブル」は完全な八重咲きの花をつけるが、種子はむすばない。

繁殖──株を増やす

　ハーブを種子から育てる方法については導入部でその概要を説明した（p.9を参照）。これは一年生や一部の多年生ハーブの繁殖にはよい方法だ。だが、特別な性質をもった園芸品種には適切な方法とはいえず、多くの種子が「型に忠実」でない。つまり、親株の貴重な性質（斑入りの葉や花色など）が次の世代で失われたり、そこなわれたりする。また、木質系ハーブの多くは徒長したり、葉がまばらになったり、不規則に広がったりする傾向があるため、約５年で株を更新する必要がある。しかし、幸いにもほとんどが挿し木で簡単に根づく。

　ハーブを種子からではなく、挿し木から育てることの利点は、親株の完全なクローンができ、その姿形が正確にわかるということだ。それは株の繁殖方法としてもすぐれている。ハーブのなかには自然にそうなるものもあり、ミントのランナー（走茎）などは切りとって別の場所に差すだけで、すぐに根づく。一方、カモミールやラヴェンダー、ローズマリー、セージ、タイム、スウィート・ウッドラフの茎や枝をよく見ると、下のほうに発根する節があることがわかる。これは取り木──茎の一部を地中に固定し、繊維培養土で覆う──にとって重要な部位で、取り木はローレルを根づかせるための伝統的な方法でもあった。原則として、低木や樹木の下方の枝は根を出しやすい。小さな根系が定着したら、親株からその発根部分を切り離し、別の場所へ移植する。

上：ヒソップを摘む女性たちを描いた『健康全書（Tacuinum Sanitatis）』（1400年頃）の挿し絵。これはハーブの効能や用途にかんして、それまでの時代の情報を転載するのではなく、自身がじかに得た観察結果を記録した初期の文献のひとつである。

株の選定

　まず重要となるのは、挿し穂をとるための健康で病気のない株を選ぶこと、そして挿し穂にふさわしい旺盛で形のいい枝を見定めることだ。植木バサミで親株から挿し穂を切りとったら、それをポリエチレンの袋に入れるか、湿った布で包むかして低温に保つ。挿し穂は次の準備のために台所か鉢植え小屋へもっていく。あたりまえのことだが、もし複数のハーブ、とくに同じハーブの複数の園芸品種から挿し穂をとった場合は、かならずその名前をラベルに書い

て袋に貼っておく。また、なんらかの理由で失われた場合にそなえて、挿し穂は何本かとっておく。

挿し穂をとるときは、その切り口が鋭いことが重要なので、切れ味のよい繁殖用ナイフか剃刀を使い、刃は切るたびにぬぐうこと。親指が心配なら、清潔なガラスの上で挿し穂を処理してもいい。よく切れる剪定バサミを使ってもいいが、挿し穂となる茎がつぶれたり、傷ついたりしないように注意する。

挿し木の具体的なコツ

重要なルールがふたつある。ひとつは、汚染の原因になるので挿し穂の切り口に手をふれないこと。もうひとつは、挿し穂を培地にむりやり押しこまないこと——鉛筆などで先に穴を開けておく。

また、覚えておいてほしいのは、挿し穂は根づくまで水分や養分を吸い上げることができない一方、葉からはつねに水分が放出されているということだ。つまり、挿し穂は仮死状態に保たれる必要があり、そのためには園芸の歌にもあるように、「上は潤ませ、中は涼しく、下は暖かく」してやる。電気式の繁殖器があれば、こうした環境は容易に再現できるが、これに代わる簡単な方法もある。テラコッタの鉢に湿らせた繊維培養土と洗い砂をつめ、そこに挿し穂を入れ、鉢全体を白いポリエチレンの袋で密封する。暖かくて明るい場所に置いておけば、相応の微気候が形成される。挿し穂が根づいたら、寒さに慣らすために少しずつ袋を開ける。秋に冷床か温室で踵挿しや根挿しを行なえば、冬のあいだに根を張るはずだ。

挿し木用の培養土には、水はけをよくするための洗い砂がふくまれていることが重要だ。多目的な鉢植え用の培養土でもいいが、幼い根には繊維培養土が望ましい。というのも、水分と養分は根毛をとおして吸収されるが、繊維培養土はその根毛の発達をうながし、根の生長を助け、移植に向けてより丈夫な苗を作るのに適しているからである。

緑枝挿しに向くハーブ

緑枝挿しはレモン・ヴァーベナ、フレンチ・タラゴン、ヒソップ、ラヴェンダー、ベルガモット、オレガノ、マジョラム、センテッド・ゼラニウム、ローズマリー、セージ、タイム、ウィンター・セヴォリーに向いている。緑枝挿しの利点は根づきが速いことだが、苗が幼くて小さいうえ、寒さに慣らす必要もある。挿し穂は春先、軟らかい新枝が十分な長さになったらすぐにとる。

節の部分を挿し穂にするのがいちばんなので、葉のつけ根にある芽のすぐ下を水平に切り、10センチの挿し穂をとる。これによって芽の下の原基（未分化細胞）が露出される。培養土に鉛筆くらいの太さの穴を開け、挿し穂をそっと差しこみ、土が湿る程度に軽く水をやる。水分の喪失を防ぐために覆いをし（ペットボトルやビニール袋などをかぶせる）、電気式の繁殖器がある場合は

下：緑枝挿しの例。

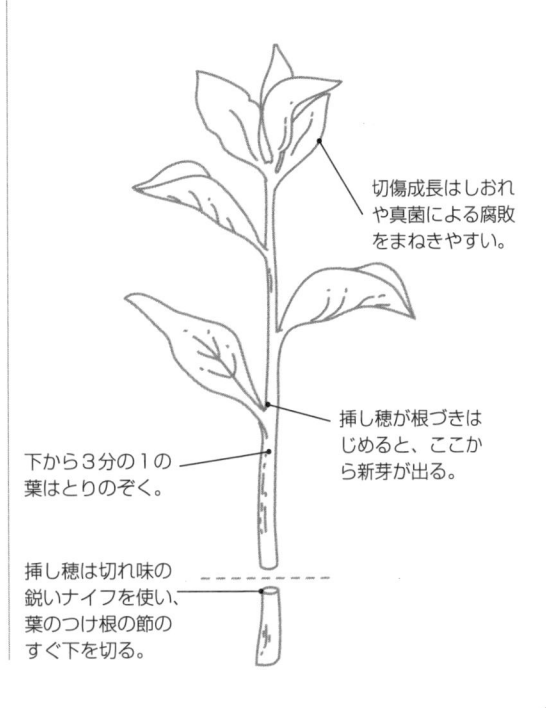

切傷成長はしおれや真菌による腐敗をまねきやすい。

挿し穂が根づきはじめると、ここから新芽が出る。

下から3分の1の葉はとりのぞく。

挿し穂は切れ味の鋭いナイフを使い、葉のつけ根の節のすぐ下を切る。

上：リンデン（*Tilia*）は根もとから出る吸枝によってよく根づく。この吸枝を半熟枝挿しの挿し穂としてとる。

底を加熱する。根は6週間以内に定着し、その後は次々と新しい葉が出てくる。根系が十分に形成されたら、鉢に植え替える。

半熟枝挿しに向くハーブ

　半熟枝挿しはローレル、ジュニパー、マートル、バラ、セージに向いている。挿し穂は晩夏、茎がまだ生育しているあいだにとる。生育とともに茎が固くなりはじめているため、緑枝の挿し穂よりずっとしおれにくい。

　緑枝挿しの場合と同じ方法で、リンデン（*Tilia*）の根もとの新枝から挿し穂をとってみよう——リンデンの枝は根づきが速い。挿し穂の長さは15センチとする。根の定着に時間がかかるという欠点はあるが、最初の挿し穂が大きいほど、最終的な苗も大きくなり、寒さにもより強い。

　秋に挿し穂をとったら、冬のあいだは冷床か涼しい温室に置き、そのまま翌年の秋まで根系を十分に発達させる。そして挿し穂をとってから1年後、しっかりと根づいた苗を移植する。

　半熟枝挿しの場合、底熱は無益で、水分の喪失を防ぐために葉の一部かすべてを半分に切ることもある。

踵挿しに向くハーブ

　踵挿しはヒソップ、ジュニパー、ローレル、ラベンダー、マートル、ローズマリー、タイム、ウィンター・セヴォリーに向いている。挿し穂は晩夏にとり、秋まで置いてから移植する。

　まず挿し穂をとるための健康で形のよい小枝を選び、芽のすぐ上を水平に切りとる。この枝から挿し穂に適した側枝を選び、本体の枝の一部が残るようにはぎとる。これが踵挿しの挿し穂であり、踵に付着した親株の一部が挿し穂の根づきを助ける。挿し穂をはぎとったとき、踵の部分があまりに長い場合は切れ味のよいナイフで約1センチに整える。茎の先端も切り落とし、挿し穂の長さが10〜15センチになるようにする。挿し木用の培養土に差しこみ、これまでと同じ手順に従う。

挿し穂は先端を切り落として10〜15センチの長さにする。

葉は水分の喪失を防ぐために半分に切る。

踵挿しの踵の部分。

上：踵挿しの例

ネトル
(セイヨウイラクサ)
Urtica dioica

別名：ノーティーマンズ・ブレイシング

種類：多年草

生育環境：耐寒性（非常に寒い冬に耐える）

草丈：75センチ〜1メートル以上

原産地：北半球

上：開花の兆しが見える前にネトルの先端部分を収穫する。グラウンド・エルダーにはニンジンとホウレンソウを合わせたような風味があるが、ネトルはよりクリーミーで、魚やオリーヴと相性がいい。

栄養素

ネトルは栄養分が豊かで、カルシウム、カリウム、鉄、マンガンといったミネラルのほか、ビタミンAとCもふくむ。スープはもちろん、ネトルのお茶やビールも刺激性の強壮剤として作られる。

歴史：入浴後、ローマ人は関節リューマチの治療としてネトルで体を鞭打った。これは慢性リューマチや筋力の低下に対する古くからの伝統的な治療法だった。スコットランドの作家ウォルター・スコットは、小説『ロブ・ロイ（Rob Roy）』（1817年）のなかで、ネトルが「早春のケール」として温室に入れられる場面を描いた。

栽培：現代の美食ガーデナーがこんな雑草をわざわざ育てようとするとは思えない。ただ、ネトルはもっとも肥沃な土壌からリン酸を吸収して育つため、ネトルのある場所はそこが良質な土壌であることの証である。もし庭にネトルがほしい場合は、春に根を移植する。

保存：ネトルのスープを冷凍する。

調理：かならず分厚いゴム手袋を着用し、ネトルの先端5〜6センチの若葉だけを収穫する——葉は乾燥させても刺毛が残り、実際、植物標本にあった200年以上も前のネトルの棘にやられた人もいる。

湯気の立ったネトルのグリーンスープは、『不思議の国のアリス』に出てくるニセウミガメのスープに匹敵する。ネトルはグラウンド・エルダーの葉と同じように使え、ホウレンソウの代用品にもなる。黒オリーヴといっしょにオリーヴ油で、あるいはガーリック、グリーン・セージといっしょにバターで炒め、好みで味を調える（ネトルに

「3月にイラクサの汁を飲み、5月にヨモギを食べれば、これほど多くの美しい娘が早死にすることはないのに」
――『スコットランドの大衆詩（Popular Rhymes of Scotland）』（1847年）、R・チェンバーズ

塩はほとんど必要ない）。ニョッキにそえて食卓へ出す。

　幸いなことに、ネトルの刺毛は体内から毒素を排出するのを助け、その痛みはスイバの葉でやわらげることができる。葉を覆った刺毛には鋭い針のような棘がある。その基部は重炭酸アンモニウムをふくんだ小さな細胞でできており、この有毒な刺激性の液体は皮膚にふれると強い痛みをもたらす。ネトルがリューマチに効くかどうかについては、現在、研究中である。ネトル・ティーは、とくに冬、青葉が不足する寒冷地で春の強壮剤として飲まれた。生のしぼり汁や、白ワインなどに漬けた浸出液は、古くからの消化刺激剤であり、乳の分泌をうながす働きもある。上の引用にもあるオオシュウヨモギ（*Artemesia vulgaris*）はフレンチ・タラゴンと同属で、ゆでたハーブのプディングや家禽の肥育、エールの風味づけに使われた。
　ネトルはその刺毛が敏感な鼻を傷つけるため、ウサギがかじらない数少ない植物のひとつである。ちなみに、ブラックソーン（スピノサスモモ）の小枝をきざんだマルチングもウサギ除けになる。また、ネトルが植わったコーナーは、ヒオドシチョウやオウシュウアカタテハの幼虫の避難場所であり、食料源である。不要な葉は、結実する前なら堆肥の活性剤として使うことができる。根が無秩序に広がりすぎた場合は、比較的簡単に掘り起こせるが、ネトルを育てるときは庭のなかでも野生に近い場所を選ぶか、休閑地に群落を作らせる。

料理ノート
ネトルのスープ

　ネトルの若葉が採集できる春から初夏にネトルのスープを作ってみよう。

下ごしらえ：10分
調理：30分
できあがり：4人分

- ジャガイモ　450グラム
- ネトルの若葉　ひとつかみ
- バター　50グラム
- チキンか野菜のブイヨン　900ミリリットル
- クレームフレッシュかサワークリーム　大さじ4
- 好みで塩・コショウ

　ジャガイモの皮をむき、厚切りにカットし、塩水で10分ゆでて、水をきる。

　ネトルの先端5〜6センチを水で洗い、粗くきざむ（この作業は手袋をして行なう）。

　片手鍋にバターを溶かし、ネトルをくわえ、とろ火で10分煮る。

　ブイヨンを温め、下ゆでして水をきったジャガイモといっしょにネトルにくわえ、ゆっくり煮たたせ、さらに10分煮こむ。

　全体が柔らかくなったら、少し冷まして、よく混ぜあわせる。

　ふたたびゆっくりと加熱し、味を調え、クレームフレッシュかサワークリームをそえて出す。

ヴァーヴェイン（クマツヅラ）
Verbena officinalis

別名：コモン・ヴァーベナ、ホーリー・ハーブ、ヘルバ・ウェネリス、シンプラーズ・ジョイ、アッシュスロート

種類：多年草

生育環境：耐寒性（寒い冬に耐える）

草丈：80センチ

原産地：南ヨーロッパ

歴史：次のページの引用にもあるように、ヴァーヴェインは11世紀に書かれた『アプレイウス本草書（Herbarium of Apuleius）』でこんな挿し絵とともに説明された——男が左手でヴァーヴェインの茎をにぎりしめ、右手でヘビに剣をつき刺している。また、命を守る聖なる軟膏が、ヘンルーダ、ディル、ニチニチソウ、ヨモギ、カッコウチョロギといった薬草とともに、ヴァーヴェインから作られた。

栽培：春か夏に耕土に直まきし、15～30センチ間隔に間引く。根づいた苗は春に株分けでき、晩夏にとった茎の挿し木でもよく根づく。

保存：開花がはじまったら苗を収穫し、頭花と若葉を乾燥させる。

調理：乾燥させた苗をハーブティーに使う。古代ケルトのドルイド僧はヴァーヴェインを用いた聖水で神聖な場所を清めた。これは媚薬だったともいわれるが、現在はとくに創作に行きづまったときなど、心をおちつかせるハーブティーとして紹介されている。フランスでは、抗鬱作用と鎮静効果のあるお茶として親しまれている。

　ヴァーヴェインの小さな花は、「イシスズ・ティアーズ（イシスの涙）」や「ジュノーズ・ティアーズ（ジュノーの涙）」といったふたつの古代名に反映されているが、フランスなどではほかにも多くのよび名がある。ヴァーベナという名は一般に「聖なる葉」や「祭壇の植物」を意味するラテン語に由来し、ヴァーヴェインという名は「聖なる枝」を意味する中世の転訛に由来する。ヴァーヴェインにはあらゆる魔力や薬効があるとされたが、この自然播種で広がる地味なハーブにはややおおげさな感じがする。ドルイド僧はヴァーヴェインに熱狂したが、18世紀の園芸家フィリップ・ミラーは、『園芸事典（The Gardeners' Dictionary）』のなかでもっと冷めた説明をしている――「どこにでもある平凡な植物で、庭で栽培されることはめったにない」。ただ、彼はこれが医療に利用されていることは認め、実際、いまでも薬として広く使われている。花はアルコール飲料の風味づけにも使われた。

　穂の末端に小さな薄紫色の花をつける直立性のハーブだが、春先の若葉はなかなか魅力的である。肥沃な土壌なら、高さ90センチまで育つ。レモン・ヴァーベナ（*Aloysia citriodora*）は、花がヴァーヴェインとよく似ていることからそう名づけられ、非常に香りのよいヴァーベナ油を生み出す。一方、香りのないヴァーヴェインの精油はスパニッシュ・ヴァーベナ油として知られる。ヴァーヴェインは耐寒性にすぐれ、自然播種で簡単に育つため、花の周囲やバラの足もとに群生させると趣が増す。料理向きのハーブとはいえないが、消化をうながし、心をおちつかせるというその効能は、美食を楽しんだ後のお茶に最適である。

　最後に、種小名の*officinalis*とはなにか。それは「店で売られている」という意味で、正確には古代ローマの薬店を意味する。学名で使われる場合、その植物が歴史上、その薬効を目的に栽培され、市販されていたことを示す。現代の研究によれば、ヴァーヴェインには炎症を抑える化学物質がふくまれているという。

「蛇の咬み傷には、なにはなくとも、このヴァーベナという植物の葉と根があれば安心で、どんな蛇も怖くない」

『初期イングランドの治療法、薬草の知識、星占い術（Leechdoms, Wortcunning, and Starcraft of Early England）』（1864年）、ディオスコリデス、オズワルド・コケイン師採録

右：ヴァーヴェインは自然播種で庭にすぐ広がる。葉と花はハーブティーに使われるが、ヴァーヴェインとミントのお茶はコーヒーに代わるものとしてもお薦めだ。

ヴァーヴェイン　209

スウィート・ヴァイオレット
(ニオイスミレ) *Viola odorata*

別名：ガーデン・ヴァイオレット、イングリッシュ・ヴァイオレット

種類：多年草

生育環境：耐寒性（寒い冬に耐える）

草丈：10～15センチ

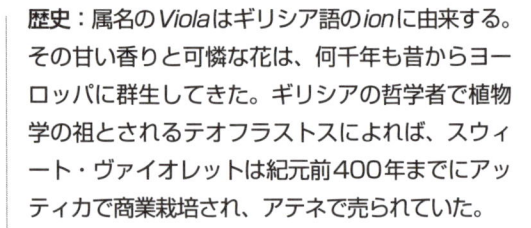

原産地：欧州

歴史：属名の*Viola*はギリシア語の*ion*に由来する。その甘い香りと可憐な花は、何千年も昔からヨーロッパに群生してきた。ギリシアの哲学者で植物学の祖とされるテオフラストスによれば、スウィート・ヴァイオレットは紀元前400年までにアッティカで商業栽培され、アテネで売られていた。

栽培：多くの点で、ガーデナーはあまり几帳面すぎないほうがいい。スウィート・ヴァイオレットの苗をひとつ植えたら、それは実生が雑草として引き抜かれないかぎり、日陰の湿ったコーナーに自然播種で広がる。種子から育てる場合は、かならず層積貯蔵を行なう――すなわち冬の低温にさらす期間をもたせる（p.37を参照）。

保存：花を白ワイン・ヴィネガーに最大2週間浸し、液を濾し、冷暗所で保存する。花を砂糖漬けにしてもいい（p.59を参照）。

調理：若葉を洗ってサラダに入れる。春のガーデニングの季節には、花をおやつがわりにしてもいい――甘い香りとシャキシャキとした歯ごたえに続いて、唾液が乾くような感覚がある。スコットランドでは、スミレの花びらを白ワインに浸して「シュラブ」という飲み物が作られた。シムネルケーキ（四旬節や復活祭などに作るフルーツケーキ）の上のマジ

左：スウィート・ヴァイオレットは群生し、春にたくさんの花を咲かせる。こうした花は生や砂糖漬けにして食べてもいいし、アルコールに入れて浸出してもいい。

パンに、生や砂糖漬けのスミレの花を飾っても美しい。花をウォッカに浸し、香り高いリキュールにしてもいい。

スウィート・ヴァイオレットの香気と色、花の形は、互いに相反するシンボリズムを生んだ――一方で、アフロディーテとその息子で庭の神プリアプスの花として性愛を象徴し、もう一方で、聖母マリアや謙遜、若者の死を象徴する。この二重のシンボリズムは、中世のタペストリーに織りこまれた夢の庭園にも描かれている。ヴァイオレットの精油やシロップはかつて貴重な薬とされ、その記憶はいまもスミレの砂糖漬けとして残っている。ただし、パルマ・ヴァイオレット（*V. suavis*）はまた別の品種である。イギリスの作家で園芸家のジョン・イーヴリンは、スウィート・ヴァイオレットの若葉に衣をつけて揚げ、しぼりたてのオレンジジュースといっしょに出すことを勧めた。

ハート型の葉は魅力的な緑のグラウンドカバーにもなる。そして春先には、イギリスの植物学者でハーバリストのジョン・ジェラードが書いたように、花が「このうえない美しさとこのうえない気高さ」をもって顔を出す。香りのいい多くの品種が簡単に手に入り、最初の主要な花期が終わっても、12月までさらに開花をくりかえす。花はまさにヴァイオレット・カラー（スミレ色）だが、濃い紫色から薄い藤色までその色調はさまざまで、有名な園芸品種がいくつもある。個人的な

料理ノート
スミレのフランジパーヌ・タルト

このレシピはイギリス人シェフ、ジェラルディン・ホルトの『あるフランスのハーブ園からのレシピ（Recipes from a French Herb Garden）』によるものだ。

下ごしらえ：20分
調理：30〜35分
できあがり：6人分

- ソフトバター　115グラム
- ヴァニラ風味の砂糖　115グラム
- 卵　2個
- アーモンドパウダー　115グラム
- 中力粉　30グラム
- オレンジフラワー水　小さじ1〜2
- パイ生地　180グラム
- 粉砂糖　30グラム

オーブンを200度に予熱する。

バターと砂糖をふんわりするまで混ぜあわせ、卵をひとつずつ入れてかき混ぜる。

アーモンドパウダーと中力粉を混ぜ、好みでオレンジフラワー水をくわえる。

パイ生地を直径20センチのタルト型に合うように伸ばす。型の内側には軽く泡立てた卵白を塗る。

タルトの中身をスプーンですくい入れ、表面を平らにする。

こんがりとキツネ色になるまで30〜35分焼く。

温かいうちに、温水とオレンジフラワー水を混ぜた粉砂糖をかける。

砂糖漬けのスミレで飾る（p.59を参照）。

スウィート・ヴァイオレット

上：スウィート・ヴァイオレットはさまざまな色の花を咲かせる。若葉をサラダに入れてもいいが、花ほど強い印象はない。

　お気に入りは、長い歴史をもつ「ツァー」という品種で、香り豊かな濃紫色の花をつける。「キング・オヴ・ザ・ダブルズ」は優雅でかぐわしく、八重咲きの青い花が魅力的だ。1894年に紹介された早咲き品種の「バローヌ・ド・ロートシルト」は、まっすぐな茎に大きな青紫色の花をつける。「セント・ヘレナ」は1892年に紹介された品種で、その由来はナポレオン伝説の彼方に消えたが、甘い香りの淡青色の花をたくさんつける。

　ピンクがかった薄紫色や藤色の品種といえば、馥郁たる香りをもつ「マダム・アルマンディーヌ・パジェ」で、洋紅色の芯をもった淡いローズピンクの花をつける。1920年に紹介された「ロジーヌ・ヴィオレ」も、同じく甘い香りのピンク色の花をつける。さらに白い八重咲き品種もあり、そのひとつがジャクリーン・サーズビーによって発見された「ビーチーズ・ホワイト」で、大のスミレ好きだったというデヴォンシャーのビーチー博士の家の岸に自生していた。

ジンジャー（ショウガ）

Zingiber officinale

別名：アフリカン・ジンジャー、ブラック・ジンジャー、レース・ジンジャー、アドラック（インド名）

種類：根茎多年草

生育環境：温帯性（加温ハウス）

草丈：1.5メートル

原産地：インド

歴史：ジンジャーには国際的な歴史がある──ギリシア人とローマ人がこれをアラブの商人から粉末として手に入れ、中国では漢の時代（紀元25～220年）の医学文献に登場した。さらに、ジンジャーはスペイン人によって東インド諸島からスペインへ伝えられ、そこで広く栽培されたのち、アラゴンの提督フランシスコ・デ・メンドーサによって西インド諸島のプランテーションに移植された。

栽培：ジンジャーは高い湿度を必要とし、腐植質に富んだ中性からアルカリ性の土壌を好む。塊根がつながって増える。理想としては、根茎ができるまで10か月は自由に生育させる。みずみずしい若い根は「新ショウガ」とよばれる。

保存：ジンジャーは乾燥させると辛みが増すが、自宅で栽培したジンジャーを乾燥させ、粉末にしようとする人は少ない。生の根は皮をむき、熱いシロップに浸して保存してもいい。新鮮な根茎は冷暗所で数か月保存できる。

調理：皮はごく薄くむき、精油分や豊富な樹脂が失われないようにする。ひとつの方法として、皮に軽く切れ目を入れ、熱湯をかけて1分置くと、皮が（トマトの皮のように）するりとむける。あるいは、よく切れるジャガイモの皮むき器を使ってもいい。生のジンジャーをすり下ろす場合は、根茎を水平にカットし、できるだけ皮を残したますり下ろす。1851年の記事で、ビートン夫人はつぶしたジンジャーをキュウリの漬けものにくわえることを勧めた。

すり下ろした生のジンジャーは、焼いたサツマイモやキクイモと相性がいい。ケジャリー（豆や魚などをクリームといっしょに煮こんだ米料理）や赤レンズ豆のスープ、炒めものにくわえてもよく、味にちょっとしたアクセントがほしい料理に最適である。p.219のベンガル風チキンカレーのレシピも参照のこと。根をスライスして酢漬けにしたものは日本語でガリとよばれ、寿司のつけあわせにされる。アンジェリカと同じ手順で（p.59を参照）、ジンジャーを砂糖漬けにし、ジンジャーケーキやジンジャーブレッドに使ってもいい。

上：ジンジャーの風味のほとんどは皮のすぐ下にある。そのため、根を調理するときはごく薄く皮をむくか、皮ごとすり下ろす。皮は時間がたつにつれて厚くなる。

「ストーン・ジンジャービアの作り方。大きな鍋にホップ1オンス（約30グラム）、砂糖3ポンド（約1.5キロ）、ジンジャーの塊2オンス（約60グラム）、冷水4ガロン（約8リットル）を入れ、20分煮たたせる。次にそれを濾し、冷めきる前に良質の酵母菌1オンス（約30グラム）をくわえる。翌日、表面に浮いた酵母をすくいとり、液を瓶づめして、しっかりコルク栓をする。瓶に沈殿物がないことを確認する。これで1週間後には飲める状態になる」

『夏の飲み物と冬のコーディアル（Summer Drinks and Winter Cordials）』（1925年）、C・F・レイエル夫人

ジンジャーはローマ帝国で非常に貴重な商品とされ、紀元220年以降は税が課された。西インド諸島に伝えられると、ジャマイカで上質な根が栽培されるようになり、そこから南北アメリカ大陸に帰化した。16世紀、スペイン人はこれをヨーロッパ各地へ輸出した。ちなみに、根茎が「レース（race）」という名で売られているのは、レースがジンジャーの根を意味するハンド（hand）の古いよび名であり、ジンジャーの根が手に似ていることに由来する。実際、ピリッとした辛みをもつジンジャーの根は、独特の風味があることを意味するレーシー（racy）という言葉の語源になっている。インドの伝統医学アーユルヴェーダではその効能が高く評価され、万能薬（vishwabhesaj）として知られている。伝えられるところによれば、漢方医学やアーユルヴェーダ医学で使われる薬の半分にジンジャーがふくまれているという。また、東南アジア原産のジンジャーのひとつに、ベルガモットの風味をもつミョウガ（Z. mioga）がある。

これは温帯地域なら夏の一年草として趣味で育てることもできる。2、3本の新芽を出し、ジンジャーに似た香りで、紫色の唇弁をもった淡黄色の花をつける。種株となる根茎を買ったとき、表面に頂芽が出ていたら、両側を1センチずつ切りつめ、湿度の高い加温ハウスの湿った培養土に植える。

ジンジャーには血行をうながすことによって体を温め、冷えをとる働きがあり、血液を体のすみずみにまでいきわたらせるため、ホットトディー（ウィスキーなどのお湯割りに砂糖やスパイスをくわえた飲み物）やお茶に最適である。一方、ジンジャーには発汗をうながす作用もあるため、冷たいジンジャービアを飲めば、二重の効果で余分な熱がとれる。イギリスの児童文学作家イーニッド・ブライトンの小説を読んだ人なら、あの4人と1匹の主人公フェイマス・ファイヴが冒険のなかでよくジンジャービアを飲んでいたことが思い出されるかもしれない。

子どもの頃、ジンジャービア・プラントという菌類を発酵させてジンジャービアを作ったことのある人もいるだろう。それはいまでもやってみる価値がある。ゼリー状の共生微生物であるジンジャービア・プラントとジンジャーの根が1片があれば、本物のジンジャービアが作れる。

栄養素

ジンジャーにはちょっとした旅の疲れや乗り物酔いをやわらげる働きがある。つわりにも効くといわれる。ハーブティーやジンジャービア、ジンジャーブレッドやジンジャービスケットなど、あらゆる形で摂取できる。

上：ジンジャーはどの部分にも香りがある。たとえ温室がなくても、この根茎を育ててみる価値はある。

ジンジャー 215

ハーブのさまざまな風味―――個々の風味と複合的な風味

　ハーブの薬学研究とは、ひとつひとつのハーブがもつ効能を知り、それを識別しようとすることだ。一方、ハーブの料理研究とは、ひとつのハーブの風味をどう生かすか、あるいは複数のハーブをどう組みあわせ、その風味をどう融合させるかを知ることだ。実際、「ハーブのサラダ」や「フィーヌ・ゼルブ」、「ブーケ・ガルニ」、「エルブ・ド・プロヴァンス」の項目で説明したように、いくつもの品種のなかからレモン風味のハーブを選び、それを適切に使えることは、複数のハーブを融合させることと同じくらい重要である。どのハーブがどんな香りをもち、どの組みあわせが料理にどんな風味をもたらすのかについて、下に簡単にまとめてみたので、風味別ガイドとして参考にしてほしい。

レモンの風味

　レモンの香りをもつハーブの多くは、たいてい名前にその特性が示されているが、ソレルの葉にもレモン・ヴィネガーの風味があることを忘れてはならない。分厚い皮と果汁のつまった袋からなるレモンという果実は、無数の木質系ハーブや青葉系ハーブとその芳香を共有しているようだ。レモンの香りのハーブといえば、まずレモングラスがあげられるが、これは全草が爽やかなレモン風味で、料理の決め手としても、たんなる風味づけとしても使える。個人的なお気に入りのレモン・ヴァーベナも、同じく全草から上質なレモンの浴用化粧品のような芳香が発せられ、葉や樹皮はお茶やハーブティー、ポプリに使える。

　もっとも育てやすく、寒さに強いのがレモンバーム（*Melissa officinalis*）で、これには「オール・ゴールド」、「アウレア」、「ゴールド・リーフ」といった多くの魅力的な園芸品種がある。新鮮な若葉にはとくに爽やかな風味があるが、茎はバーベキューの肉や焼き魚にも使える。レモンバームと同じくらい強健で便利なのがレモン・ミント（*Mentha × piperita* f. *citrata*）で、ソルベやピムズに柑橘の香りをそえる。アメリカの園芸品種「ヒラリーズ・スウィート・レモン」は、元アメリカ上院議員ヒラリー・クリントンにちなんで名づけられた。

　しばしばコモン・タイムよりも長命とされるブロードリーフ・タイム（*Thymus pulegioides*）にも、レモンの香りの園芸品種がいくつかある。軟らかいクッションを作るタイプのほか、黄金葉の「アーチャーズ・ゴールド」や「アウレウス」、白い斑入りの「シルバーポジー」や「シルバークイーン」などがある。

　バジルとベルガモットはどちらも寒さに弱い一年草だが、その栽培要件にふさわしい繊細な香りをもつ。バジルには、ニューメキシコ原産の「ミセスバーンズ・レモン」（*Ocimum basilicum* 'Mrs. Burns' Lemon'）や、クリアな風味が「レモンの滴そのもの」と表現される「スウィート・ダニ」（*O. basilicum* 'Sweet Dani'）、さらにインドネシアン・クマンギ（*Ocimum × africanum*）やタイライム・バジル（*O. americanum*）といったレモン・バジルの品種がいくつかある。またベルガモットにも、薄緑色の葉に藤色の花をつけるレモン・ベルガモット（*Monarda citriodora*）がある。

アニスの風味

アニス（*Pimpinella asnisum*）以外にも、チャーヴィル、フェンネル、スウィート・シスリーの葉にアニスに似た風味がある。スウィート・シスリーの緑色の種子も、伝統のアニシードボールの味がする。また、アニス・バジルとして知られる「ホラパ」（*Ocimum basilicum* 'Horapha'）も、その赤みがかった紫色の葉と花の両方にアニスの風味が感じられ、矮性種の「ホラパ・ナナム」も同様である。

かぐわしい風味

バラの花びらやローズ水がよく使われる中東料理は香気が強く、太陽の光を浴びて育ったハーブを使うプロヴァンス料理は独特のウッディーな香りがする。オレンジバルサム・タイム（*Thymus fragrantissimus*）などのタイムのほか、ヒソップやラヴェンダーの芳香も、地中海の夏の香りがただよう料理の重要な決め手となる。エルダーフラワーのうっとりするような甘いマスカットの香りや、ベルガモットの葉のオレンジを思わせる風味は、飲み物に入れて香りをつけるのに最適だ。もちろん、可憐なスウィート・ヴァイオレットの繊細な香りも忘れてはならない。

ピリッとした風味

この風味は4つのまったく異なるハーブに共通するものだ。サラダ・ロケットの葉にはラディッシュのような辛みがある一方、ナスタティウムの葉と花にはより強いクレソンのような辛みがある。ホースラディッシュはさまざまな辛さのソースが市販されているが、ヴィネガーといっしょにしたものがもっとも辛く、花にも少し焼けるような感覚が残る。すり下ろしたジンジャーには、寒いときには体を温め、暑いときには熱を下げる働きがある。

右：ここに描かれているのは本物のアニスだが、アニスに似た風味は多くのハーブで味わうことができ、それぞれ微妙な違いがある——チャーヴィル、フェンネル、フレンチ・タラゴン、スウィート・シスリー、バジルの「ホラパ」。

ショウガの風味

ジンジャー以外にも、その風味はジンジャー・ミント（*Mentha* × *gracilis*）や「グリーン・ジンジャー」というローズマリーの園芸品種で味わうことができ、後者には通常の樹脂の香りにスパイシーさがくわわる。

クールな風味

緑葉と黄金葉のパースレーンがもつキュウリのような風味は、サラダにひんやりとした食感をあたえてくれる——グリーンサラダ、ミックスサラダ、クスクスや米のサラダにぴったりだ。レモン風味のバックラーリーフ・ソレルも、冷たい海鮮サラダに爽やかな味のコントラストをもたらす。

スモーキーな風味

サーモンをはじめとする魚の燻製は香りを楽しむための伝統であり、これにはディルが欠かせない。ディルの葉と種子には同じくスモーキーでありながら、微妙に異なる芳香がある。フレンチ・タラゴンは生よりも加熱したほうがよりスモーキーさが増す。

チョコレートの風味

「神々の食べ物」という意味の学名をもつカカオ（*Theobroma cacao*）は、世界中で愛されているチョコレートの原料である。そのまろやかな香りと風味はしばしばミントと組みあわされ、両者をいっしょに楽しめるのが、チョコレート・ミント（*Mentha × piperita* 'Chocolate Mint'）である。

コリアンダーの風味

本物のコリアンダー（*Coriandrum sativum*）とはまったくの別種だが、ベトナミーズ・コリアンダー（*Persicaria odorata*）にもこれとよく似た風味がある。クラントロ（*Eryngium foetidum*）も同様である。

オレガノの風味

オレガノ独特のシャープな辛みは、クレオソートの匂いがする液体フェノール、カルバクロールによるもので、面白いことに一部の種にはみられない。この風味をもつハーブに、ジャマイカン・オレガノ（*Lippia micromera*）やキューバン・オレガノ（*Plectranthus amboinicus*）、メキシカン・オレガノ（*Lippia graveolens* および *Poliomintha bustamanta*）がある。研究によれば、カルバクロールには抗菌、抗真菌、殺菌作用がある。

複合的な風味

ハーブの個々の風味や香りを識別できるようになったら、今度はそれらを組みあわせて複合的な味を生み出してみよう——ハーブを単独の薬味として使うのではなく、料理に独特の風味をあたえるペーストや塩、漬け汁として使うのである。その伝統的な一例がアジア由来のグリーンカレー・ペーストで、ガーリックをはじめ、ジンジャー、タマネギ、トウガラシ、レモングラス、シラントロ、カフィアライムの葉、ブラジリアン・ペッパーコーン、コリアンダーの粉末、クミンといったハーブが塩、ゴマ油とともにすりつぶされ、冷暗所で短期間保存された。このペーストは風味豊かなあらゆる料理にくわえられた。欧米の味や品ぞろえに合わせることもでき、レモングラスはレモン・ヴァーベナで、シラントロは平葉のパセリで、カフィアライムの葉はローズマリーで代用できる。

フランスのアントナン・カレーム（1784-1833）は、香り高い独自のミックス・スパイス（混合香辛料）を生み出した世界最初の有名シェフである。彼はタイム、ローレルの葉、バジル、セージ、少量のコリアンダー、そしてメースを乾燥させ、すりつぶして、これに細かく挽いたコショウをくわえた。一方、イギリスの料理研究家エリザベス・デーヴィッドは「塩を忘れるな」と書いている。実際、彼女のスパイス入りソルトは絶品で、肉にすりこんだり、マリネの漬け汁にくわえたりできる。これは塩、コショウの実、乾燥させたローレルの葉、クローヴの粉末、砕いたナツメグ、シナモン、乾燥バジル、コリアンダーの種子をいっしょにすりつぶして作られた。ちなみに、塩、砂糖、コショウの実、ブランデー、ディルはグラヴラックスのおもな材料でもある（p.34を参照）。

イギリスの作家ドロシー・ハートリーの『イギリスの食べ物（Food in England）』（1954年）には、ピクルスやチャツネをはじめ、実践的な自給の工夫が紹介されている。彼女のスパイシーなピクルスには、ローレル、食塩、砂糖、硝石、硝酸カリウム、ジュニパーベリーが使われ、アルコール度数の高い約1リットルのオールド・エールに入れて煮たてられた。さらにローレルの葉、タイム、スウィート・バジル、マジョラム、イバラ、タラゴン、ガーリックの小片といったハーブ類と各種スパイスがくわえられ、いったん冷ましてから保存された。この味に慣れると、ふつうのモルト・ヴィネガーがものたりなく感じられる。

料理ノート
ベンガル風チキンカレー

　ここで紹介するふたつのレシピには、自宅の菜園でとれたスパイスを利用することができる。ひとつはミックス・スパイス（混合香辛料）、もうひとつはカレーのレシピで、いずれもメリー・ホワイトの『大勢のための料理（Cooking for Crowds）』（1974年）によるものである。タイトルからわかるように、この本は大人数向けの料理法を紹介したもので、どのレシピも6人分、12人分、20人分、50人分と、分量が一覧にしてある。

カレー粉
　次のスパイスをすりつぶすか混ぜるかし、殺菌消毒した密閉容器に入れて保存し、2週間以内に使う――コリアンダーの種子小さじ30、クミンの種子小さじ30、フェヌグリーク小さじ30、乾燥させた赤トウガラシ小4〜6本、ターメリック小さじ20、シナモン小さじ5、クローヴ小さじ4、ナツメグ小さじ3、メース小さじ3

ベンガル風チキンカレー

材料＼分量	6人分	12人分	20人分	50人分
炒めた鶏肉（8切れに切り分ける）	2	4	6と1/2	11
プレーンヨーグルト	約250cc	約500cc	約750cc	約1250cc
ニンニクのみじん切り	大さじ2	大さじ4	大さじ7	1〜2個
ショウガのみじん切り	小さじ1	小さじ2	大さじ1と1/2	大さじ3
バター	30グラム	60グラム	180グラム	420グラム
食用油	大さじ2	大さじ4	大さじ7	大さじ10
タマネギ中のみじん切り	2	4	7	10
スパイス（粉末）				
クローヴ	3	5	8	14
フェンネルの種子	小さじ1	小さじ2	小さじ3と1/2	小さじ10
コリアンダーの種子	小さじ4	小さじ8	小さじ12	小さじ20
ターメリック	小さじ1	小さじ2	小さじ3と1/2	小さじ7
クミンの種子	小さじ1	小さじ2	小さじ3と1/2	小さじ10

　ボウルに鶏肉を入れ、ヨーグルトと半量のニンニク、塩、ショウガをくわえる。

　よく混ぜあわせ、2時間以上あるいは一晩、冷蔵庫でねかせる。

　厚手の鍋にバターを溶かし、油とタマネギをくわえ、タマネギがしんなりしてキツネ色になるまで中火で炒める。

　残りのニンニクとスパイスをくわえ、弱火で約5分加熱する。

　鶏肉と漬け汁をくわえ、肉が柔らかくなるまで蓋をして煮こむ。ライスといっしょに出す。

参考文献

Bown, Deni. *The Royal Horticultural Society Encyclopedia of Herbs & Their Uses*. Dorling Kindersley, 1995.（デニ・バウン『英国王立園芸協会 ハーブ大百科』、吉村則子・石原真理訳、高橋良孝監修、誠文堂新光社、1997年）

Boxer, Arabella & Back, Philippa. *The Herb Book*. Octopus, 1980.

Castelvetro, Giacomo. *The Fruit, Herbs & Vegetables of Italy 1614*. Viking, 1989.

Cockwayne, Oswald. *Leechdoms, Wortcunning and Starcraft of Early England*. Eyre & Spottiswode, 1864.

Crocker, Pat. *The Vegetarian Cook's Bible*. Robert Rose, 2007.

Crocker, Pat, Amidon, Caroline, and Brobst, Joyce. *Scented Geranium – Pelargonium 2006 herb of the year*. Riversong Studios Ltd. HSA, 2006.

David, Elizabeth. *Mediterranean and French Country Food*. The Cookery Club, 1968.

Darwin, Tess. *The Scots Herbal – The Plant Lore of Scotland*. Birlinn, 2008.

Grieve, M. *A Modern Herbal*. Jonathan Cape, 1931.

Hartley, Dorothy. *Food in England*. Macdonald, 1954.

Holmes, Caroline. *A Zest for Herbs*. Mitchell Beazley, 2004.

Holmes, Caroline. *Why do Violets shrink? Answers to 280 questions on the thorny world of plants*. The History Press, 2007.

Holt, Geraldene. *Recipes from a French Herb Garden*. Conran Octopus, 1989.

Hyll, Thomas, Maybe, Richard ed. *The Gardener's Labyrinth*. Oxford University Press, 1987.

Lawton, Barbara Perry. *Mints A Family of Herbs and Ornamentals*. Timber Press, 2002.

Lousada, Patricia. *Culpeper Guide Cooking with Herbs*. Webb & Bower, 1988.

Ryley, Clare. *Roman Gardens and their Plants*. Sussex Archaeological Society, 1995.

Sass, Lorna. J. *To the King's Taste*. Metropolitan Museum of Art, 1975.

Turner, Paul, ed. *Pliny's Natural History*. Centaur Classics, 1962.

Wilson, C. Anne. *Food and Drink in Britain*. Cookery Book Club, 1973.

参考資料

Culantro: A Much Utilised, Little Understood Herb by Christopher Ramcharan, 1999.

Walters, S. Alan. *Horseradish Production in Illinois*. HortTechnology, Vol. 20, No. 2, April, 2010.

索引

ア
アニス　150-1, 217
アニス・クッキー　151
アニスの風味　217
アルコール飲料　37, 95, 150, 185, 187
アルバ・ローズ　44, 157-9
アンジェリカ　31, 35-7, 73, 127
イーヴリン、ジョン　126
生垣　10-1, 17
ヴァイオレット（スミレ）210-2
　庭での用途　37, 45, 105
　料理の用途　52, 58-9, 73-5, 216, 217
ヴァーヴェイン　22, 45, 183, 208-9
ヴィクトリア朝のハーブ　147-9
ヴィネガー　49, 75
ウィンター・セヴォリー　180-1
　庭での用途　11, 15-7, 45
　繁殖　203, 205
　料理の用途　100, 139, 181
植えつけ　10
栄養面のメリット　164-7, 183
エストラゴン・ヴィネガー　49
エリンギウム　90-1
エルダー
　フラワー（花）54, 128, 174-5, 177, 184, 217
　ベリー（実）128, 164, 174, 176-7, 184
エルダーベリーのソース　177
エルブ・ド・プロヴァンス　138-9
オイル　75
屋上ガーデン　17
オーデコロン・ミント　37, 55, 119
オラーチェ　50-1
オレガノ　136-7
　庭での用途　10
　繁殖　203

カ
　料理の用途　10, 56, 73, 138-9, 148, 218

カ
踵挿し　205
カクテル　187
かぐわしい風味　217
ガーデン・デザイン　16-7, 44
カモミール　32, 44-5, 53, 68-70
カモミールのワイン　68
ガラム・マサラ　81
ガリカ・ローズ　44, 57, 155, 157-8
ガーリック（ニンニク）23-5, 138-9, 148
カレー粉　219
カレンデュラ　53, 63
季節のハーブ　126-8
基本のソルベ　184
キャベツ　25
キャラウェイ　66-7
切り戻し　56
グッド・キング・ヘンリー　71-2, 126
クミン　11, 80-1
グラヴラックス　34
グラウンド・エルダー　20-2, 126, 164, 166, 206
クリーピング・タイム　45
クルミ　163
個々の風味　216-8
コーディアル　184-5
コリアンダー　76-7
　庭での用途　31
　料理の用途　19, 53, 74, 148, 185, 218-9
コリアンダーのコーディアル　185
コンテナ　17, 28, 104-5, 139
コンパニオン・プランツ　28, 34, 67

サ
栽培　9-11
挿し穂、挿し木　202-5
砂糖漬け　58-9
サフラン　78-9, 128
サフラン・ウォルデン　78
寒さに弱いハーブ　11
サラダ・バーネット　74, 127, 178-9
サラダ向きのハーブ　73-5
サラダ・ロケット　32, 57, 88-9, 128, 217
3色カナッペ　133
ジェファーソン、トマス　49, 115
自然播種　22
シソ　22, 56, 142-3
シート　45, 70
シードケーキ　67
芝生　70
ジャパニーズ・バジル　143
種子　9
ジュニパー　102-3, 138
小プリニウス　108
食用花　52-9
ジョスリン、ジョン　181
ジンジャー（ショウガ）11, 147, 213-5, 217
ジンジャー・ミント　119, 217
スウィート・ヴァイオレット　210-2, 217
スウィート・ウッドラフ　95-6
　庭での用途　10, 37, 45, 127
　繁殖　202
　料理の用途　58
スウィート・シスリー　124-5
　庭での用途　10, 37
　料理の用途　74, 164, 183, 217
スミレのフランジパーヌ・タルト　211
セヴォリー　180-1
　庭での用途　11, 15-7, 45

索引　221

繁殖　203, 205
料理の用途　100, 138-9, 181
セージ　149, 170-3
庭での用途　11, 31, 45, 139
繁殖　202-3, 205
料理の用途　12, 19, 57, 98, 138, 147-8, 164, 218
ゼラニウム　32, 104, 140-1, 183, 203, 218
剪定　56, 109
センテッド・ゼラニウム　11, 32, 104, 203
チョコレートミント　141
レモン　140-1
ローズ　140-1, 183
層積貯蔵　37
ソフトネック種のガーリック　24
ソルベ　184
ソレル　22, 73, 149, 168-9, 217

タ
タイ風スープ　87
大プリニウス　13, 19, 73, 78, 80
タイム　191-4
食用花　58
庭での用途　11, 45
ブーケ・ガルニ　99, 100
料理の用途　12, 138, 149, 216-7
種まき　9
多年草　11
『食べ物の思い出』（ダール）　41
ダマスク・ローズ　44, 156-8
ターメリック　82-4
庭での用途　11, 45
料理の用途　53, 79, 84, 148, 219
タラゴン　39, 48-9, 149, 217
ダンデライオン　54, 188-90
チーズ　107
地中海のハーブ　8
チャイブ　11, 26-8, 39, 53, 74
チャーヴィル　31, 39-41, 217
中世のハーブ　44-5
強すぎるハーブ　21-2, 42, 49,

116, 118
ディオスコリデス、ペダニウス　13, 40, 43, 81, 191
ディル　33-4, 54
トピアリー　11, 108-9
ドレッシング向きのハーブ　74-5
トレリス　45, 70, 159

ナ
ナスタティウム　200-1
庭での用途　31
料理の用途　56, 74, 149, 217
軟白栽培　190
日照要件　10
ネトル　206-7
ネトルのスープ　207
根のコントロール　22
ノット・ガーデン　16-7
ノンアルコール飲料　37, 95, 182

ハ
『博物誌』（大プリニウス）　13, 19, 78
バジル　52, 131-3, 138-9, 216-7
パースレーン　149, 152-4
料理の用途　19, 73, 154, 166, 217
パセリ　145-6
コンテナ　104-5
料理の用途　12, 19, 38-9, 74, 99, 100, 146, 149, 164, 166, 218
鉢植え　17, 26, 104-5, 139
バックラーリーフ・ソレル　73, 169, 217
バードック（ゴボウ）　22, 31, 42-3, 128
ハーブ・ヴィネガー　74-5
ハーブ・オイル　75
ハーブ・チーズ　107
ハーブティー　182-3
ハーブの乾燥保存　12, 128
ハーブの小史　13-9

ハーブの食用花　52-9
ハーブの風味　216-9
ハーブの冷凍保存　12, 52-3
ハーブ・バター　41
ハーブ・ブレッド　28
ハーブレード　98
春　126-7
半熟枝挿し　205
繁殖　202-5
日陰　10
ヒソップ　97-8
庭での用途　10-1, 15, 17, 19, 31, 45
繁殖　202-3, 203
料理の用途　55, 138-9, 217
ビタミン　164-7
ビートン、イザベラ　67, 77, 128, 137, 147-9, 170
ビートン夫人のシードケーキ　67
ピーラ・チャワル　84
平葉種のパセリ　73
フィーヌ・ゼルブ　38-9
フィーヌ・ゼルブのマヨネーズ　39
フェヌグリーク　11, 198-9
プエルトリコ風サルサ　91
フェンネル　92-4
庭での用途　33, 104, 128
料理の用途　19, 28, 38, 54, 74-5, 81, 100, 138, 148, 183, 217, 219
フェンネルの魚のフランベ　94
複合的な風味　99, 218
ブーケ・ガルニ　99-101
ブッシュ・バジル　11
冬　128
ブラッディーホース・カクテル　187
ブリーチング　197
フレンチ・タラゴン　39, 48-9, 149, 217
ベトナミーズ・コリアンダー　11, 13, 144, 151, 218
ペニーロイヤル・ミント　120
ベルガモット　16, 121-3

222　ボタニカルイラストで見るハーブの歴史百科

庭での用途　31, 128
　　繁殖　203
　　料理の用途　52, 216-7
ベンガル風チキンカレー　219
ヘンフィル、ローズマリー　56,
　151
ホースラディッシュ　22, 46-7,
　55, 128, 148, 217
保存　12, 25, 100, 128
ポット・マリーゴールド　63-5
ボリジ　32, 52-3, 60-2

マ

マジョラム　134-5
　　庭での用途　10, 45, 128
　　繁殖　203
　　料理の用途　56, 74-5, 99-100,
　　　147
マートル　11, 19, 128, 129-30
マヨネーズ　39
マリーゴールド　53, 63-5
ミチヤナギ　13
ミネラル　164-7
ミント　118-20
　　庭での用途　22, 37
　　料理の用途　12, 55-6, 149,
　　　216, 218
モモとパースレーンのサラダ
　154

ヤ

焼きクルミ　163
『薬物誌』(ディオスコリデス)
　13-4, 43
夜のハーブ　31-2

ラ

ラヴィッジ　114-5
ラヴェンダー　110-3
　　庭での用途　10, 31-2, 45, 109
　　繁殖　202-3, 205
　　料理の用途　55, 75, 111, 138-
　　　9, 183, 217
ラヴェンダー・シュガー　111
緑枝挿し　203, 205

リンゴ黒星病　25
リンデン　195-7, 204
ルゴサ・ローズ (ハマナス)
　157-9, 187
レモン・ヴァーベナ　11, 29-30,
　32, 127
レモングラス　11, 85-7
レモンセンテッド・ゼラニウム
　140-1
レモン・タイム　149, 216
レモンの風味　216
レモンバーム　22, 55, 116-7, 216
レモン・ミント　216
ロケット　32, 57, 88-9, 217
ロシアン・タラゴン　49
ローズ (バラ)　18-9, 155-9
　　庭での用途　10, 15, 25, 32, 44-
　　　5, 70
　　料理の用途　56-7, 75, 181,
　　　185, 217
ローズセンテッド・ゼラニウム
　140-1, 183
ローズマリー　160-3
　　コンテナ　17, 105, 160
　　庭での用途　10-1, 16, 32, 45,
　　　108-9, 128, 138
　　繁殖　202-3, 205
　　料理の用途　12, 19, 56, 100,
　　　138, 183, 185, 217-8
ローズワイン　157
ローマ時代のハーブ　18-9
ローマ風ローズワイン　157
ローレル　106-7
　　コンテナ　17, 104-5, 139
　　庭での用途　11, 108-9, 128,
　　　130
　　繁殖　202, 205
　　料理の用途　19, 84, 99-101,
　　　107, 138, 148, 218

ワ

矮性ヒソップ　11
ワイルド・ロケット　89
ワイン　157, 184
ワサビ　47

図版出典

5、53、bottom 73、108、111、top & bottom 120、bottom 145、147、195、196 © RHS, Lindley Library

12、15、16、top 32、40、47、bottom 50、55、82、85、92、100、104、bottom 113、115、134、135、136、178、191 © Getty Images

31、38、56、62、75、78、81、83、top 84、94、102、top right & bottom right 107、top 113、119、130、131、144、146、top & bottom 149、152、154、180、top and bottom 183、top and bottom 184、top & bottom 187、188、194、207、213、214、216 © Shutterstock

アンコール・エディションズ(Encore Editions)、および、プラントイラストレーションズ(PlantIllustrations.org)に感謝の意を表する。

本書に掲載された図版は、とくに明記のないかぎり、すべて公有財産(パブリックドメイン)である。

本書で使用された図版については、著作権所有者の権利を尊重するために可能なかぎりの配慮がなされた。不注意による脱落や誤りについては謝罪し、本書の続版において企業や個人に対してそれを認める適切な記事を掲載する。